煤炭电法探测方法技术

薛国强　刘树才　刘志新　赵育台　著

科学出版社

北京

内 容 简 介

本书介绍了煤炭电法勘探的主要方法及作者近年来在煤炭电法领域的部分研究成果。主要包括时间域电磁法与频率域电磁法的异同分析，以及地面回线源瞬变电磁、小线圈瞬变电磁、矿井瞬变电磁、电性源瞬变电磁和地空瞬变电磁探测等方法，此外，还介绍了电磁法数值计算问题。

本书可供煤炭相关领域大专院校固体地球物理、地球探测与信息技术、工程勘查技术等专业的师生、科研单位研究人员及生产单位工程技术人员参考使用。

图书在版编目（CIP）数据

煤炭电法探测方法技术／薛国强等著 . —北京：科学出版社，2018.11
ISBN 978-7-03-059443-3

Ⅰ . ①煤…　Ⅱ . ①薛…　Ⅲ . ①煤炭–电法勘探–方法　Ⅳ . ①P618.110.8

中国版本图书馆 CIP 数据核字（2018）第 253929 号

责任编辑：张井飞　姜德君／责任校对：张小霞
责任印制：肖　兴／封面设计：耕者设计工作室

科 学 出 版 社 出版

北京东黄城根北街 16 号
邮政编码：100717
http://www.sciencep.com

三河市春园印刷有限公司 印刷
科学出版社发行　各地新华书店经销

*

2018 年 11 月第 一 版　开本：787×1092　1/16
2018 年 11 月第一次印刷　印张：13 1/4
字数：315 000

定价：178.00 元
（如有印装质量问题，我社负责调换）

前　　言

　　笔者大学毕业后在山西省煤田地质综合普查队从事煤炭电法野外勘探工作，在山西多个煤田矿区完成直流电法、电磁频率测深法和瞬变电磁法探测任务。中国矿业大学李志聘教授主编的《煤田电法勘探》和中国煤田地质局著的《中国煤田电法勘探典型成果图集》成为笔者从事煤炭电法勘探的启蒙明灯。

　　随着煤炭行业的发展和国家新型能源战略的调整，传统的煤炭火力发电给环境造成了一定的污染，以资源勘探找煤为主的煤炭电法逐步改变为以煤炭高效安全生产的工程地质环境勘查为主的煤炭电法。特别是煤矿采空区给国民经济的发展带来不良的社会和环境影响，准确探查富水采空区位置成为煤炭电法近年来的主要工作内容。众多学者在野外物探工作中遇到的诸多理论和技术问题难以得到解决，煤炭电法工作面临新的发展瓶颈。

　　面对新形势，在长安大学李貅教授、西安交通大学宋建平教授、中国科学院地质与地球物理研究所底青云研究员的指导下，以及众多其他学者同行的帮助下，笔者顺利完成了研究生阶段和博士后阶段的深造学习，对于煤田领域的电法勘探，特别是瞬变电磁法的理论与技术有了新的认识和提高。

　　为了总结以往的研究和应用成果，在江苏大学闫述教授，中国矿业大学岳建华教授、于景邨教授和潘冬明教授，中国矿业大学（北京）程久龙教授，辽宁工业大学王贺元教授等国内众多煤炭电法同行的支持下，笔者与中国矿业大学刘树才教授、刘志新副教授和中国煤田地质局赵育台教授级高工共同总结了近年来煤炭电法的研究和应用成果，一起完成了本书的编写工作，以期为煤炭电法生产一线的同行提供参考，并起到"抛砖引玉"的作用。

　　全书共分6章，第1章介绍了中国煤炭电法发展概况；第2章介绍了煤田地质概况及煤炭电法探测对象的地质特性；第3章介绍了煤炭直流类电法勘探方法；第4章介绍了煤炭交变类电法勘探方法；第5章介绍了全空间瞬变电磁场数值计算及响应特征；第6章给出了多个矿区煤炭电法应用实例。

　　第1章由赵育台和薛国强完成，第2章由赵育台和薛国强完成，第3章由刘树才完成，第4章由薛国强、刘树才、周楠楠、陈卫营完成，第5章由刘树才和刘志新完成，第6章由刘树才、薛国强和刘志新完成。全书由薛国强和刘树才统稿。

　　山西省煤田地质115勘查院邱卫忠副院长提供了部分数据资料，安徽省煤田地质局物探测量队吴有信工程师、新疆地质矿产勘查开发局第二水文工程地质大队康天山高级工程师参与了部分野外数据采集，山西省煤炭地质物探测绘院田忠斌院长提供了部分图件，陕西省煤田地质局冯西会副局长和山东省煤田地质局王怀洪总工程师提供了部分测区地质资料，中国煤炭科工集团西安研究院韩德品研究员和中国矿业大学刘盛东教授也为本书编写提供了帮助，中国科学院地质与地球物理研究所周楠楠副研究员、陈卫营副研究员，李海博士后，陈康、侯东洋、钟华森、武欣、卢云飞、张林波、陈稳、何一鸣等研究生参与了本书的部分文字编写和图件绘制工作，在此表示感谢。

当然，中国煤炭电法的技术发展和应用远不止此，笔者还要向国内专家学习，面对复杂多变的地下煤田探测目标体，还需要进一步深入研究新的技术方法。本书不足之处，敬请各位学者、专家和读者批评指正。

薛国强

2018 年 1 月 20 日

目　　录

第1章　中国煤炭电法发展回顾

我国的煤炭（田）电法勘探工作起始于20世纪50年代初，主要是引进苏联的方法技术，以直流电法为主；随后又逐渐引进、发展了电化学方法，如激发极化法；到60年代，国内科研人员开始研究电磁感应类方法；至70~80年代有较大的进展。到90年代，随着数字化、图形图像化等技术的引进，煤炭电法勘探技术有了飞跃的发展，逐步形成了设计、采集、处理解译、成果提交的一体化工作模式。电法勘探的任务也从找煤为主逐步转变为煤炭安全、高效、绿色开采服务，人们由此把以往的煤田电法勘探习惯地改称为煤炭电法勘探。

经过近60年的煤炭电法勘探实践，特别是经过"七五""八五""九五""十五""十一五"和"十二五"期间的不断发展，现已形成资料采集与处理、综合解释与分析、方法理论研究与软件开发、仪器设计与开发制造等有一定水平和规模的专业队伍。在普查找煤、水文地质、工程地质、矿山矿井地质、灾害地质、城市地质、环境地质等方面发挥着重要作用。

1.1　创业与发展

1953年，为寻找新煤田，特别是隐伏在老矿区外围的新煤田，根据苏联专家建议，燃料工业部决定在煤炭工业中组建应用地球物理勘探技术队伍。在燃料工业部的策划下，1954年8月由北京地质学院物探系专修科抽调17名技术人员到煤矿管理总局工作，并由其中的5名技术人员在北京组建煤炭系统第一个电法队（当时取名为地面电测队）。同年第四季度，从淮南煤矿工业专科学校分来2名中专机电专业毕业生充实到地面电测队，1955年6月又从燃料工业部煤矿管理总局天津地质干校接收毕业生6名，同年7月地面电测队接收大同煤矿学校机电专业毕业生5人，正式形成了煤炭系统第一个电法队。

1954年，地面电测队到开滦矿区林西至唐家庄一带进行野外电法试验。试验的主要目的是熟悉电测深的成套工作方法，研究解决地质任务的可行性。试验使用的主要装备有仿苏式ED-1M型电位计和仿苏式CM型胶皮探矿线、军用被复线，以及铜、铁电极等。试验采用的方法为对称四极垂向电测深法（采用固定测量电极距，供电电极距7.0~6000m，非连续放线方式）。为了求取岩石电阻率参数，用钻孔的岩心进行了岩石标本电阻率的室内测定。通过这次野外试验，全队人员熟练地掌握了电测深的全套工作方法，培养出了第一批煤炭电法技术骨干。

1955年8月，地面电测队派人赴华东煤田地质勘探局下属一二零勘探队及淮南矿务局收集资料，做出了淮南杨部子地区电法工作设计，9月开赴淮南矿区进行勘探工作。在此期间，根据煤炭工业部地质勘探总局在淮河以北广大隐伏地区找煤的计划，抽调部分技术骨干赴淮北矿区蒙城梁涂山、涡阳石山子完成了3条电测深勘探线（测点间距2km，$AB/2$

=3.5m~3km，非连续放线，*AB* 为供电极距）。通过系统分析、研究野外观测的电法成果，结合地质资料，在蒙城东北板桥-李楼电法测线的电测深点上布置了 01 和 07 两个钻孔。07 钻孔于 1956 年 2 月在孔深 338.51m 穿过新地层见二叠纪煤系，在 350.05m 见第一层煤，厚度约 36m，这是淮北平原数千平方千米隐蔽区内的第一个见煤钻孔。其后在该测线上施工的钻孔均见到可采煤层，为煤炭系统在隐蔽地区应用地质、物探、钻探综合手段找煤提供了第一个成功的实例。

在结束淮南杨部子地区的电测深工作后，地面电测队又在上窑地区尝试用电剖面法进行地质填图，并于 1956 年 3 月，提交了煤炭系统的第一个电法报告——《安徽蒙、涡、杨地区地面电测报告》。该报告认为杨部子地区普遍为较厚红层覆盖，无找煤希望；解释了蒙城、涡阳三条测线上的煤系分布范围，并用平均电阻率法和培拉耶夫量板法解释了大部分电测深点的石灰岩埋藏深度，为找煤钻孔的布置提供了重要依据，并于 1957 年 7 月提交了《安徽省蒙城宿县地区电法勘探工作报告》（主编黄治平）。该报告由煤炭工业部地质勘探总局聘请地质部物探局桂燮泰工程师评审，这是煤炭系统第一份正式批准的地面物探报告。该成果全面揭示了淮北 4500km² 隐蔽地区的主要地质构造；探明了煤系基底起伏形态；圈出了石炭-二叠纪的煤系分布范围和埋藏较浅的含煤区，并利用可以作为定量解释的 47 个电测深点解释了石炭系及其以下石灰岩的埋藏深度。根据定性、定量解释成果绘制了推断的地质剖面图，圈定了童亭、临涣、许町、百善等有希望的含煤区。为找煤钻孔的布置提供了重要依据。经其后的大量钻探证实，揭开了新生界掩盖下的淮北煤田。

在此工作的基础上，地面电测队于 1965 年 9 月在口孜集-陈桥-顾桥区段完成了电测深法详查工程。工作面积约 3000km²，工程网度为 2km×1km 及 2km×0.5km，施测物理点 1528 个。

经过系统分析、对比解释，控制了区内新生界下沉积的地层主要褶曲、断裂的构造形态，查明新生界厚度及分布规律，查找出一近东西向陈桥-顾桥大背斜，两翼均沉积了含煤地层，赋存有较丰富的煤炭资源（图 1.1）。圈定煤系赋存范围达 700km²，取得了较好的地质效果。

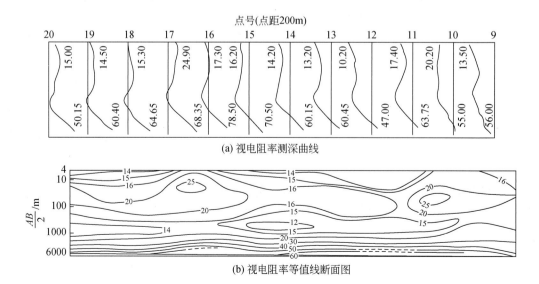

(a) 视电阻率测深曲线

(b) 视电阻率等值线断面图

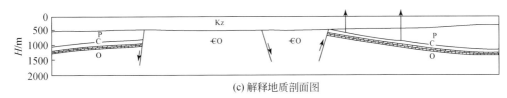

(c) 解释地质剖面图

图 1.1　陈桥–顾桥大背斜探测剖面图

与此同时，煤炭工业部地质勘探总局从地面电测队原有技术人员中抽调部分技术骨干组建中南煤田地质勘探局电法队、东北煤田第一地质勘探局电法队和河北开滦煤矿总管理处电法队，并将煤炭工业部地质勘探总局直属的"地球物理探矿队"改为物探处，所属电法队划归华东煤田地质勘探局领导。形成了东北、华北、华东、中南四个合理分布的煤炭电法勘探队伍的布局。并通过各自的工作先后发现了华北车轴山的东欢坨、新军屯含煤区，蓟县–玉田区域的林南仓、下仓含煤向斜；东北铁法的大明–四家子含煤扩大区；中南焦作外围的含煤区；华东九里山含煤区。

1957 年，华东煤田地质勘探局物探大队拟订了煤炭系统第一个《电测深质量标准》，在所属两个电法队执行，同年，原煤炭工业部地质勘探总局颁发了煤炭系统第一个《电法勘探设计、报告编制提纲》。并于 1961 年由煤炭工业部地质勘探司在总结几年来煤炭电法工作经验的基础上，草拟了煤炭系统第一个《煤田电法勘探暂行规程》，在广泛征求意见后于 1962 年正式颁发执行，1962 年 5 月由煤炭工业出版社出版，使电法技术工作在正规化、科学化、标准化的道路上迈进了一大步。

1958 年 9 月，在山东兖州一二三煤田地质勘探队召开的"地质–地球物理综合勘探现场会议"，对电法勘探进行了总结。指出了创建时期为电法勘探积累了经验，特别是电法在隐蔽地区普查找煤方面取得的成果，推动了电法勘探在煤田普查中更加广泛的应用。会后，电法勘探队伍迅速扩大，形成了煤炭电法勘探历史上的第一次大发展的高潮（1958 ~ 1960 年）。

总之，20 世纪 50 年代，中国煤炭电法勘探工作主要是用直流电阻率测深法和电阻率剖面法寻找隐伏煤田分布范围，查明构造和煤系基底起伏形态和埋藏深度等。

1.2　提高与辉煌

到了 20 世纪 60 年代，全国各煤田地质勘探局物探大队均组建了电法分队，当时全煤炭系统的电法分队数量达 56 个。在此期间，电法勘探在继续完成隐伏地区找煤工作的基础上，开始探索应用电法技术探测老窑采空区、岩溶、古河床和精查阶段的断层等问题，追踪隐伏煤田的煤层露头及其他电性标志层并获得了成功（图 1.2）。

1964 年，西北煤田地质勘探局甘肃煤田地质大队，首次在贺兰山煤田汝箕沟勘探区白芨芨沟井田，用自然电场法配合磁法进行探测煤层火烧区的工作，取得了好效果（图1.3）。

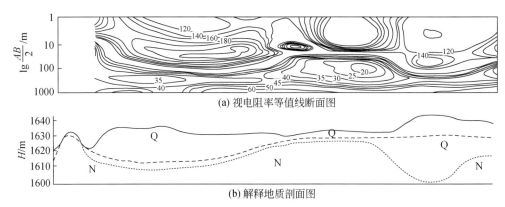

(a) 视电阻率等值线断面图

(b) 解释地质剖面图

图 1.2　甘肃省华亭矿区西华水源地古河道勘查

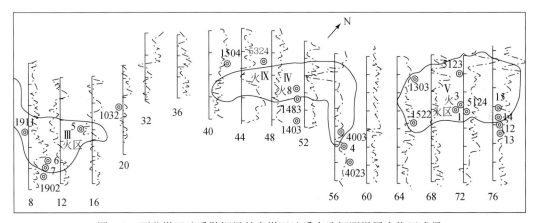

图 1.3　西北煤田地质勘探局甘肃煤田地质大队探测煤层火烧区成果

大量的试验和钻探验证表明，电法勘探技术在配合山区地质填图、隐伏地区普查找煤、勘探阶段断层探测、隐伏煤层露头探测、岩溶裂隙发育带找水（图 1.4）和第四系富水区勘探等方面有着显著的优势，取得了丰硕的地质成果。

20 世纪 80 年代初，通过应用电法勘探技术，先后发现了河北邢台、隆尧；辽宁沈北、沈南、红阳、康平三台子、建平马厂；吉林梅河、万宝；黑龙江东荣、东辉；江苏丰沛（丰县、沛县）及苏南锡、澄、虞地区等；山东济宁、巨野、金乡、黄河北；河南禹县、永城、新郑；广东官窑；湖南高亭司等含煤盆地。这些含煤盆地部分经过后续勘探工作已经建井开发，成为 70 年代后期和 80 年代的重要煤炭生产基地；部分矿区外围和深部仍有继续进行勘探工作的价值。

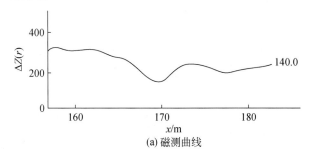

(a) 磁测曲线

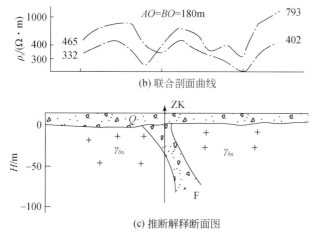

(b) 联合剖面曲线

(c) 推断解释断面图

图 1.4　浙江省长兴市金沙矿泉水勘查

在稳固推进直流电法勘探技术的基础上，煤炭工业部西安煤田地质勘探研究所（现中国煤炭科工集团西安研究院）和中国煤田地质总局从 1967 年开始在国内开展了电磁频率测深法的仪器和方法的研究，1971 年研制出了中国第一台 PC-1 型电磁频率测深仪。该仪器由深层机和浅层机组成，分别配置有发射机和接收机，用发电机供电。深层机频率为 0.29 ~ 1320Hz，有 23 个频点，发射机重 48kg，接收机重 32kg；浅层机频率为 19 ~ 1320Hz，有 24 个频点，发射机重 72kg，接收机重 27kg。1972 ~ 1974 年，在陕西、江西、安徽、江苏不同类型煤田上进行了仪器和野外工作方法的试验，并获得成功。为在高阻层下普查找煤提供了一种有效的新方法。从而，中国煤炭电法勘探领域结束了单纯依赖直流电法勘探的历史，步入了直流电法和交流电法同时应用的新阶段。

1977 年 9 月，湖南煤田物测队首先编制出了《电磁频率测深暂行规程》。同年 11 月，江西煤田物测队也编出了《电磁频率测深法野外工作技术要求》。这是煤炭系统在总结电磁频率测深法工作经验的基础上，最早编出的技术规定文件。

1977 年 11 月 24 日至 12 月 2 日，煤炭工业部地质总局在江西南昌向塘西江西煤田物测队召开了"全国煤田电法、重磁会议"。会议由煤炭工业部地质局勘探处负责人王殿发、李岚主持，各省区煤田地质勘探公司、物测队，有关勘探队及部分厂、所、院、校共 25 个单位的 83 名代表参加。会议着重讨论了《煤田电法勘探规程（修改稿）》，提出了修改和补充意见。电法方面着重交流了频率测深法方面的工作经验，并参观了江西煤田物测队举办的频率测深工作展览和野外施工。会议也交流了直流电法在普查找煤、找水、探测老窑采空区和煤层燃烧区等方面的经验和成果。这次会议对推动我国频率测深法的推广应用和健康发展有重要作用。

1978 年，煤炭工业部地质总局在燃料化学工业部 1972 年组织起草的《煤田电法勘探规程（讨论稿）》的基础上，组织电法规程修订组进行修改，1979 年煤炭工业部地质总局在昆明召开的"煤田电法勘探技术座谈会"上进行了进一步讨论，会后最后修改定稿。1980 年 6 月，煤炭工业部以（80）煤地字第 484 号文正式颁发执行，1983 年 1 月由煤炭工业出版社出版发行。这是煤炭系统正式颁发的第二个《煤田电法勘探规程》。

为了扭转"北煤南运"局面，北方的部分电法队调往南方。南方的地形、地质、物性条件与北方相比有比较大的差异，因此有一个熟悉环境条件、摸索工作方法和解释规律的过程。在不断研究和实验的基础上，南方电法勘探工作也取得了好的成果。例如，江西省的山南隐伏含煤区、宜春乾坡向斜含煤区、丰城店下含煤区，均是电法先行探明含煤构造和煤系分布范围后，经钻探证实发现或做出全区评价的。江苏省南部地区，电法勘探在普查找煤方面也取得了不少好的地质成果，其中电法勘探提出的云花、红塔、张清、白泥场、澄江等有希望的含煤区，经钻探证实都见到了煤系和煤层，对苏南一些煤矿区的发现和进一步勘探起到了先行指导作用。1969年，湖南省用电法在杨家桥地区普查找煤，圈出了一个比较大的含煤希望区，其后为地震勘探和钻探所证实。湖南省永兴高亭司地区也是电法先圈出含煤构造后，经钻探验证见煤发现的。其他如湖北、广东、广西、安徽南部等，电法在普查找煤、地质填图、找水、探老窑采空区、探断层等方面也都取得了大量较好的地质成果。

随着电子计算机和计算数学研究的引入，电法勘探技术开始进入数字化时代。1980年，吉林省煤田地质研究所朱庆芬等引用国家地质总局水文地质方法研究队的拟合核函数和拟合视电阻率的两种计算程序及长春地质学院的阻尼最小二乘法和变尺度法两种计算程序，对吉林营城–上河湾地区的电测深曲线进行了计算机处理。经对4种程序试算后，最后选用以拟合核函数为主的程序进行处理。在该区选出130条电测深曲线（约占全区工作量的1/2）进行计算机拟合解释。根据定量解释成果做出了该区泉头组底界等深线图和煤系基底等深线图。这是煤炭系统用计算机处理一个地区电测深资料的首次尝试。1981年，李毓茂教授推出了我国第一套电磁频率测深二层及三层量板，迄今仍是我国唯一的一套。

1983年，中国矿业学院与江苏煤田物测队合作进行了微型计算机处理电测深曲线的研究（主要研究人员为中国矿业学院李志聘、高部群，江苏煤田物测队吴家树等），并应用于山西省朔县（现朔州市）和江苏省江阴市两个地区的实测资料进行了生产性试验，取得良好效果。该程序分正演计算和反演拟合两部分，用BASIC语言和FORTRAN-IV语言编写，适用于内存为64KB以上的计算机。正演用数值滤波法，反演用拟合核函数的方法。该研究成果于1984年5月，由煤炭工业部地质总局主持，在中国矿业学院进行了鉴定。鉴定认为：计算机对电测深曲线进行正演计算和反演拟合解释方法及程序的研制成功，标志着煤炭电法勘探技术达到了一个新的水平，从而代替了长期使用的理论量板法和人工经验方法进行电测深定量解释，提高了工作效率、分层能力和解释精度，跨入了国内先进水平的行列，缩小了与国外先进水平的差距。同年8月17日至11月4日，煤炭工业部地质总局在中国矿业学院举办了计算机处理电测深资料技术的培训班，其后在各单位很快得到推广应用。安徽煤田物测队于1985年提交的任楼地区水源电法勘探报告，完全用计算机进行反演解释，提高了分层能力和解释精度，地质效果明显。在此期间，尚未配备计算机的内蒙古、河南、湖北、青海等省（自治区）的电法队，引用地质矿产部系统开发的用PC-1500袖珍计算机进行电测深曲线正、反演的计算程序，在生产中进行了推广使用和改进。

在直流电法勘探技术解释数字化进程的基础上，根据国家计划委员会在煤炭工业部启动了"煤田露天综合勘探进口设备"项目，其中对数字直流电法仪分项经调研后，选型为法国地质矿业研究院（BRGM）生产的SYSCAL-R2型数字直流电法仪及相应的资料处理软件和配套微机。1985 年 7 月，中法双方在南京市江苏煤田物测队对到货的 SYSCAL-R2 型数字直流电法仪 10 台、配套的 HP-9816s 计算机及外围设备 5 套、电测深曲线计算机处理程序 5 套（软件名 Grivel）进行了全面验收，开启了煤炭系统直流电法勘探技术的数字化新时代。

新仪器装备与新资料处理方法的运用，提高了直流电法勘探的数据采集质量与资料解释精度。河南省煤田地质勘探公司利用直流电法在煤田进行水源勘探；江苏省煤田物测队在取得的丰富煤炭电测深资料的基础上，建立了煤炭电法资料数据库，实现了对电测深各类数据进行存储、查询检索、解释处理和自动成图的全过程；程久龙（1989）研究了形变–电阻率法探测煤层顶板裂隙高度的试验研究方法和结果。

在交变电法勘探方面，煤炭工业部地质总局于 1984 年通过年度设备引进，购入 2 套美国荣基工程及研究公司生产的 GDP-12/2GB 型地球物理数据收录系统。该仪器为计算机控制的多功能交流数字电法仪，代表了 20 世纪 80 年代的世界先进水平。仪器适用于大地电磁测深法（MT）、可控源音频大地电磁法（CSAMT）、瞬变电磁测深法（TEM）、复电阻率法（CR）、激发极化法等。仪器内装 PDP-80 计算机，操作自动化程度高，用软件控制可进行不同的方法。用可控源声频大地电磁法工作时，可测电场及磁场多分量及相位差，对观测数据可以进行多次叠加平均，消除随机干扰，提高观测精度。仪器抗干扰能力强。观测值可以由液晶显示和内存，并可用磁带阅读器打印出原始记录，不用人工记录计算。该仪器的引进使煤炭系统在交流电法领域内也有了世界上新型的先进仪器，为推动频率测深技术的发展和在高电阻层覆盖下进行普查找煤提供了技术先进的装备。

GDP-12 仪器的引进使我国煤炭系统在交流电法领域内也有了世界上新型的先进仪器，在安徽省淮南煤田新集区得到的可控源电磁频率测深成果如图 1.5 所示，查明了煤系构造和含煤地层分布，解释成果得到钻孔验证。GDP–12 仪器为推动频率测深技术的发展和在高电阻层覆盖下进行普查找煤提供了技术先进的装备手段。

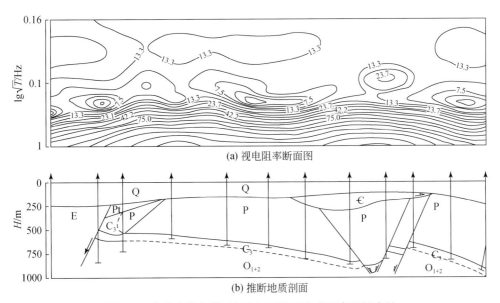

图 1.5　安徽省淮南煤田新集区可控源电磁频率测深成果

20世纪70年代中期到80年代中期是我国煤炭电法勘探技术发展速度最快、推广范围最广、地质成果最多的时期。除了隐蔽地区普查找煤外，在寻找水源和解决矿区水文地质问题方面的工作量明显增多，在山区、半山区配合地质填图方面也取得了较好的地质效果。在云南省姚安盆地82.5km² 范围内，应用直流电测深法对盆地进行了普查，查明了盆地基底起伏形态（图1.6），圈定了古近纪-新近纪含煤地层的分布范围，并根据电法资料对古地理和盆地沉积环境进行分析，指出了煤层富集带的位置，解释了第四系含水层和富水带的分布。经钻探验证发现了姚安煤田，含褐煤7～24层，总厚一般为40～50m，获得储量6.3亿t；在内蒙古白音乌拉地区用电测深普查找煤，圈出了白音乌拉和恩博尔沃博勒卓两个含煤拗陷，经钻探验证均见到可采煤层，证实为有希望的含煤区；内蒙古宝尔希勒地区300km²的勘探中，采用电测深法和电剖面法迅速查明了盆地含煤地层的边界、主要地质构造，控制了部分地段的煤层露头位置，对扩大该区的含煤面积，加快勘探速度、节省钻探工作量起了很好的作用。同时，在河南义马矿区、登封矿区、禹县含煤区、新郑含煤区，在内蒙古陈旗、东胜等含煤区，在贵州在六枝矿区北段、盘县矿区，在江西省乐平矿区涌山和丰城矿区石滩，在湖南省嘉禾县袁家矿区北段，在陕西省合阳东王地区，在新疆乌鲁木齐河东铁厂沟-碱沟等地，通过寻找岩溶裂隙水，为矿区供水提供了可靠的基础资料，为一大批生产矿区或规划开发矿区寻找到了丰富的水源。其中《贵州六枝向斜北段水源电法勘探报告》和《湖南永来向斜北段供水水源勘探报告》均获得1985年煤炭工业部地质总局的优质报告奖。

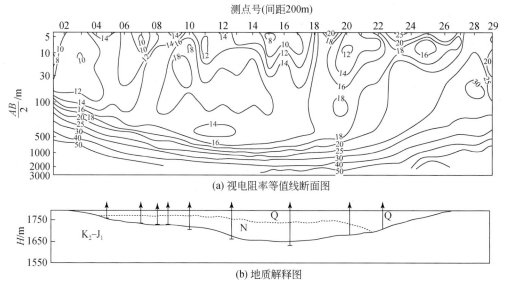

图1.6　云南姚安盆地煤炭资源勘探成果

岳建华和薛国强（2016）将1980～1989年煤炭电法勘探的发展总结为以地面直流电法为主的勘探阶段；在此阶段，煤炭电法勘探的主要任务是矿区水文水资源勘探。含煤地层适宜的勘探深度、中等良导电的物性条件，为直流电法勘探提供了良好的应用条件。

从 20 世纪 80 年代后期开始，由于地质勘探经费不足，加之大面积普查找煤工作的结束，煤炭电法勘探进入了相对低迷期。部分物测队因国家计划任务不饱满、工程量缩减而撤销或合并了一批电法勘探队伍。而一部分物测队则加强对社会地质市场的开拓和与其相适应的新技术开发、研究，使煤炭电法勘探技术获得了新生。

1.3　扩展与再生

从 20 世纪 90 年代起，煤矿井下直流电法得到了发展。针对 1984～1985 年接连发生开滦范各庄矿、淮北杨庄矿等 22 起底板突水淹井事故，以煤矿防治水为主要任务的矿井物探工作提上议事日程。1987 年，煤炭部总工程师陈明和到中国矿业大学调研，要求启动煤矿防治水矿井物探工作。1988 年年底，中国矿业大学矿井物探研究室与淮北矿务局地测处联合开展综合矿井物探试验工作，历时 2 年建立了 "以矿井直流电法勘探为主，矿井地震勘探、放射性测量、微重力测量和红外测温为辅" 的煤层底板水矿井物探技术体系，开发了巷道顶、底板电测深、巷道电剖面法、矿井高密度电阻率法、直流电透视法、矿井地震勘探等施工方法与技术。随后，中国矿业大学启动矿井电法勘探基础理论研究工作，相继开展了巷道影响和全空间效应方面的物理模型实验、层状介质全空间电流场正演计算的线性滤波、巷道影响下的全空间电流场边界单元法数值模拟、巷道影响下的全空间电流场理论、巷道影响下的全空间电流场有限差分法和有限元法数值模拟等研究。

20 世纪 90 年代后期，煤炭科学研究总院西安分院在直流电透视的基础上开发了音频电透视技术并研制了仪器，采用低频交流供电（一般为 15～100Hz），用于探测工作面底板导水构造。采用交会图解析法和层析成像法，评价顶底板一定厚度内岩层的富水性。对于巷道掘进头超前探测，中国矿业大学开发的超前探孔中二极剖面法，以及煤炭科学研究总院西安分院、河北煤炭科学研究院等开发的点源梯度法取得良好探测效果。矿井直流电法勘探试验从两淮（淮北、淮南）转向徐州、峰峰矿区，应用推广至山东、河北、河南、陕西等大型矿区，煤层底板突水事故频发的现象得到有效遏制。在矿井直流电法从诞生到迅速发展的同时，煤炭科学研究总院重庆分院和西安分院、淮北矿务局、开滦矿务局、大同矿务局、蒲白矿务局、霍州矿务局等其他研究与生产单位也都相继开展了无线电波透视技术的研究，使其基础理论不断完善，新仪器、新装备及资料处理与解释方法不断进步，特别是电磁波层析成像技术的运用取得显著地质效果，成为各个矿区探明回采工作面内陷落柱、断层及煤层变薄带的主要物探手段之一。

在继续开拓电法勘探技术在水资源勘探领域应用的基础上，面向社会，大力开发非煤勘探的地质市场。例如，浙江煤田物测队用电法为江山变电所探测厂区岩溶发育情况，为金华双龙洞旅游区探测溶洞（图 1.7），为江山变压器厂厂址探测红层下的岩溶发育情况，都取得了好的效果，满足了用户需要；四川煤田地质局地质测量队应用电法勘探技术为黔江县（现黔江区）观音岩滑坡勘探提供了滑体分布及其基岩起伏形态，为后期治理奠定了基础；东北煤田地质局第三物探测量队应用传统的电测深技术在哈尔滨市委省体校房屋基底亚黏土层分布范围的探测提供了依据等。由此开始了煤炭电法勘探技术服务于非煤需求的时代。

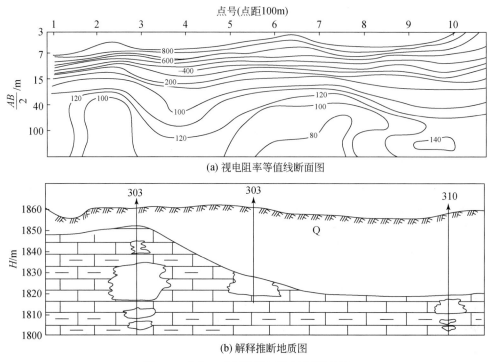

(a) 视电阻率等值线断面图

(b) 解释推断地质图

图 1.7　金华双龙洞旅游区溶洞探测成果

随着社会地质市场项目的拓展与社会地质市场需求的研究的不断深入，煤炭电法技术得到不断提高，应用领域也得到拓展并不断扩大（如为社会服务的城市地下管网探测，铁路公路、水库水渠、坝基坝址、地铁机场、高层建筑等基础工程勘查，浅层、超浅层探测，古墓、地裂缝、滑坡勘查，海水侵入监测等，都取得了显著成效），也为煤炭电法队伍的生存提供了经济支持。

与此同时，煤炭电法勘探引进了一批适应于工程地质、环境地质、城市地质和灾害地质的技术、方法和仪器设备（如瞬变电磁法、高密度电法、电磁波反射技术等），提高了煤炭电法勘探技术的能力，扩大地质勘探市场服务领域。

1995 年起，煤炭工业部重新修订了 1980 年颁布的《煤田电法勘探规程》，增加了地质市场需求氛围，并更名为《煤炭电法勘探规程》，于 2000 年 12 月正式发布，于 2001 年 5 月正式实施。

2000 年，中国煤田地质总局历时两年编辑、出版了《中国煤田电法勘探典型成果图集》（煤炭工业出版社）。该书是第一部全面、系统地介绍我国煤炭电法勘探技术实际应用效果的专著，收集、编写了煤炭系统在 1954 年以来使用过的 20 余种电法勘探方法，以及其在不同地质应用领域内所取得的 88 项成果，107 个典型实例。不仅涉及面广，而且类型齐全。其应用领域包括：对石炭纪、二叠纪、侏罗纪、白垩纪、古近纪–新近纪等各成煤时代的普查找煤；对追溯岩层、煤层、断层等隐伏露头的地质填图；寻找第四系、喀斯特、断层裂隙水的供水水源，划分咸淡水界线，研究水矿化度、地下水径流通道、地下水流速流向，划分河流阶地和台原区界线；煤矿灾害地质及防治水，探测采空区、陷落柱位置和范围及火烧区、巷道下喀斯特和断层，预测底板突水构造；对隧道工程地质条件，滑坡、房基、淤泥层厚度、水库漏水、金属及水泥管线、人防工程、公路及机场跑道地基等的勘查。该书基本上反映了中国煤炭电法勘探技术的现状，展示了煤炭电法勘探应用的广阔前景。该书由电法在普查找煤中的应用，电法在薄覆盖区地质填图中的应用，电法在探测采空区、陷落柱及火烧区中的应用，电法在煤矿井下的应用，电法在找水及煤矿防治水中的应用，电法在工程地质勘查及其他方面的应用和频率测深法的应用七部分组成。以写实为主，略加对比分析，可达到借鉴引用的目的。该书可供从事地球物理勘探，煤田地质、煤炭资源勘探与开发工作的科研、教学和技术人员，以及相关的大专院校师生阅读参考。

2000 年以来，煤矿老窑水与采空区积水对我国煤矿安全生产带来的威胁日益加重，富水采空区精细探测成为煤炭电法勘探的主要任务。中西部地区多为沙土或黄土层覆盖，地表沟壑纵横，直流电测深存在电极接地不良、地形影响大等问题，致使劳动强度大、施工效率低。另外，瞬变电磁法具有易穿透高阻层、对低阻含水采空区反应灵敏、施工方便、效率高等优势，且勘探深度适于煤矿采空区探测，因而迅速成为各大矿区探测采空积水区的首选方法。2000 年以来，煤炭电法勘探进入以地面和井下瞬变电磁法为主的勘探阶段。瞬变电磁法在底板陷落柱和注浆效果探测，巷道顶、底板含水构造探测，煤矿巷道掘进头的连续跟踪超前探测，地下和工作面内封闭不良钻孔探测和煤矿水害预测等实际问题中得到广泛应用。在此基础上，刘志新等（2007）提出巷道掘进头超前探测的扇形观测技术，于景邨（2007）总结了矿井瞬变电磁法勘探的主要进展。2008 年后，中国矿业大学、煤炭科学研究总院西安分院、安徽理工大学等多家高校及科研机构和企业发表了许多关于矿井瞬变电磁法探测老空积水的成功案例。在矿井瞬变电磁法基础理论研究方面，岳建华等在 2005 年、2006 年、2007 年相继获得博士点基金和国家自然科学基金的资助下，培养了刘志新、杨海燕、姜志海、胡博、周仕新等一批青年学者，实现了矿井瞬变电磁法的二维、三维有限元法、有限差分法、边界元法数值模拟。研究进展主要体现在：①总结了多匝小回线装置收、发特征及其对观测结果的影响；②认识和掌握了典型地电体的异常响应特征，为定性解释奠定了基础；③认识和掌握了天线方向特性，确立了异常体空间定位的理论基础；④初步掌握了时深转换的规律，为定量解释提供了理论依据。

2002 ~ 2012 年的"煤炭黄金十年"，强投入、大回报的市场形势推动了我国煤炭电法勘探的快速发展。非煤系统地质勘探队伍和科研机构与高校对煤炭电法勘探的关注度增强，国土资源系统、中国科学院系统和一些重点高校等十多家重点地勘生产和科研单位相继投入力量从事与煤相关的地面和井下电法勘探研究工作，吉林大学、中国地质大学在矿用电法勘探设备研发方面取得重要进展。在国家"十二五"科技支撑计划支持下，中国矿业大学、山东大学、中国地质大学等联合开展了煤矿突水重大灾害实时监测预警系统的研发工作，初步形成了以网络分布式电阻率法、瞬变电磁法为主体的探测和动态监测技术体系。

1.4　突破与再发展

近年来，随着计算机技术、电子技术和计算技术的飞速发展与空前进步，地球物理勘探技术也进行了一次脱胎换骨的变化。在数字采集、数字处理、数字解译、数字成图、数字报告的基础上，又增加了有线遥测与无线遥测技术、多测道窄带蜂窝传输技术、宽频带纳秒级采样技术，使其从原始数据的有效性、工作环境的适应性、解决地质问题的可靠性等多方面均有了大幅度的提高。其地位也从配合技术转变为主要的、不可缺少的、不可替代的实用技术。

煤炭电法勘探技术在这次地球物理学飞速发展的浪潮中也同样得到提高。在采集装备方面具体如下。

（1）地质雷达技术：实现了多频段、窄带脉冲、高速、纳秒级的采样技术。使其既可以用作常规的地质勘探，又可以完成诸如高速公路无损检测、各类混凝土铸件无损检测等。

（2）瞬变电磁技术：应用超导金属材料实现发射、接收装备的小型化，应用高频电子开关实现了发射电源的猝断，从而使其解决了现场采集工作的轻便化和早时道观测值的可应用性，提高了瞬变电磁技术在浅层勘探的能力。

（3）地电影像技术：实现了多测道、多排列、连续滚动观测与影像重构技术。使其不仅在现场观测方面实现了长剖面的自动化实施，同时在成果展示方面也实现了地层电性分布的真实再现。

（4）可控源大地电磁技术：采用时间域分频段海量采集技术、频率域数字分频处理技术、辅助频段可控源补充技术，实现了电磁法宽带密集频点勘探需求。使其在解决浅层地质问题方面有了突破，在中、深层精细勘探方面也有了提高。

在勘探技术方面具体如下。

（1）电磁成像技术：电磁成像技术又常被称为电磁波CT技术，是地学层析成像技术的重要构成部分，被认为是近年来发展较快、效果较佳的工程地球物理探测四大新技术（地震CT、电磁波CT、高分辨率地震和地质雷达）之一。它是根据电磁波在地下有耗介质中的传播规律，将在钻孔中采集获取的电磁波传播过程变化的数据，依照一定的物理和数学关系反演地质介质物体内部物理量的变化及分布，通过计算机技术进行反演成像处理，最终以图像的形式展现地质影像的地球物理技术。它具有信息量大、分辨率较强、精度较高、形象直观、探测速度和质量较高、费用较低、效果较佳等特点。

（2）二维、三维地层电阻率影像重构技术：应用二维或三维的概念，引入有限元、有限差分技术，通过对地下地质体的合理剖分，经过模拟计算与实际观测结果的最优化处理，实现地下地质体电阻率影像的重构。该影像具有真实刻画地下地质体形态的特点，基本可不再进行地质-地球物理解译即可被地质学家使用，减少了因专业知识的差异所产生的最终地质成果偏差。

（3）窄频脉冲电磁波反射技术：窄频脉冲电磁波反射技术是地质雷达的技术核心。以超高频电磁波作探测场源，根据探测目标物及其围岩的电性特征，选用相关的一定中心频率窄频脉冲电磁波由发射天线向地下介质发射，经地下地层或目标物反射后返回地面，被接收天线所接收。当地面发射和接收天线以某种组合方式沿探测线等间距移动时，即可在纵坐标为双程走时、横坐标为距离的雷达屏幕上描绘出由反射体的深度所决定的"时距"波形道扫描轨迹图。通过研究该"时距"波形道扫描轨迹图形态、特征，即可推测得到地下地质体及地层结构的分布规律。并应用地层电磁波传播速度规律（$V = 2D/T$）和地层电磁波传播路径规律（$D = V \cdot T/2$），结合已知点的电磁波传播速度标定，即可定量确定地下地质体及地层的界面深度分析。通过研究该"时距"波形道扫描轨迹图动力学特征，即可达到预测地下地质体及地层的地质力学性质目的。

（4）电磁拟地震解释技术：在地震反射法中，地震仪记录的信号是地震余波和介质响应函数（反射函数）的叠加；而在电磁波法中，电磁场场强在传播过程中与介质响应函数（或称复反射函数）有关。若把地层划分为电磁波或弹性波的双程传播时间都相等的"微层"时，则不难导出电磁测深和地震反射法的复反射函数。两者不论从数学表达式上还是从物理意义上都有一定的相似性。通过对它们的反射系数函数加以对比分析，就可以把两者有机地联系起来，运用解释地震资料的方法来解释电磁波法勘探资料，实现电磁波拟地震解释。

1.5　问题与挑战

人口、资源、环境是制约 21 世纪世界发展的主要问题，更是制约中国社会经济发展的主要问题。显然，"人类、资源、环境的协调发展"是 21 世纪的主题。随着社会的不断进步，物质生活水平的极大提高，人类对环境的需求程度也随之加大，特别是对地质环境的依赖性更加明显。因此，对地质背景的探测（认识过程）与地质条件的修饰（改造过程）是 21 世纪摆在人类面前的重大课题。

作为煤炭地质系统的电法勘探队伍，其工作重点仍应确立在为煤炭资源勘探与开发服务的基础上。首先应在第四次煤田预测的基础上，充分发挥电法勘探技术周期短、见效快、投资少、灵活性强的特点，继续加强隐伏地区的普查找煤及水资源勘查工作，充分发挥电法在这方面的优势，为煤炭资源提供更多的新地域，为煤矿建设提供更多的水源基地，为煤炭资源新区提供更多的有利地域。针对中国西部地区普查勘探的需要，研究和开发与之相应的电法技术和手段，为煤炭工业重心西移做好准备。围绕矿山矿井建设、生产、安全的实际需求，开发矿山矿井勘探技术，提高勘探精度，使采掘系统布置合理、经济、安全，风险降到最低程度，直接为煤炭生产建设服务。

其次，增强大地质、大市场观念，不断扩大社会服务领域。例如，为高层大楼、地下铁路、高速公路、桥梁、港口、机场、水坝及核电站等各类新型的高标准基础建设工程项目服务。水文地质、工程地质一直是电法勘探技术的主要应用领域，为了开拓新的领域，提高地质效果，要逐步完善水文地质、工程地质、矿山矿井地质、灾害地质、城市地质、环境地质等方面的电法勘探应用技术。

随着高分辨率、高精度电法勘探技术的出现与发展，人们对环境保护意识的增强，传统的地质填图工作程序与手段要进行相应改造。因此，应针对地质填图工作的特点，加强非破坏性勘查技术与方法的研究，发挥电法勘探技术的优势，逐步形成高分辨率、高精度原位无损填图的新工艺。

煤炭电法的前沿课题包括：①仪器方面——开发大功率、多功能、智能化、高灵敏仪器；②数据采集方面——研究多分量、陈列式、多覆盖和广域化观测方式；③解释方面——发展矢量合成、多参数联合解释、地质条件边界的约束反演等技术及综合地学信息融合技术等。

因此，我们要力争实现设计、采集、处理、解释、报告编制电子计算机的一体化，形成具有煤田地质勘探特色的技术系列。逐步建立一支技术先进、装备精良，具有市场竞争能力的现代化专业队伍。总之，不论怎么样，电子装备的发展和勘探技术的提高，必将为煤炭电法勘探能力的提高产生巨大的影响。对相关技术的引进和吸收，必将为煤炭电法勘探技术注入新的活力，使其在新的条件和环境下发挥作用。

参 考 文 献

白登海. 2001. 瞬变电磁法中两种关断电流对响应函数的影响极其应对策略. 地震地质, 23（2）: 245-251.

陈金方, 于景邨, 李全, 等. 2002. 矿井 TEM 探测导水陷落柱及检测注浆效果. 江苏煤炭, 4: 7-8.

陈卫营, 薛国强. 2013. 瞬变电磁法多装置探测技术在煤矿采空区调查中的应用. 地球物理学进展, 28（5）: 2709-2717.

程德福, 林君, 于生宝, 等. 2002. 瞬变电磁法弱信号检测技术研究. 吉林大学学报（信息科学版）, 20（2）: 1-5.

程建远, 石显新. 2013. 中国煤炭物探技术的现状与发展. 地球物理学进展, 28（4）: 2024-2032.

程久龙. 1989. 形变–电阻率法探测煤层顶板裂高的电算模拟解释. 中国煤田地质, 1（1）: 68-71.

段中稳, 李全, 童宏树. 2004. 瞬变电磁法在预测任楼矿导水陷落柱中的作用. 江苏煤炭, 2: 13-14.

范涛. 2012. 煤田电法勘探中的 TEM 地形校正方法. 物探与化探, 36（2）: 246-249.

方正. 1994. 中国煤田勘探地球物理技术. 地球物理学报, 37（增刊1）: 396-406.

封绍武, 刘文增, 杨晓东. 2010. 强干扰区瞬变电磁法勘查采空区效果. 物探与化探, 34（2）: 195-197.

高宇平. 1998. 大同侏罗纪煤田无线电波坑道透视特征. 煤田地质与勘探, 26（3）: 66-69.

郭纯, 刘白宙, 白登海. 2006. 地下全空间瞬变电磁技术在煤矿巷道掘进头的连续跟踪超前探测. 地震地质, 28（3）: 456-462.

郭继如. 1996. 无线电波坑透数据处理系统的设计. 煤田地质与勘探, 24（3）: 50-54.

郭君书, 孙振鹏, 李裕民, 等. 1981. 导水裂隙带地面电法探测初试. 矿山测量, 1: 51-53.

郭嵩巍, 王绪本. 2010. 瞬变电磁全区视电阻率数值计算方法研究. 物探化探计算技术, 32（5）: 500-507.

韩德品, 赵镨, 李丹. 2009. 矿井物探技术应用现状与发展展望. 地球物理学进展, 24（05）: 1839-1849.

韩自豪, 魏文博, 张文波. 2008. 华北煤田瞬变电磁勘探深度研究. 地球物理学进展, 23（1）: 237-241.

胡博, 岳建华. 2009. 计算任意方向矿井瞬变电磁场. 物探化探计算技术, 31（1）: 20-23.

江球. 2012. 矿井瞬变电磁法在煤层顶板富水异常区探测中的应用. 煤炭工程, 12: 41-44.

姜志海. 2008. 巷道掘进工作面瞬变电磁超前探测机理与技术研究. 中国矿业大学博士学位论文.

雷旭友, 李正文, 折京平. 2009. 超高密度电阻率法在土洞、煤窑采空区和岩溶勘探中应用研究. 地球物理学进展, 24（1）: 340-347.

李建平, 李桐林, 赵雪峰, 等. 2007. 层状介质任意形状回线源瞬变电磁全区视电阻率的研究. 地球物理学进展, 22（6）: 1777-1780.

李建平, 李桐林, 张亚东. 2012. 层状介质任意形状回线源瞬变电磁场正反演. 物探与化探, 36（2）: 256-259.

李武俊, 邢兆楷, 李慎举, 等. 1998. 坑道无线电波透视仪在霍州矿务局的应用. 中国煤田地质, 10

（1）：66-68.

刘盛东，张平松．2002．矿井巷道超前探测技术综述．淮南工业学院学报，22（增刊）：53-55.

刘盛东，刘静，岳建华．2014．中国矿井物探技术发展现状和关键问题．煤炭学报，39（1）：19-25.

刘少忱，张兴堂．1997．蒲白矿区无线电波坑透仪的应用．煤田地质与勘探，25（5）：45-47.

刘树才，岳建华，李志聃．1996．矿井电测深理论曲线变化规律研究．中国矿业大学学报，25（3）：101-105.

刘树才，刘志新，姜志海，等．2004．矿井直流电法三维正演计算的若干问题．物探与化探，28（2）：170-172.

刘焱，刘树才，闫赛，等．2011．大定源瞬变电磁法在探测煤矿采空区富水性中的研究．工程地球物理学报，8（1）：10-15.

刘志新，于景邨，郭栋．2006．矿井瞬变电磁法在水文钻孔探测中的应用．物探与化探，30（1）：59-61.

刘志新，岳建华，刘仰光．2007．扇形探测技术在超前探测中的应用研究．中国矿业大学学报，36（6）：822-825

陆桂福，张强，黄力军．2005．回线源瞬变电磁测深快速反演方法．物探化探计算技术，27（4）：289-291.

罗润林，张小路．2005．一种层状大地瞬变电磁响应计算正演的改进方法．物探化探计算技术，27（1）：25-28.

罗延钟，万乐，董浩斌，等．2003．高密度电阻率法的2.5维反演．地质与勘探，39（增刊）：107-113.

戚志鹏，李貅，朱宏伟，等．2011．大定源装置下瞬变电磁法视电阻率定义．地球物理学进展，26（4）：1350-1358.

乔夫．1986．纵轴直流电测深法在煤田水源勘探中的应用效果．煤田地质与勘探，1：50-54.

邱卫忠．2012．回线源TEM山地勘探中的地形影响和校正方法．煤田地质与勘探，40（5）：78-81.

石显新，闫述，傅君眉，等．2009．瞬变电磁法中心回线装置资料解释方法的改进．地球物理学报，52（7）：1931-1936.

宋振江，赵华，程洪良．1996．坑道无线电透视的影响因素．煤田地质与勘探．25（5）：48-51.

孙文涛，方正．1997．我国煤田物探技术的回顾与展望．地球物理学报，40（增刊）：362-368.

孙学诗．1984．电法勘探在煤矿中的应用．物探与化探，8（2）：116-120.

汤井田，肖晓，杜华坤，等．2006．ANSYS在直流电法正演中的应用．地球物理学进展，21（3）：987-992.

王大庆，许新刚，岳建华．2003．均匀围岩介质中点源电流场的巷道影响模拟研究．中国煤田地质，15（2）：59-62.

王国富，张海如，张法全，等．2011．基于尺度变换随机共振的瞬变电磁弱信号检测．地球物理学报，54（7）：1928-1934.

王华军．2008．时间域瞬变电磁法全区视电阻率的平移算法．地球物理学报，51（06）：1936-1942.

王华军，罗延钟．2003．中心回线瞬变电磁法2.5维有限单元算法．地球物理学报，46（6）：855-862.

王琦．2001．实测坑透资料的层析成像特殊处理效果．煤田地质与勘探，29（4）：55-57.

王小龙，冯宏，田华光，等．2011．基于COMSOL MULTIPHYSICS的直流电法正演模拟．煤田地质与勘探，39（5）：76-80.

王永胜，曾方禄，张福平，等．1999．矿井音频电透视在任楼煤矿的应用．煤田地质与勘探，27（4）：60-62.

吴俊林，靳月文．2012．瞬变电磁法在采空区勘查中的应用．物探与化探，36（增刊）：168-170.

吴小平，汪彤彤．2003．利用共轭梯度算法的电阻率三维有限元正演．地球物理学报，46（3）：428-432.

吴云超, 王传雷, 陈超. 2005. 不等电极距情况下高密度电阻率法的反演结果分析. 物探与化探, 29 (1): 19-21.

武杰, 刘树才, 刘志新, 等. 2003. 应用三极断面测深技术探测井下含水构造. 中国煤田地质, 15 (3): 45-48.

辛会翠, 汤井田, 徐志敏. 2014. 瞬变电磁法 2.5 维有限差分正演模拟. 地球物理学进展, 29 (5): 2278-2286.

谢和平, 彭苏萍, 何满潮. 2006. 深部开采基础理论与工程实践. 北京: 科学出版社.

熊彬. 2005. 大回线瞬变电磁法全区视电阻率的逆样条插值计算. 吉林大学学报 (地球科学版), 35 (4): 515-519.

许福美, 吴志杰, 吴超凡, 等. 2013. 矿井瞬变电磁法在老空区积水探测中的应用. 煤矿安全, 44 (4): 146-149.

徐海浪, 吴小平. 2006. 电阻率二维神经网络反演. 地球物理学报, 49 (2): 584-589.

徐宏武. 1995. 透视法预测煤与瓦斯突出的尝试. 煤田地质与勘探, 23 (2): 61-63.

许新刚, 岳建华, 武杰. 2004. 三维直流电法勘探在地下人防工程勘察中的应用. 物探与化探, 28 (2): 187-188.

薛国强, 李貅, 底青云. 2007. 瞬变电磁法理论与应用研究进展. 地球物理学进展, 22 (4): 1195-1200.

薛国强, 陈卫营, 周楠楠, 等. 2013. 接地源瞬变电磁短偏移深部探测技术. 地球物理学报, 56 (1): 255-261.

薛国强, 闫述, 陈卫营. 2014. 接地源短偏移瞬变电磁法研究展望. 地球物理学进展, 29 (1): 177-181.

薛国强, 闫述, 底青云, 等. 2015. 多道瞬变电磁法 (MTEM) 技术分析. 地球科学与环境学报, 37 (1): 94-100.

严良俊, 徐世浙, 陈小斌, 等. 2004. 线源二维瞬变电磁场的正演计算新方法. 煤田地质与勘探, 32 (5): 58-61.

闫述, 石显新. 2004. 井下全空间瞬变电磁法 FDTD 计算中薄层和细导线的模拟. 煤田地质与勘探, 32 (增刊): 87-89.

闫述, 石显新, 陈明生. 2009. 瞬变电磁法的探测深度问题. 地球物理学报, 52 (6): 1583-1591.

杨海燕, 岳建华. 2008. 瞬变电磁法中关断电流的响应计算与校正方法研究. 地球物理学进展, 23 (6): 1947-1952.

杨海燕, 岳建华. 2009. 吸收边界条件在全空间瞬变电磁计算中的应用. 中国矿业大学学报, 38 (2): 263-268.

杨海燕, 岳建华. 2015. 矿井瞬变电磁法理论与技术研究. 北京: 科学出版社.

杨海燕, 邓居智, 张华, 等. 2010. 矿井瞬变电磁法全空间视电阻率解释方法研究. 地球物理学报, 53 (3): 651-656.

杨华忠, 胡雄武, 张平松. 2013. 井巷直流电法三维超前探测数值模拟. 工程地球物理学报, 10 (2): 200-204.

杨建军, 申燕, 刘鸿福. 2008. 测氡法和瞬变电磁法在探测煤矿采空区的应用. 物探与化探, 32 (6): 661-664.

杨镜明, 魏周政, 高晓伟. 2014. 高密度电阻率法和瞬变电磁法在煤田采空区勘查及注浆检测中的应用. 地球物理学进展. 29 (1): 362-369.

杨文强. 1997. 三维任意形体高密度电阻率法数值模拟方法. 物探化探计算技术, 19 (3): 79-82.

杨志刚. 1997. 坑透场强衰减与煤层倾角的关系. 煤田地质与勘探, 25 (5): 52-54.

姚环, 陈文庆, 简文彬, 等. 2002. 电磁波 CT 技术在水利工程病害防治中的应用研究. 工程地质学报,

（增刊）：539-543.

于景邨.2007.矿井瞬变电磁法勘探.徐州：中国矿业大学出版社.

于景邨,李志聃,韩德品.1998.矿井电剖面法在煤矿防治水中的应用二例.煤田地质与勘探,26（5）：
　67-68.

原文涛.2012.瞬变电磁法在采空区及陷落柱探测中的应用.物探与化探,36（增刊）：164-167.

岳建华.1998.巷道层状围岩介质中稳恒电流场的边界积分解.中国矿业大学学报,27（2）：19-22.

岳建华.1999.高分辨率三极断面测深技术在采石场勘查中的应用.煤田地质与勘探,27（1）：69-71.

岳建华,李志聃.1993.巷道空间对矿井电测曲线影响的模型实验研究.煤田地质与勘探,21（2）：
　56-59.

岳建华,李志聃.1994.煤矿井下直流层测深方法与原理.煤炭学报,19（4）：422-429.

岳建华,李志聃.1999.矿井直流电法勘探中的巷道影响.煤炭学报,24（1）：7-10.

岳建华,刘树才.2000.矿井直流电法勘探.徐州：中国矿业大学出版社.

岳建华,刘志新.2005.井-地三维电阻率成像技术.地球物理学进展,20（2）：407-411.

岳建华,杨海燕.2008.巷道边界条件下矿井瞬变电磁响应研究.中国矿业大学学报,37（2）：152-156.

岳建华,薛国强.2016.中国煤炭电法勘探36年发展回顾.地球物理学进展,31（4）：1716-1724.

岳建华,刘树才,李志聃.1995.巷道顶、底板电测深曲线的自动反演解释.中国矿业大学学报,24
　（3）：62-66.

岳建华,李志聃,刘世蕾.1997.巷道层测深理论曲线数值模拟及资料解释方法.煤田地质与勘探,25
　（1）：54-58.

岳建华,李志聃,刘世蕾.1998.层状介质中巷道底板电测深边界元法正演.煤炭学报,23（4）：13-17.

岳建华,杨海燕,胡搏.2007.矿井瞬变电磁法三维时域有限差分数值模拟.地球物理学进展,22（6）：
　1904-1909.

岳建华,杨海燕,邓居智.2012.层状介质中地下瞬变电磁场全空间效应.地球物理学进展,27（4）：
　1385-1392.

曾方禄,张天敏,段俊峰.1995.无线电波透视技术在大柳塔矿的应用.煤田地质与勘探,23（4）：
　60-61.

曾方禄,王永胜,张小鹤,等.1997.矿井音频电透视及其应用.煤田地质与勘探,25（6）：54-58.

张东良,孙建国,孙章庆.2011.2维和2.5维起伏地表直流电法有限差分数值模拟.地球物理学报,54
　（1）：234-244.

赵家麟.1988.煤田电法资料数据库简介.煤田地质与勘探,2：56-61.

赵文曙,王俊奇,牟义.2012.矿井瞬变电磁法在探测顶板老空区中的应用.山西焦煤科技,7：30-33.

赵育台.2003.中国煤炭电法勘探技术的发展与实践.中国煤田地质,15（6）：59-64.

赵育台,黄丹青.2000.地质雷达与公路无损检测技术.工程地质学报,（增刊）：498-500.

赵育台,黄丹青.2001.工程地质与环境地质勘查中的二维地电影像技术.中国煤田地质,（2）：56-59.

周仕新,岳建华.2005.矿井中瞬变电磁场三维时域有限差分模拟.勘探地球物理进展,28（6）：
　408-412.

中国煤田地质总局.1993.中国煤田地质勘探史.北京：煤炭工业出版社.

中国煤田地质总局.2000.中国煤田电法勘探典型成果图集.北京：煤炭工业出版社.

第2章　中国煤田地质概述

　　煤的形成和分布受多种因素的控制，如植物演化、海陆分布、海水进退、地壳运动、构造发展、古气候的分布和变化等，这一地质过程又称聚煤作用。从地表生物界的演化来说，早古生代植物演化处于低级阶段，只有水生菌藻类植物，因此只形成高灰分、低热值的"石煤"。泥盆纪开始，植物在陆地繁衍，才产生具真正意义的腐植煤，我国地史上的聚煤期有11个，其中早石炭世、晚石炭世—早二叠世、晚二叠世、晚三叠世、早–中侏罗世、早白垩世和古近纪、新近纪为主要聚煤期。在这些主要聚煤期中，以晚石炭世—早二叠世、晚二叠世、早–中侏罗世和早白垩世4个聚煤期最为重要。

2.1　含煤地层区

2.1.1　主要聚煤期特征

　　据孙万禄等（2005）的资料，中国大陆含煤地层分布面积约 $405 \times 10^4 \mathrm{km}^2$。早古生代及以前为低等植物成煤期，即腐泥煤（石煤）时代，主要分布在晚震旦世、早寒武世、志留纪，并以早寒武世为主，仅分布在华南板块范围。晚古生代后为高等植物成煤期，即腐殖煤时代，主要分布在晚泥盆世—新生代，除早–中三叠世和晚白垩世外，集中分布在石炭–二叠纪，晚三叠世—早白垩世和古近纪、新近纪。含煤盆地分布遍及中国大陆各板块，但以塔里木–华北板块、华南板块和准噶尔–兴安活动带为主。

　　含煤盆地的构造演化历史在海西中晚期中国古大陆形成之前，在以南北挤压应力为主的古亚洲构造域背景下形成的含煤盆地大体有3种形式，即板内克拉通盆地、陆缘海盆地和前陆盆地。晚古生代以来，位于赤道两侧的热带雨林气候带和中高纬度的常湿温带气候是强聚煤作用带，而大陆性干草原和干旱气候带处于聚煤作用低谷。虽然沉积盆地与聚煤作用密切相关，但沉积盆地并不都是聚煤盆地。

2.1.2　含煤地层

　　煤的形成是古植物、古地理、古构造和古气候共同作用的结果。成煤植物的组成和演替是成煤泥炭沼泽发展变化的主要原因。这种决定因素不仅表现在自身的发育过程，而且还表现在对各种外界影响因素的调节作用，这可通过考察现代植被、泥炭沼泽发现其规律。

　　含煤地层区划首先反映含煤地层的时、空分布特点。综合考虑各时代含煤地层的分布、地质构造单元、含煤地层层位及含煤性等各种因素，全国11大含煤地层的区分区如下。

晚古生代：华北含煤地层区；华南含煤地层区；西北含煤地层区；滇藏含煤地层区。

中生代：华北含煤地层区；华南含煤地层区；西北含煤地层区；东北含煤地层区；滇藏含煤地层区。

新生代：东北含煤地层区；华南含煤地层区。

2.2　含煤建造

我国含煤盆地多、聚煤期跨度大、成煤时代多，分布广泛，煤种齐全。在中国地史中主要聚煤期有 11 个，包括早石炭世、晚石炭世、早二叠世、中二叠世、晚二叠世、晚三叠世、早侏罗世、中侏罗世、早白垩世、古近纪、新近纪。在这 11 个主要聚煤期中，又以晚石炭世—早二叠世、晚三叠世、早-中侏罗世和早白垩世 4 个时期的聚煤作用最强，相应含煤地层中赋存的煤炭资源占中国煤炭资源总量的 98% 以上。

2.2.1　石炭-二叠纪

我国石炭-二叠纪含煤岩系分布于天山-阴山以南，主要分布在华北聚煤区及华南聚煤区，在其他聚煤区也有零星分布。本节针对华北、华南及西北地区的石炭-二叠纪含煤岩系沉积环境及聚煤规律进行论述。

华北地区：石炭-二叠纪含煤岩系在华北广泛发育，自晚石炭世始形成广阔的聚煤拗陷，其北界为阴山、燕山及长白山东段；南界为秦岭、伏牛山、大别山及张八岭；西界为贺兰山、六盘山；东临黄海、渤海；遍及 14 个省区。华北地区石炭-二叠系岩石类型多样，沉积构造、颜色丰富，组成的岩相类型也比较多，共识别出砾岩、砂岩、粉砂岩、泥岩、铝土岩、硅质岩、淡水石灰岩、碳酸盐岩、煤层等 27 种岩相类型。

华南地区：早石炭世大塘早期含煤地层主要分布于华南西部。大塘中期的含煤地层主要分布于华南东部，华南西部同时期则为碳酸盐岩沉积；中二叠世早期梁山期的含煤岩系在华南分布较广。成煤环境演化迅速，延续的时间短，加上陆源碎屑供应不够充足，造成了梁山组厚度小、岩性较复杂、旋回结构数目少，煤层层数少，稳定性差的特点；中二叠世晚期，华夏古陆缓慢抬升，大体以武夷-云开古陆一线为界，东南部地势较高，而西北部较低，在总体海退背景下，华南东部地区地势较高处的闽西南、赣东北、粤东、浙西等地形成了海陆交互相含煤沉积，向北西方向过渡为海相碳酸盐岩和硅质岩沉积（李文恒和龚绍礼，1999）

西北地区：贺兰山以西、昆仑山-秦岭以北的广大地区。区内广泛分布有石炭-二叠纪地层，由一个完整的海侵-海退沉积旋回组成，主要含煤岩系为太原组和羊虎沟组。主要集中在祁连-走廊盆地及柴达木北缘盆地，聚煤作用主要发生在石炭世晚期。新疆东、西准噶尔和塔里木北缘，也有少量的晚古生代含煤岩系分布，但煤层薄，多无工业价值。

2.2.2　晚三叠世

我国晚三叠世含煤岩系分布于天山–阴山以南，并主要分布于我国南方，即昆仑–秦岭–大别山以南。重要的含煤地层有：湘赣的安源组，粤东、粤北的艮口群，闽浙一带的焦坑组、乌灶组，鄂西的沙镇溪组，四川盆地的须家河组，四川西部及云南中部的大荞地组、干海子组，滇东、黔西南的火把冲组和西藏东部的土门格拉组、巴贡群等。昆仑–秦岭构造带以北，晚三叠世重要的含煤地层有：鄂尔多斯盆地中部的瓦窑堡组，新疆天山南麓库车地区的塔里奇克组及吉林东部浑江流域局部保存的北山组等。

华南地区：南方晚三叠世含煤岩系沉积相类型丰富，主要有冲积扇、河流、三角洲、湖泊、潮坪–潟湖、滨海平原、海湾等。

华北地区：晚三叠世，由于早印支运动的影响，除零星地区外，不再与海域发生联系。昆仑山–秦岭一线以北的广大北方出现了内陆盆地、山间盆地及陆缘带不同类型的沉积组合。晋北–太行一线为界，以东的华北地区为隆起带，以西为沉降带，贺兰山地区、鄂尔多斯盆地、沁水盆地以及河南西部，三叠系与下伏晚二叠世石千峰组为连续沉积。晚三叠世重要的含煤地层有：鄂尔多斯盆地中部的瓦窑堡组，新疆天山南麓库车地区的塔里奇克组及吉林东部浑江流域局部保存的北山组等，其中以鄂尔多斯瓦窑堡组含煤性最好。

2.2.3　早、中侏罗世

早、中侏罗世聚煤期包括早侏罗世和早–中侏罗世两套含煤岩系。

早侏罗世含煤岩系主要分布于华南地区，以广东的金鸡组、湘赣的门口山组、福建的梨山组和鄂西的"香溪组"为代表，含煤性较差。

早、中侏罗世含煤岩系遍及西北、华北及东北南部，以新疆储量最丰富，聚煤作用开始的最早，结束的最晚。例如，准噶尔、吐鲁番盆地的水西沟群，包括下段属早侏罗世的八道湾组和上段属于中侏罗世的西山窑组，都含厚煤层和巨厚煤层。甘肃东部的窑街组、青海北部的江仓组也有巨厚煤层发育。华北早–中侏罗世含煤岩系如鄂尔多斯盆地的延安组、大同的大同组、北京的窑坡组、北票的北票组、内蒙古石拐子的五当沟组等也都有重要煤层发育，尤以鄂尔多斯盆地煤层厚、分布广。东北南部也有早–中侏罗世含煤岩系分布。

中国北方地区侏罗纪含煤地层主要为一套冲积扇–河流–三角洲–湖泊沉积体系，在野外露头剖面、钻孔岩心观察描述及室内岩石宏观与微观显微结构特征研究的基础上，根据各类岩相在垂向上的组合关系及在平面上的分布，研究区识别出 7 种沉积体系，17 种沉积相和 29 种沉积类型。西北地区侏罗纪含煤岩系岩石类型丰富多样，主要为陆源碎屑岩，沉积构造、颜色也较丰富。共识别出 6 种岩相、25 种沉积类型。

2.2.4　早白垩世

早白垩世是我国中生代第三个重要聚煤期，聚煤量大，含煤岩系发育在内陆断陷盆地和山间凹陷盆地及近海拗陷盆地中，常含有厚煤层或巨厚煤层。

中国白垩纪含煤地层主要分布于北纬 40° 以北的华北北部和东北区。西北区的甘肃北山、河西走廊也有分布。此外，在西藏的拉萨、藏东和甘肃东南部也有少量的分布，但含煤性较差，一般不具开采价值。煤层只赋存于下白垩统，上白垩统大都变为红层，不具聚煤环境。

北方地区：以内蒙古的海拉尔至二连盆地群为最好，成为我国重要的煤炭资源产地，其次是吉林、黑龙江省和辽西地区。西部区海拉尔盆地群的主要含煤地层为大磨拐河组和伊敏组，二连盆地的含煤地层主要为阿尔善组、腾格尔组和赛汗塔拉组；中部区以松辽盆地东缘盆地群为代表，含煤地层主要为火石岭组、沙河子组和营城组；黑龙江东部地区以三江-穆棱盆地群的主要含煤地层为滴道组、城子河组和穆棱组。

2.2.5 古近纪

燕山运动末期结束了中生代的历史，揭开了新生代发展的序幕。古近纪以来，由于青藏高原的不断上隆，中国大地不断向东倾斜，直到早更新世三峡贯通，从此改变了古长江的流向，开始了长江由西向东流的"大江东去"的阶段。喜马拉雅构造运动对中国现代地质构造面貌起到了定格作用。

鸡东盆地：鸡东盆地虎林组含煤地层发育多层厚煤层，煤层厚度都在 10m 以上甚至更大，煤层形成于湖侵体系域。此时盆地处于裂陷初期，盆地基底沉降速率较快，且与泥炭堆积速率相当，有利于厚煤层的形成；煤层形成以后，随后上覆沉积了大套厚度的湖相油页岩，有利于厚煤层的保存，发育多层煤层是因为环境相对比较动荡并出现多次大的湖侵事件。

百色盆地：百色盆地的聚煤作用以湖相沼泽化形式为主，主要发育于湖泊的湖滨相带及河口三角洲平原和河流泛滥平原相带。百色盆地含煤岩系在纵向上，从老到新由紫红色的粗粒碎屑岩发展为灰色为主的含煤砂泥岩系再发展到不含煤的杂色砂泥岩系。这一沉积律序反映了古近系沉积经历了炎热干旱-温暖潮湿-半干旱的气候变迁，同时也反映了氧化-还原地化环境的不断交替更迭。

2.2.6 新近纪

古近纪以后，进入中始新世末期，随着新特提斯洋的封闭，印度板块与欧亚板块对接，中国统一大陆最终形成，喜马拉雅地区大面积隆升，逐渐转化为热带-亚热带高原温湿气候。

中国新近纪气候可分为两个大带，其中潮湿带可分为五个亚带。在温暖潮湿带影响下，含煤盆地主要位于赤峰-天山活动带的围场-林西盆地和冀北蒙南盆地群；在温暖-亚热带热带和亚热带热带影响下，在华北板块和扬子板块断裂活动带中有零星的含煤盆地，如浙北嵊州盆地和闽南漳浦盆地等，新近纪聚煤中心在温暖-亚热带热带的影响下，含煤盆地主要包括滇北盆地群、滇东南盆地群、桂南盆地群及川西藏东盆地群等，藏滇板块在温暖带亚带的影响下，在滇西有保山盆地群和腾冲盆地群，在西藏有藏北伦坡拉盆地和藏南札达盆地；而在新近纪西北地区大范围为干旱地带，几乎没有煤的沉积。所要提及的是，进入新近纪以来，台湾地区由于往复的海水进退，在西部形成以海相及海陆交互相为主的含煤沉积，构成了台湾地区的唯一含煤岩系。现以云南省昭通盆地为例，说明我国新近纪含煤盆地的聚煤特征。

2.3　含　煤　区　划

2.3.1　东北赋煤区

东北赋煤区位于我国东北部，其东、北、西界为国界，南为阴山-燕山及辽东湾一线。包括黑龙江、吉林大部及辽宁、河北北部、内蒙古东部，东西长 365km，南北宽 555km，面积约 145 万 km^2。包括漠河、黑河-小兴安岭、海拉尔、二连浩特、大兴安岭、松辽西南部、松辽东部、张广才岭、三江-穆棱、依舒-敦密、虎林-兴凯共 11 个赋煤带、73 个煤田、156 个矿区。

含煤地层：含煤地层厚度各地不一，岩相岩性及含煤性的差异很大。北部海拉尔盆地群含煤地层称为扎赉诺尔群大磨拐河组和伊敏组，二连浩特含煤区称为巴彦花群腾格尔组、赛汉塔拉组或霍林河群。松辽盆地南东周缘、平庄元宝山、蛟河-辽源和长春-阜新等地的早白垩世含煤地层分别为沙河子组与营城组、杏园组与元宝山组、奶子山组与乌林组、沙海组与阜新组。沙河子组为陆相夹火山碎屑含煤沉积，营城组为火山岩含煤沉积，其他均以正常陆相碎屑岩含煤为主，各地厚度变化较大。黑龙江三江-穆棱盆地城子河组和穆棱组主要为正常陆相碎屑岩含煤沉积，以鸡西-七台河、鹤岗-集贤一带含煤性较好；宝清-密山一带珠山组含薄煤。

构造特征：赋煤区位于天山-兴蒙造山系的东段，包括黑、吉、辽及内蒙古东部，面积近 160 万 km^2，区内分布着 200 多个中、新生代的聚煤盆地。这些聚煤盆地是在古亚洲动力体系向太平洋地球动力学体系的转折期，岩石圈在伸展作用下形成一系列北东—北北东向展布的断陷盆地。中、西亚区赋煤构造带的中生代断陷盆地埋藏较深并且成盆后期的构造运动相对较弱，从而煤系保存较好或较完整；东部亚区中的中生代断陷盆地埋藏较浅且受后期强烈改造。盆地类型主要为地堑式及半地堑式的断陷型，少数为拗陷型。这些盆地由于受北北东向构造因素的控制，总体呈北北东向、北东向展布，少量呈北西向。盆地表现为同方向的隆、拗兼备，凸凹相间平行排列形式。

煤质情况：区内大兴安岭两侧的早白垩世煤均为褐煤。伊通-依兰以东，早白垩世和早、中侏罗世煤以低变质烟煤为主；三江-穆棱含煤区因受岩浆岩影响，出现变质程度较深的以中变质烟煤为主的气、肥、焦煤。辽西一带则以气煤为主，古近纪煤以褐煤类为主，有少量长焰煤。各煤类多属中高灰分、低硫、低磷煤。

煤炭资源预测：通过预测工作，在 58 个煤田，94 个矿区，共圈定预测区 182 个，预测面积 58269km^2，其中黑龙江预测面积 39416km^2，主要分布在东部三江-穆棱赋煤带，占全区的 67.6%；其次为内蒙古东部 11598km²，区内有二连浩特、海拉尔大兴安岭、松辽西部和华北北缘五个赋煤带，其预测面积占全区的 19.9%，吉林预测面积 4776km²，占全区的 8.2%；辽宁预测面积 2350km²，仅占全区的 4%，河北只有 129km²，仅占 0.2%。

2.3.2　华北赋煤区

华北赋煤区位于我国中、东部，北起阴山–燕山，南至秦岭–大别山，西至桌子山–贺兰山–六盘山，东临渤海、黄海。包括北京、天津、河北大部、山西、陕西大部、宁夏大部、山东及河南、江苏与安徽的北部、甘肃的东部、内蒙古的中部和吉林、辽宁南部。东西长 507km，南北宽 412km，面积 121.52 万 km²。区内有 22 个赋煤带，149 个煤田、207 个矿区（远景区）。

含煤地层：主要含煤地层为石炭–二叠系太原组、山西组、上石盒子组、下石盒子组，中侏罗统延安组、大同组和上三叠统瓦窑堡组。太原组、山西组广泛分布于全区，为区内主要含煤地层，太原组以海陆交互相沉积为主，鄂尔多斯的北西缘为陆相沉积，北纬 38°线以北的大同、平朔、准格尔、桌子山–贺兰山和河北保定–开平一线为富煤区，可采总厚达 20 ~ 40m；北纬 38° ~ 35°的吕梁、晋中、邯郸和山东一带的含煤性中等，可采总厚 3 ~ 8m；北纬 35°以南厚度变薄，可采总厚一般不足 3m。山西组含煤 1 ~ 3 层，鄂尔多斯东缘的中南段、晋南、晋东南及太行山东麓、嵩箕、鲁西南等地发育较好，主采煤层厚达 3 ~ 6m。下石盒子组北纬 35°以北基本不含可采煤层，35°以南的河南、山东、安徽南部开始形成可采煤层，自北向南层数增多，厚度变大。上石盒子组仅在平顶山、淮南及淮北一带含可采煤层，厚 2 ~ 6m。

瓦窑堡组含薄煤 30 层，局部可采煤层 1 ~ 3 层，总厚 1.5 ~ 3.5m。延安组大面积分布于鄂尔多斯盆地西部和北部，一般含 5 个煤组，含煤十余层，富煤带在内蒙古东胜和陕北地区。大同组赋存于晋北宁武–大同一带，含可采煤层 6 ~ 8 层，宁武以南变薄，含可采煤层 2 层，单层厚 1m 左右。义马组仅分布于义马一带，含可采煤层 3 ~ 5 层。北部大青山早、中侏罗世召沟组、五当沟组含煤 7 ~ 12 层，总厚 30 ~ 40m。早白垩世青石碇组在冀北隆化张三营含煤 1 ~ 4 层，局部可采，不稳定。固阳组仅赋存于阴山中段。古近纪含煤地层有晋南垣曲白水村组，冀西曲阳和涞源斗军湾灵山组，鲁东黄县组、五图组和豫东的东营组、馆陶组等。以鲁东黄县组、五图组较为重要。

构造特征：华北赋煤区位于华北地台的主体部位，晚古生代煤系后期变形特征分别属于外环挤压变形区、中环褶皱变形区和内环伸展变形区。中环西部鄂尔多斯含煤盆地主体构造变形微弱，呈向西缓倾的单斜，环绕盆地边缘有缓波状褶曲，断层稀少，构造简单。中环东部吕梁山–太行山以山西隆起为主体的石炭–二叠纪赋煤带变形略强，以轴向北东和北北东的宽缓波状褶皱为主，边翼较陡，伴有同褶皱轴向的张性为主的高角度正断层。煤层赋存于复式向斜中，如大同–宁武、沁水、霍西等含煤盆地，构造中等。太行山以东进入冀、鲁、皖内环伸展变形区，构造变形强烈，从西向东，太行山东麓、豫北、鲁西北、鲁中、鲁西南至徐淮，以断块构造为其特征，断层较密集，局部推覆构造发育，褶皱紧密，构造中等–复杂，中生代岩浆岩侵入比较广泛，煤的区域岩浆热和接触变质规律明显。

北、西、南外环带挤压变形剧烈，为构造复杂区。

煤质情况：华北赋煤区石炭–二叠纪煤主要受深成变质作用的影响，在一些地区叠加岩浆热变质作用，煤变质分带明显。鄂尔多斯盆地东缘黄河以西的韩城、吴堡、府谷、准格尔，依次为无烟煤（局部）与贫煤、焦煤、气肥煤和气煤、长焰煤；黄河以东的乡宁、离柳、河保偏依次为瘦煤、焦煤与1/3焦煤、肥煤、气煤与长焰煤；从南向北变质程度趋浅。西及西北缘横城、韦州、马连滩、石嘴山、乌海、乌达，无烟煤、贫煤、瘦煤、焦煤均有分布，分带不明显。吕梁山以东的煤类也比较复杂，总的趋势是南部围绕晋东南、嵩箕、豫东、太行山东麓南段为中心的高变质无烟煤带，向南东、北、北东方向逐渐过渡为瘦煤–焦煤–肥煤。北部大同–宁武–太行山东麓中段及北京、唐山，以中变质程度的气肥煤和气煤为主，有少量肥煤。

石炭–二叠纪煤多以低中–中灰、低硫–中硫为其特征。三叠纪瓦窑堡期煤多为中灰、低磷、低硫、高油气煤。中侏罗世延安期煤多为低变质不黏煤和长焰煤，陕北、东胜一带大部灰分小于10%，属特低灰煤，硫分绝大部分小于1%，属特低硫煤，特低灰、高发热量优质动力用煤。早白垩世固阳期、青石砬期及古近纪煤以中灰、低–中硫褐煤为主，少量长焰煤。

2.3.3　华南赋煤区

华南赋煤区有丽江–楚雄、康滇、滇东、川南黔西、右江、龙门山、川中南部、米仓山–大巴山、川渝、渝鄂湘黔、扬子北缘、江南、湘桂、赣湘粤、浙西赣东、上饶–安福–曲仁、闽西南、雷琼、台湾19个赋煤带，具有资源潜力的煤田120个，矿区276个。

含煤地层及煤层：区内有早石炭世、早二叠世、晚二叠世、晚三叠世、早、晚侏罗世及古近纪、新近纪等含煤地层。闽西南及粤中童子岩组及江西上饶组含煤性较好，含可采及局部可采煤层。上二叠统龙潭组/吴家坪组/宣威组的分布遍及全区，大部含可采煤层，以贵州六盘水、四川筠连为煤层富集区。晚三叠世含煤地层以四川、云南的须家河组，湘东、赣中的安源组含煤性较好，含可采及局部可采煤层。古近纪和新近纪含煤地层主要分布于云南、广西、广东、海南、台湾及闽浙等地，滇东新近系昭通组、小龙潭组为主要含煤地层，含巨厚的褐煤层，昭通盆地煤层的最大厚度达193.7m，小龙潭褐煤盆地含巨厚的结构复杂的复煤层（组）煤厚70多米，最大厚度达215.6m；广西南宁古近系百色盆地的那读组含多层可采及局部可采褐煤；台湾新近纪含煤地层为木山组、石底组及南庄组，以石底组含煤性稍好，其他均差。

构造特征：华南赋煤区跨扬子地台和华南褶皱系。扬子地台西界为龙门山推覆构造带与红河剪切断裂带，东界为三江–溆浦断裂，北界为阳平关–洋县–城口–房县断裂带及襄樊–武穴、嘉山–响水断裂带，南界为江山–绍兴–萍乡断裂带。华南褶皱系以扬子地台南东缘断裂带为界，其东南部的闽浙沿海为大面积火山岩所覆盖，西南隅为右江断裂带。赋煤区以晚二叠世聚煤盆地为主体，晚三叠世后经历了十分强烈的改造，西缘龙门山一带强烈褶皱、逆掩，中部和东部盖层的隆起与褶皱发育，沿赋煤区周边构成褶皱群，北缘陕南至鄂东为北西西或近东西向，西南缘康滇、滇南、桂西南为南北向或北西向断裂也较发育。中部的川东、川南、黔北、黔东和鄂西等地，以比较完整的连续缓波状褶皱带为特征。东部的苏南、皖南、鄂东南、浙、闽、湘、赣及粤北处于华南和东南沿海褶皱系，以煤系的强烈变形、褶皱发育、断层密集、推覆构造普遍为特征。

煤炭资源预测：本次共提出新的含煤区 1801 个，预测面积 104584km²，预测资源量 2930.8 亿 t，其中，川南黔西赋煤带 1998.8 亿 t，占全区的 68% 以上，其次为滇东 280.96 亿 t，川渝 175.8 亿 t，渝鄂湘黔 111.1 亿 t，分别占 9.5%、6% 和 3.7%，其他赋煤区较少。含煤时代主要为晚二叠世，预测资源量 2715.2 亿 t，占 92%，其次为晚三叠世，预测资源量为 167.4 亿 t，占 5.7%，其他时代少量。

2.3.4　西北赋煤区

西北赋煤区位于我国西北部，东至狼山-桌子山-贺兰山-六盘山一线，南界为塔里木盆地南缘昆仑山-秦岭一线，包括新疆、甘肃、青海北部、宁夏西部、内蒙古西部地区。赋煤区东西长 1050km，南北宽 581km，面积 259.6 万 km²。区内有准噶尔盆地、伊犁、塔里木盆地、吐哈盆地、柴达木盆地等大型聚煤盆地，包括准西、准北、准东、准南、吐哈、三塘湖、塔西北、塔西南、塔东南、塔东北、中天山、北山-阿拉善、祁连、走廊、柴北缘、东昆仑、伊犁 17 个赋煤带，在 52 个煤田、84 个矿区预测有煤炭资源量。

含煤地层：赋煤区地域辽阔，煤炭资源丰富，含煤地层有石炭-二叠纪、晚三叠世、早-中侏罗世、早白垩世，以早-中侏罗世为主。石炭-二叠纪靖远组、羊虎沟组、太原组、山西组分布于河西走廊，甘、青交界的祁连山、靖远-香山和柴达木盆地北缘。在北祁连山富煤带太原组含可采煤层 2~4 层，可采总厚 24m；山西组仅含 1~2 层可采煤层，一般厚 1~2m，山丹煤产地含煤性较好，煤厚 5m 左右。柴达木盆地北缘的乌兰煤产地晚石炭世扎布萨孕秀组含可采、局部可采煤层 2~7 层，煤层薄，较稳定。早-中侏罗世西山窑组、八道湾组在塔里木、吐鲁番-哈密、三塘湖-淖毛湖、焉耆、伊犁等大型含煤盆地广泛发育，乌鲁木齐及吐哈盆地沙尔湖、大南湖含煤性极好，含巨厚煤层 5~30 层，总厚 174~182m，伊宁含煤层 6~13 层，厚 40~47m，甘肃、青海等地中侏罗世含煤地层的地方名称颇多，北山、潮水盆地的芨芨沟组含薄煤及煤线，青土井群含煤 6~12 层；兰州-西宁分别为窑街组及元术尔组、小峡组，含可采煤层 2~3 层。北祁连走廊及中祁连山以下侏罗统热水组，中侏罗统木里组、江仓组为主要含煤地层。柴达木盆地北缘以中侏罗统大煤沟组含煤性较好。早白垩世含煤地层仅见于甘肃西北部的吐路-驼马滩一带，新民堡组（群）含 3 个煤组，1~10 层可采、局部可采薄煤层。

煤田构造：西北赋煤区东以贺兰山、六盘山为界，西南以昆仑山、可可西里为界，东南以秦岭为界，主要受特提斯地球动力学体系与古亚洲地球动力学体系的影响。以阿尔泰山、天山、昆仑山和阿尔金断裂带为界线，将西北赋煤构造区分为准噶尔盆地赋煤构造亚区、塔里木盆地赋煤构造亚区和祁连山赋煤构造亚区三个赋煤构造亚区。准噶尔盆地赋煤构造亚区与塔里木盆地赋煤构造亚区构造特征较相似，煤系主要分布于盆地边缘地区，内部基本不出露，内部构造特征以宽缓褶皱变形为主，周缘受到强烈的挤压作用而形成推覆及走滑构造，对煤系破坏作用较大；祁连山赋煤构造亚区呈走向北西-南东向条带状展布，该亚区构造极为复杂，整体处于对冲挤压的变形环境，煤系多呈北西-南东平行条带状分布，褶皱形态较紧密，推覆构造较发育，局部发育滑动构造，煤系多以断夹块样式出现。

煤炭资源预测：西北赋煤区预测资源量 17153.4 亿 t，其中新疆 16681.8 亿 t，占全区的 97% 以上，其次为青海 292.4 亿 t，占 1.7%，其他省区均较少。含煤时代主要为石炭-二叠纪、晚三叠世、早-中侏罗世、早白垩世。以早-中侏罗世为主，预测资源量约占全区的 99% 以上，其他时期很少。

2.3.5　滇藏赋煤区

滇藏赋煤区位于我国西南部，北界昆仑山，东界龙门山-大雪山-哀牢山一线，包括西藏、新疆-青海南部、云南-四川西部。赋煤区东西长 733km，南北宽 399km，面积 187.63 万 km^2。区内有 5 个赋煤带，19 个煤田、47 个矿区，共确定预测区 100 个，预测含煤面积 3527km^2。

赋煤区地处青藏高原，地域辽阔，交通不便，地质条件复杂，地质工作程度低，煤炭资源的普查勘探及开发更少。

含煤地层：区内从石炭纪至新近纪各地质时代的含煤地层均有发育，其中以下石炭统马查拉组、杂多组和上二叠统妥坝组、乌丽组较为重要，其次为上三叠世土门组（西藏）、结扎组（青海）麦初箐组（滇西），以及古近系和新近系含煤地层，西藏中部还有下白垩统多尼组、拉藏组、川巴组等。下石炭统杂多组分布于青海南部扎曲南西侧的杂多-襄谦一带，向南延入西藏马查拉及澜沧江西侧的金多、加卡、曲登一线，称为马查拉组。含煤多达数十层，均为不稳定薄煤层或煤线。上二叠统乌丽组分布于青海西部唐古拉及藏北一带，为海陆交互相含煤沉积，下段的中下部含煤 9 层，乌丽、唐古拉一带含煤性较好；藏东的昌都、芒康、妥坝一带的妥坝组，含煤 7~12 层；滇西云龙、勐腊、墨江一带的羊八寨组，上部含薄煤层和煤线 40 余层，大多不可采。上三叠统土门组多为不可采薄煤层；滇西麦初箐组含煤线和薄煤层，可采仅 1~3 层。新近纪含煤地层在滇西零星分布在规模较小的断陷-拗陷盆地中，含煤岩组各地命名不一，厚度和含煤性差异很大。

构造特征：赋煤区位于滇藏褶皱系藏北-三江褶皱区和喜马拉雅地块上。受北西-南东向深断裂的控制和成煤后期的破坏，多为小型断陷盆地。强烈的新构造运动，使含煤盆地褶皱、断裂极为发育。按区域构造特征，大致可划分为藏北、昌都-芒康、藏中、滇西等分别以石炭纪、二叠纪、三叠纪、新近纪为主要聚煤时代的含煤盆地（群）区。

煤炭资源预测：本次在滇藏赋煤区的青南-昌都、土门-巴青、腾冲-潞西、保山-临沧、兰坪-普洱 5 个赋煤带，19 个煤产地、31 个矿区开展预测工作，共圈定预测区 100 个，预测含煤面积 3527km^2，其中青海预测面积最大，为 1708km^2，占 48%，其次是云南，为 1361km^2，占 38.6%，西藏预测面积较小，为 581km^2，仅占 16%；预测资源量 2930.8 亿 t。按成煤时代统计，早石炭世预测资源量最多，为 38.1 亿 t，占 50.7%，其次为晚二叠世 14.5 亿 t，占 19.3%，新近纪 13.47 亿 t，占 17.9%，晚三叠世 8.7 亿 t，占 11.6%；其他时代少量。

2.4　煤矿水系特征

2.4.1　中国主要含煤岩系的水文地质环境

含煤岩系的水文地质环境是指煤系的基底、煤系及其盖层在形成时的沉积环境，包括岩相和岩性组合特征，煤系形成后的地质构造作用，以及现时所处的自然地理环境。含煤岩系的水文地质环境是矿井水害预防和治理研究中，水文地质基础理论方面的重要研究内容。

1. 主要含煤岩系基底的水文地质环境

1）华北型晚古生代石炭–二叠纪煤系基底的水文地质环境

晚古生代石炭–二叠纪含煤岩系是中国最主要的煤系地层，它广泛分布在中国的华北地区。它的基底在华北大部分地区是奥陶纪碳酸盐岩，仅在贺兰山、桌子山一带是前震旦亚界或震旦亚界，豫西的宜阳、平顶山等地是寒武纪碳酸盐岩。

华北地区在晚寒武世末发生短暂海退后，于早奥陶世继续开始新的海侵。中奥陶世时，华北地区的沉积环境为浅海，沉积物几乎全为碳酸盐岩，仅局部地区如峰峰、焦作等地的下马家沟组底部有石英砂岩、页岩等碎屑沉积及石膏、盐岩等化学沉积物。大致在北纬38°30′，即垦利–德州–原平一线以北，其基底以灰岩为主，由各种石灰岩及少量白云岩组成；在上述连线以南，以白云岩为主，并含有石膏、盐岩夹层，局部地区还夹有石英砂岩、泥岩等薄层碎屑岩，说明华北陆表海北纬38°30′以南为半闭塞或闭塞的浅水沉积，潮上、潮间及潮下环境交替出现。中奥陶世后，加里东期大规模的造陆运动，华北和东北地区发生海退，使华北陆表海上升为陆地，广大地区遭到剥蚀，仅华北西缘有上奥陶统背锅山组沉积，其他广大地区为剥蚀区。长期的风化剥蚀使石炭–二叠纪煤系基底——中奥陶统的岩性和水文地质环境具有它的特点。

（1）中奥陶统的划分及其岩性组合特征。中奥陶统的厚度和岩性在华北地区有较明显的南北分异性，从而影响岩溶发育和分布及含水性强弱等特征。在华北南部，大致从豫西、平顶山至淮南一带，中奥陶统厚度较薄，岩性以白云岩为主，不含石膏沉积，岩溶不甚发育，含水性一般较弱。在华北中部地区，即渭北、山西、太行山的东及南侧、鲁中地区、燕山南侧、唐山一带等地，则以含石膏的各类碳酸盐岩成为岩溶发育、含水性强的重要层组。华北北部辽南一带，中奥陶统主要为厚层纯质灰岩，白云岩含量较少，且不含石膏，岩溶甚为发育，含水性也甚强。根据岩性组合特征，华北中奥陶统可分为三种类型：北部为以钙质为主的碳酸盐岩组合类型；中部以镁质为主的碳酸盐岩并含膏盐层的组合类型；南部为以镁质为主的碳酸盐岩不含膏盐层的组合类型。

（2）中奥陶统地层厚度。中奥陶统的最大厚度在渭北平凉地区为1419.5m，最小残留厚度在河南登封为67m，一般厚度为300～500m。厚度大于500m的地区主要分布于华北中部，即长治–石家庄轴线的两侧，呈北东向延展；另外在淄博–徐州为中心的鲁、苏、豫、皖交界处，鲁中可达900m。

（3）中奥陶统地层的富水性。中奥陶统碳酸盐岩是华北地区富水性最强的含水地层，但不同岩性组合的碳酸盐岩的含水性相差很大。石灰岩连续型，常在该层底部形成层状溶洞，成为区域性岩溶富水带；石灰岩与白云岩互层型，一般不形成大的溶洞，只形成选择性的顺层溶隙；石灰岩夹云灰岩型，岩溶均发育于灰岩中，白云岩内的岩溶则非常少，具有相对隔水性；不纯碳酸盐岩与云灰岩互层型，不利于岩溶发育。

中奥陶统灰岩分三组七段，除贾汪组为隔水层外，其他各组的第一段均由角砾状灰岩、泥质白云岩、泥质灰岩组成，岩溶不发育，含水性弱，为相对隔水层，各组第二段主要由厚层致密状纯灰岩、花斑状灰岩、白云质灰岩组成，厚度也较大，岩溶发育，以溶蚀裂隙为主，也有溶洞，在各岩溶水系统内沿构造带常形成强径流带，富水性极强，是主要含水层，但富水性不均一。在太行山东麓的峰峰、邯郸，南麓的焦作及新密，山西霍县、山东肥城、淄博等地含水层补给丰富，岩溶发育，单位涌水量可大于$20 \sim 40 L/(s \cdot m)$，水压一般在2MPa以上，不少矿井位于岩溶水系强径流带上。其次是山东大部、韩城、太原、阳泉、开滦等地，其单位涌水量在$10 \sim 20 L/(s \cdot m)$。在徐州、两淮、豫西、晋东南、大同、京西等地，因中奥陶统出露面积较小，或因奥陶系灰岩深埋地下，补给不充分，径流缓等，中奥陶统灰岩富水性相对较小，一般在$0 \sim 10 L/(s \cdot m)$。

中奥陶统灰岩中的地下水水位标高以华北平原最低，通常低于+50m，如徐州+30.4m，兖州+34m，往东至鲁中山地达到+100m以上，由华北平原向西北水位高程呈有规律地升高，太行山东南麓+100 ～ +200m，至山西高原激增至+400 ～ +700m，大同、宁武一带水位高程超过+1000m。水位这种有规律的变化与地形地貌，以及补给区、排泄区的位置有关。

2）华南型晚古生代晚二叠世煤系基底的水文地质环境

华南晚古生代晚二叠世龙潭期或吴家坪期含煤岩系是华南的主要含煤地层，它沉积在下二叠统茅口组、童子岩组等之上。

早二叠世栖霞期浅海碳酸盐沉积遍布华南地区，茅口期早期，华南大部分地区仍为浅海碳酸盐岩及硅质岩沉积，只有在华夏古陆的西北侧，如闽西南、赣东北、赣中南，粤东北等地形成以浅海泥质岩为主的沉积。茅口期中期，在华夏古陆西侧的闽西南、赣东北、粤中一带发育了童子岩组的下部含煤段，而远离古陆的地带则为浅海碎屑岩沉积。茅口期晚期的东吴运动，使华南古地理面貌发生了很大变化。滇、黔、桂、川、鄂、湘西、赣北、皖西南等地，大部分隆起为陆地，遭受风化剥蚀。

同时，在滇、黔、川地区发生广泛而强烈的峨眉山玄武岩岩浆的多次喷发和各种岩浆的侵入。只在苏南、皖南、浙西、赣东、湘南、粤东及闽西南等地形成北东向分布的狭长的残余海，在残余海的滨海平原沉积了童子岩的上部含煤段，以及苏南、皖南、浙北的堰桥组、赣中的官山段、湘南及粤北的下部不含煤段等以砂质岩为主的滨海沉积物。

因此，分布于怀玉山、武夷山、万洋山、诸广山及云开山地东南侧的浙西、赣东北、赣南、粤东南等地区的龙潭煤系的基底是早二叠世的含泥质细砂岩、粉砂岩和以泥质为主的碎屑岩。它的含水性很弱，单位涌水量一般小于$0.1 L/(s \cdot m)$，并多为隔水性岩层；分布于川滇古陆东侧的滇东富源、宣威和川东乐山、筠连一带的龙潭煤系的基底是峨眉山玄武岩，含水性也较弱；分布在苏南、赣中等地区的龙潭煤系的基底是早二叠世晚期粗的长石石英砂岩、石英砂岩和粉砂岩等粗碎屑岩，含水性中等，单位涌水量一般在$0.1 L/(s \cdot m)$；

只有分布在华南西部的川东华蓥山、川南松藻，以及湘中的涟源、煤炭坝，桂中的合川，桂西的南宁，粤北的连阳等地的龙潭煤系或合山煤系的基底是茅口组碳酸盐岩，含水性均较强，单位涌水量一般在 $10 \sim 40L/(s \cdot m)$，是华南地区煤矿水害的最大威胁层。

2. 主要含煤岩系内部的水文地质环境

1）华北型晚古生代石炭-二叠纪煤系的水文地质环境

a. 太原组含煤岩系的岩相组合特征

分布在华北地区的上石炭统太原组的厚度为 $0 \sim 719m$，一般厚 $70 \sim 100m$。以山西为中心向南、北变薄，向东、西增厚。东部增厚区的沉积中心在淮北一带，该处太原组厚度大于 $200m$；西部增厚区的沉积中心在贺兰山-韦州一线，该处太原组最厚可达 $700m$。

太原组的岩相除局部为陆相外，其余皆为海陆交替相沉积，主要为砂岩、粉砂岩、泥岩、灰岩、煤层和少量砾岩。其岩性组合有以下三种类型。

（1）以陆相为主的滨海冲积平原型（Ⅰ）。位于华北北部阴山古陆的南缘及秦岭古陆与中条隆起的北侧，属于这种类型的有浑江、辽东、辽西、冀北、北京、晋北、准格尔旗、桌子山、宁夏等煤田。它们由过渡相、冲积相、近浅海相组成。其特点是越近古陆，陆相成分越多，其碎屑岩比值大于 8，砂泥比值在 $0.5 \sim 1$，通常无石灰岩，个别偶见 $1 \sim 2$ 层石灰岩。例如，辽西煤田的南票、虹螺岘等地的太原组以粗碎屑岩为主，底部为砾岩，上部为粉砂岩、泥岩和铝土泥岩；京西煤田的太原组由砂岩、粉砂岩、泥岩及煤层组成；大同宁武煤田的太原组总厚仅 30 余米，由砾岩-中粒砂岩-粉砂岩、碳质泥岩-薄煤层，以及海相泥岩组成。这类沉积区煤层顶底板的岩性组合属中硬至坚硬性，力学强度一般为 $40 \sim 80kPa$。

（2）以过渡相为主的滨海平原型（Ⅱ）。位于华北平原中部，包括辽东复州湾、冀中南、山东、晋中南、陕西渭北等煤田。其特点是岩性较细，碎屑岩比值为 $4 \sim 20$，砂泥岩比值小于 0.5，含灰岩 $4 \sim 10$ 层，但单层均较薄，总厚一般小于 $20m$。例如，太原西山煤田，总厚度近 $100m$，碎屑岩比值为 5.3，砂泥岩比值为 0.3，共含灰岩 5 层，煤 8 层；陕西渭北煤田，碎屑岩比值增高一般在 8 以上，含灰岩层数减少，一般为 $1 \sim 3$ 层，砂泥岩比值为 0.5；山东新汶、肥城及其以北诸煤田的沉积特征与河北邯郸煤田相似，碎屑岩比值为 $5 \sim 8$，砂泥岩比值为 $0.3 \sim 0.5$，含灰岩 $3 \sim 5$ 层。这类沉积区煤层顶底板的岩性组合属较软-中硬岩性，力学强度一般为 $25 \sim 60kPa$。

（3）以滨海-浅海相为主的滨海-浅海型（Ⅲ）。位于北纬 34°30′以南地区，包括豫西、苏西北、皖北诸煤田。它们以浅海环境占优势，碎屑岩比值小于 2，砂泥岩比值小于 1，以灰岩为主，可占地层剖面组成的 60%，夹粉砂岩、泥岩和煤层。例如，苏西北的丰沛和徐州煤田，太原组的总厚度达 $160m$，以泥岩和灰岩为主，粗碎屑岩很少，且不稳定，灰岩多达 13 层，分布稳定，灰岩单层厚度为 $0.5 \sim 8m$，总厚 $29 \sim 48m$；皖淮煤田的太原组以浅海相为主，在淮南矿区，太原组总厚 $120 \sim 160m$，灰岩一般 $8 \sim 12$ 层，总厚 $56m$，占太原组总厚的 50% 左右，其他为砂质泥岩、页岩、薄层砂岩及薄层煤层；在淮北矿区，太原组总厚 $120 \sim 150m$，灰岩一般 $7 \sim 13$ 层，个别地区达 14 层，灰岩累计厚度在 $40m$ 以上；豫西南平顶山煤田太原组厚约 $70m$，含灰岩一般 3 层，灰岩总厚约 $40m$，单层厚度 $0.3 \sim 23m$。这类沉积区煤层顶底板的岩性组合属坚硬-中硬性，力学强度一般为 $40 \sim 60kPa$。

b. 山西组含煤岩系的岩性组合特征

华北地区的下二叠统山西组，其厚度一般为 40~60m，辽东、辽西和冀中地区厚 100~160m，贺兰山一带厚度也大于 100m，山西地区一般厚 30~60m。

山西组的岩性和岩相是以陆相占优势。其岩性及岩相组合特征可分为以下三种类型。

（1）以陆相为主的山前冲积平原型（Ⅰ）。主要分布于阴山古陆南缘、秦岭古陆北缘，以及西部桌子山、贺兰山等地，为陆相沉积，以冲积相为主。煤系底部为分选极差的厚层粗碎屑岩，多数地区砂泥岩比值大于 1；中部为砂岩、粉砂岩、页岩及煤层。煤层顶底板的岩性组合属一种坚硬-中硬岩性，力学强度一般在 40~60kPa。

（2）以陆相为主的滨海冲积平原及滨海平原型（Ⅱ）。主要分布在华北广大的中部地区，包括渭北、晋中南、太行山东麓、豫北、冀东及山东等地的煤田。该地区的山西组为陆相沉积，无过渡相沉积，多为中、细粒碎屑岩，砂泥岩比值多为 0.25~1，仅在中条-吕梁隆起、鲁中隆起等隆起区的边缘出现狭窄带状较粗的岩相区。煤层顶底板岩性组合属一种中硬-较软的岩性，力学强度一般为 25~40kPa。

（3）以陆相为主的潟湖海湾型（Ⅲ）。主要分布在秦岭北支以南，包括豫西、皖北及苏西北诸煤田。其为陆相沉积并以过渡相为特征，岩性以细粒碎屑岩的粉砂岩、页岩及泥岩为主，粗碎屑岩少见，岩相组合以过渡相为特征，砂泥岩比值小于 0.5。煤层顶底板岩性组合属一种中硬-较软的岩性，力学强度一般为 25~40kPa。

c. 早二叠世晚期下石盒子期含煤岩系岩性组合特征

下石盒子组厚度变化较大，为 30~270m，总的变化趋势是南、北厚，中间薄。辽宁太子河流域、开平盆地、晋西南、贺兰山、皖北、苏西北等地区沉积厚度较大。组成下石盒子组的岩石主要为粗碎屑岩、粉砂岩、泥岩和煤等。在阴山古陆边缘，岩石粒度普遍较粗，内蒙古准格尔旗、京西、冀北、辽东等地均有砾岩或砂砾岩。东部浑江、辽东、辽西等地砂泥岩比值大于 3，西部桌子山、东胜等地砂泥岩比值也在 3 以上，而中部冀北、晋北地区砂泥岩比值则在 1~2。在淮北地区岩石粒度变细，砂泥岩比值小于 0.25，淮南和徐州地区砂泥岩比值在 1~2。煤层顶底板岩性组合是坚硬-中硬，力学强度为 40~60kPa。

d. 晚二叠世早期上石盒子期含煤岩系岩性组合特征

上石盒子组地层沉积厚度 300~500m，最小 120m，最厚可达 700m。岩性主要为砾岩、各种粒度的砂岩和泥岩。聚煤作用主要发生在华北的南部地区，淮北及豫东永城煤田，含煤数层，仅 2 层可采；淮南地区含煤 10 余层，可采层有 3~4 层；豫西地区含煤层数由北向南逐渐增多，可采层也增多。豫西、豫东和皖北一带砂泥岩比值小于 0.5。煤层顶底板岩性组合属中硬岩性，力学强度在 40kPa 左右。

2）华南型晚古生代晚二叠世煤系的水文地质环境

上二叠统龙潭组是我国南方最重要的含煤岩系，分布遍及南方各省。我国南方有名的煤矿，如湖南的涟邵、煤炭坝煤矿，江西的乐平、丰城煤矿，广西的合山煤矿，贵州的盘县、水城和六枝煤矿，云南的宣威煤矿，四川的天府及华蓥山煤矿等。华南晚二叠世早期的聚煤环境显示多样化的特色，有滨海冲积平原型、滨海平原型、滨海三角洲型、滨海-浅海型。

a. 滨海冲积平原型

分东部和西部两个亚型。东部主要分布于古怀玉山、武夷山、万洋山、诸广山及云开山地的东南侧，包括浙西、赣东北、赣南、闽、粤东南等地区。含煤岩系厚 62～688m，沉积中心在福建龙岩及粤东，岩性主要为粉砂岩、细砂岩及泥岩，含水性均弱。赣东北含煤岩系底部有泥质粉砂质胶结的砂砾岩，煤系的含水性也较弱。西部分布在川滇古陆东侧，近古陆地区为粗碎屑沉积。滇东富源一带含煤岩系厚度为 130～266m，平均厚 240m，以细砂岩、粉砂岩和泥质岩为主，砂岩多为泥质、沙泥质胶结，砂岩粒度较细，含水性弱。煤系底部有杂色砾岩，厚 2～30m，粒径较大，但分选性差，含水性中等，矿井充水以砂岩裂隙水和大气降水为主。

b. 滨海平原型

分布于苏北、苏南、皖东南、浙北、赣中、川南、滇东、黔中等地。煤系厚度 25～400m，一般厚 100～200m，岩性主要为粉砂岩、泥岩、细砂岩，局部地区含有薄层石灰岩，含水性中等至弱，矿井充水以砂岩裂隙水为主。

c. 滨海三角洲型

主要分布在武夷山古陆南端西侧湘中、湘南、粤北及川滇古陆东侧滇东、黔西等地。岩性为粉砂岩、泥岩、细砂岩及薄层石灰岩，含水性中等至弱。

d. 滨海-浅海型

分布于雪峰山、江南古陆西北侧及淮阳古陆以南的鄂西、湘西北、湘中、川东、黔东、桂中、桂西等地区。按岩性组合特征可分两种类型。其一为可采煤层的直接顶板为隔水的泥质或铝土质岩层，上部为厚层含水性强的白云质灰岩和硅质岩段。其二为可采煤层的直接顶板和底板均为含水性强的灰岩，主要分布于桂中、桂西等地区，称合山组。一般厚度为 150～200m，岩性主要为碳酸盐岩，是我国南方晚二叠世含煤岩系中含水性最强的。矿井充水以岩溶水、地表水和大气降水为主。

3. 主要含煤岩系盖层的水文地质环境

1）华北地区主要煤系盖层第四系松散层的水文地质环境

（1）隆起区：在山西、陕西、太行山东南麓和山东、江苏、淮南的淮地台、中低山区和丘陵地区，石炭-二叠纪煤系之上覆盖的第四系盖层很薄，有的即裸露地表，山麓斜坡地带多数为冲洪积和坡积沉积，渗水性能好，基岩风化裂隙发育，这些地区矿井充水水源是风化带裂隙水、薄层松散层孔隙水、大气降水和地表水。

（2）覆盖区：在河北、河南、山东、江苏和安徽黄淮平原的一些地区，煤系之上覆盖有 50～200m 厚的第四系的松散层，一般含有 2～4 层的孔隙含水层组，含水性有强有弱，视其成因类型和岩性组合而定。对矿井充水有直接影响的是第四系底部附近的松散层含水岩组，其中岩性粗的砂砾石层含水丰富，对矿井开采有影响，岩性细的或粗粒砂砾中含泥质多的松散层含水性弱，甚至为隔水层。

（3）深埋藏区：第四系厚度超过 200m，构造上往往是断块构造。这类地区，第四系松散层内的孔隙水对煤矿开采没有影响。

2）华南地区主要煤系盖层的水文地质环境

华南地区主要含煤岩系多数赋存于低山丘陵或中高山地区，第四系松散层很薄，又多为基岩原地风化后堆积、坡积和冲积形成的，岩性粗，渗水性大，但储水性小。第四系盖层起导水作用，是大气降水和地表水下渗的良好通道，无阻水作用。

2.4.2　矿井充水水源

在矿井生产过程中，煤层附近各水体均可能通过各种通道进入矿井，通常把流入矿井的水统称矿井（坑）水。

矿井水的来源是多方面的，主要有地下水、地表水、大气降水和老窑积水四种充水水源。

1. 地下水

1）与地下水有关的几个概念

赋存于地表以下岩层空隙中的重力水称地下水。岩层的空隙性是地下水存在的先决条件，也是地下水储存和运动的场所，所以空隙的大小、多少、形状、连通性和分布规律直接影响煤层中地下水的多少及循环运动。

（1）隔水层：具有空隙的岩层给地下水储存创造了先决条件，但外界的水能否进入岩层空隙中，并在其中运移，这还与岩石与水作用所显示的一些性质有关。这些性质称岩石的水理性质。岩石的透水性，即岩石允许水透过的能力。具有空隙的岩层其透水性强弱，取决于空隙的大小，空隙越大，透水性越好，空隙越小，透水性越差，甚至不透水。例如，砂土地，下雨之后，雨水很快下渗，地面不积水，表征透水性好；黏土类土其空隙极小，往往被薄膜水占据，很难甚至根本不能下渗，造成地表积水或是地表径流。我们把地下水无法透过、起着阻隔作用的岩层称为隔水层。在矿区常见的隔水层有松散沉积物中的黏土层、泥炭和坚硬岩层中的泥岩、页岩等。

（2）含水层：含水层是指那些既能储存重力水又能让水自由流动的岩层自然界中，并非所有岩层都可以构成含水层。通常，构成含水层必须具备三个条件：①具有储存地下水的空间即岩层内要有容纳地下水的空隙，并有良好的透水性，这样外部的水能进入岩层，就有可能成为含水层，如松散沉积物中的砂层、砂砾石层，基岩中的砂岩、砾岩。②具有能聚集和储存地下水的地质条件。这里指的是具有一定的透水层与隔水层的组合和能够储存地下水的构造形态。③具有足够的补给水源。在条件②的基础上，地下水进入岩层后向下渗透遇隔水层受阻而聚集构成含水层。若无补给水源，或有补给水源但补给量少于排泄量时，均为透水层。所以含水层的构成必须具备上述三个条件。

（3）储水构造：地下水的聚集、储存，除了有含水岩层外，还必须具备一定的隔水界面与之相组合。这种含水岩层与隔水界面有利于聚集、储存水的不同组合，形成储水构造。

（4）潜水储水构造：潜水储水构造分布于浅部，因埋藏其中的地下水称潜水而得名。它是由一个稳定的隔水层和这个隔水层之上的含水层以各种不同形式组合而成。它有如下特点：①潜水因无隔水顶板，大气降水、地表水可以通过包气带直接渗入补给，所以潜水的补给区和分布区常是一致的。②潜水有一个自由水面，称潜水面。潜水面上任意一点均受大气压力，因此它不承受静水压力。③潜水在重力作用下，由高水位往低水位方向流动。潜水面至隔水层之间充满重力水的部分称含水层，两者间的距离称含水层的厚度，潜水面至地面的距离称潜水的埋藏深度，潜水面上任意一点的绝对标高，称为该处的潜水位。④潜水往往在地形低洼处以泉形式或通过河流排泄转化为地表水。

（5）承压水储水构造：承压水储水构造是由含水层与上覆和下伏隔水层组合而成。该模式决定了含水层中的地下水承受静水压力，因此又称为承压水。承压水的特征如下，因含水层受上下隔水层限制，充满含水层的地下水无自由水面，且都承受静水压力；隔水层顶板的存在，使大气降水和地表水只能通过承压水的补给区补给，造成补给区与分布区的不一致；隔水顶板的存在使大气圈、地表水联系减弱，气象、水文因素对承压水影响较少，表现出较稳定的动态。常见的承压水储水构造，有向斜型承压水储水构造和单斜型承压水储水构造两种，前者称承压水盆地，后者称承压水斜地。

（6）承压水盆地：承压水盆地由补给区、承压区和排泄区三部分组成。补给区和排泄区分别位于盆地边缘，且含水层出露地表，地形上补给区位置高于排泄区。降水、地表水和潜水会从补给区进入含水层，流经承压区以泉水形式排出地表。盆地中被隔水层覆盖、地下水均承受静水压力的部分称承压区。当钻孔揭穿上部隔水层时，承压水便涌入孔内并上升到一定高度后稳定下来，此时水位称承（测）压水位；承压水位到顶板隔水层底面的垂直距离称承压水头，含水层上下隔水层之间的垂直距离称含水层厚度。

（7）承压水斜地：它可分为两种类型，一种是断块构造形成的承压水斜地，其内含水层的上部出露地表，成为补给区，下部为断层所切割。如果断层导水，则含水层中水可以通过断层以泉水形式排出地表，成为承压斜地排泄区，这时承压区仍位于补给区与排泄区之间；如果断层不导水，则承压水无独立的排泄通道，当补给水量超过含水层所能容纳水量时，含水层的水就要在补给区较低处进行排泄，此时补给区与排泄区合为一体，承压区在补给排泄区的一侧。另一种是含水岩层发生岩相变化或受各种侵入体阻挡而形成承压水斜地，此情况与阻水断层断块斜地相似，承压区位于补给排泄区一侧。

2）地下水的类型

地下水根据含水岩空隙性质不同可以分为孔隙水、裂隙水和岩溶水。

（1）孔隙水：松散岩层颗粒之间的空隙称孔隙，赋存于其中的水称孔隙水。这种水广泛分布在第四系松散沉积物中。孔隙水的存在条件和特征取决于孔隙发育状况，孔隙的大小不仅关系到其透水性的好坏，也影响到地下水量的多少和水质。如果松散沉积的颗粒大而均匀，则孔隙大、透水性好、水量多、运动快，水质好；反之，若颗粒大小不等相互混杂，则孔隙小，透水性差，地下水运动缓慢，水质差。孔隙水由于埋藏条件不同，可形成潜水和承压水。

孔隙水对煤矿生产建设的影响表现在：井筒开凿中若遇颗粒大而均匀沉积物时，需加大排水能力井筒才能穿过，若遇颗粒细小而均匀的砂层，因饱含孔隙水，易形成"流砂层"而难处理。在浅部开采急倾斜煤层时，采空区垮落波及上覆砂砾石含水层时，会造成透水和透砂事故。

（2）裂隙水：坚硬岩石在各种地质作用下产生的破裂称裂隙，赋存于其中的重力水称裂隙水。裂隙水的赋存和特征与裂隙性质和发育程度有关。根据裂隙的成因，它可分为风化裂隙、成岩裂隙和构造裂隙三类。其中，以构造裂隙对煤矿生产影响为大。构造裂隙是指岩石经受构造变动后产生的裂缝。处于不同构造部位的含水层，其裂隙发育程度有较大差异。例如，在岩层发生挠曲的部位，背斜的轴部、断裂带等部位，构造裂隙发育，富含裂隙水，而在褶曲的翼部裂隙水较少，显示出裂隙水含水的不均匀性；煤层上覆的砂、页岩层经构造变动后，脆性岩石（砂岩）易产生裂隙，柔性岩石（页岩）易产生变形，因此砂岩常形成裂隙含水层，而页岩则为隔水层形成承压裂隙水，其水量大小与补给条件有关。若无补给水源时，涌水量小，且以静储量为主，易疏干；若有其他水源补给时，水量大且稳定。

（3）岩溶水：可溶性岩石如石灰岩、白云岩等被水溶蚀后产生的空隙称岩溶，赋存于其中的地下水称岩溶水。岩溶的形态是多样的，小到溶孔、溶隙，大到溶洞及暗河。所以，岩溶发育是极不均匀的，岩溶水的不均一性、集中性、方向性更加突出。例如，我国北方石炭系–三叠系含煤地层基底是中奥陶统（马家沟组）厚达数百米的石灰岩，以及含煤地层中石炭统（本溪组）、上石炭统（太原群）中所夹的石灰岩含水层水，就是承压岩溶水。此外，我国南方上二叠统含煤地层的基底，也是质纯而较厚的石灰岩（茅口组），含煤地层中也夹有石灰岩，也存在岩溶承压水，它们不但水量大，而且水压高，危害大，已成为威胁煤矿生产的最主要水源。

3）充水情况

矿井由表土层至含煤地层间存有众多的含水层，但并非所有的含水层中地下水都参与矿坑充水，即使参与矿坑充水的含水层，它们的充水程度也有很大的差别，因此必须对矿体周围含水层按对矿井充水程度加以区分。在煤矿生产中，井巷揭露或穿过的含水层和煤层开采后冒裂带及底板突水等途径直接向矿井进水的含水层称直接充水含水层。那些与直接充水含水层有水力联系，但只能通过直接充水含水层向矿井充水的含水层称间接充水含水层。它是直接充水含水层的补给水源，对天然和开采时都不能进入井巷的地下水，则不属于充水水源，仅属矿区内存在的地下水。流入矿井的地下水由两部分组成，即储存量和动储量。储存量是指充水岩层空隙中储存水的体积，即巷道未揭露含水层实际储存的地下水；动储量是指充水岩层获得的补给水量。它是以一定的补给与排泄为前提，以地下径流的形式，在充水岩层中不断进行水交替。

矿井在开采初期，进入矿坑地下水以储存量为主，随着较长期的降压疏放，动储量逐渐取代了储存量而进入矿坑。因此，以消耗储存量为主的矿井，在排水初期就会出现最大涌水量，随着储存量的消耗，涌水量就逐渐减少，以致很快疏干。相反，如果以消耗动储量为主，则排水初期涌水量较小，以后随着开采坑道的扩大不断增长，并随着降落漏斗的形成而趋于稳定。由此可见，二者相比，储存量较易疏干，而动储量则往往是矿井充水的主要威胁。

2. 老窑积水

古代的小煤窑和近代煤矿的采空区及废弃巷道由于长期停止排水而保存的地下水，称老窑积水。实质上它也是地下水的一种充水水源，对于一些老矿区充水具有重要意义。

我国不少老矿井，在浅部分布有许多小煤窑，深度为100～150m，还有近代的一些采空区与废巷。这些早已废弃的老窑与废巷，储存有大量地下水，这种地下水常以储存量为主，易干疏干。当现在生产矿井遇到或接近它们时，往往容易突水，而且来势凶猛，水中携带有煤块和石块，有时还可能含有有害气体，造成矿井涌水量突然增加，有时还造成淹井事故。例如，山东淄博矿区，已有 1000 多年开采历史，尤其在德国、日本帝国主义侵占时期，进行掠夺式开采，几乎所有的煤层均遭破坏，已查明古井 2200 余个，除已探放排水外，还存积有 2119 万 t 积水。这表明我国一些开采历史较长的老矿区，老窑积水是不可轻视的充水水源。

另外，在煤矿中，有时地下水赋存于因煤层自燃所形成的巨大溶洞中。国外某矿曾发生 12 小时内涌入平硐 300000m³ 的水，使矿井被淹，排水后发现是一个大溶洞所引起。我国煤矿也存在煤层自燃现象。因此，对溶洞充水的可能性应引起重视。

老窑积水的充水特点：①老窑积水多分布于矿体浅埋处，开采深度大多数为 100m，个别可达 200m。②老窑积水以储存量为主，犹如一个地下水库。当煤（岩）柱强度小于它的静水压力时，即可发生突水，在短时间内大量积水涌入矿井，来势凶猛，破坏性强。③老窑和旧巷积水与其他充水水源无水力联系时，一旦突水，虽然涌水量很大，但持续时间不长，容易疏干，若与其他水源有水力联系，可形成量大而稳定的涌水量，对煤矿生产危害较大。④老窑积水是长期积存起来的，多为酸性水。水中硫酸根离子含量每升水可达 4000～6000mg。pH 仅为 1～2，有强的腐蚀性，对矿山设备危害甚大。

2.4.3　矿井涌水通道

矿井周围的充水水源，开采时能否进入井巷，取决于是否有充水通道。

只有充水水源通过充水通道，才能形成矿井涌水。掌握哪种水源是通过哪一种类型的通道和具体渗透路线进入矿井构成矿井涌水，可以为矿井水治理提供依据。矿井涌水通道有构造断裂带、接触带、导水陷落柱、采矿活动造成的裂隙、封闭不良的导水钻孔和岩溶塌陷及"天窗"等。

1. 构造断裂带与接触带

矿区含煤地层中存有数量不等的断裂构造，它不仅使断裂附近岩石破碎、位移，也使地层失去完整性，从而成为各种充水水源涌入矿井的通道。

地层的假整合或不整合的接触带，由于空隙发育，当它与水源靠近时，也可能成为地下水进入矿井的通道。无论是构造断裂带，还是接触带，它们都是地层中破碎而变弱的地带，对于矿井充水具有非常重要的意义。因为在该地段岩层非常破碎，裂隙、岩溶较其他地段发育，岩层透水性强，常成为地下水径流畅通带。因此，当井巷接近或触及该地带时，地下水就会涌入矿井，使矿井涌水量骤然增大，严重时可造成突水淹井事故。断层往往可使地下水多个含水层相互沟通，甚至与地表水发生联系，当矿井的可采煤层与富水性很强的含水层对接时，矿井涌水量则大而稳定。

要指出的是，并非所有断层都能成为涌水通道，断层能否导水与断层形成时的力学性质、受力强度、断层两盘和构造岩的岩性特征、充填胶结和后期破坏及人为作用等因素有关。

断层形成力学性质不同，可分为张性和张扭性正断层、压性和压扭性逆断层两种，前者是由引张力形成，后者是由挤压力形成。因为力学性质和构造岩性质不一样，所以其导水性能各异。

张性断层和裂隙，破裂面多数是张开具有空隙，破碎带中多为角砾层，疏松多孔有利于地下水的流动和储存。这类断层具有导水性，是矿井涌水的良好通道。

压性断裂和裂隙，破裂面多数闭合，破碎带常充有断层泥或糜棱岩，所以这类断层具有隔水性或弱透水性，由于隔水断层阻水，在断层一侧或两侧储存有丰富的地下水。

组成含煤地层的岩石可分为脆性和柔性两种类型，脆性岩石如石灰岩和硅质胶结的砂岩，柔性岩石有黏土岩（包括泥岩、页岩）或煤层等。正常层序的含煤地层在断层的影响下，岩层破碎产生位移活动，岩层失去了连续性，从而构成断层两盘不同性质的岩层相接触，具有不同的导水性能。当断层两盘均为脆性岩石接触时，张性正断层导水性能良好，压性扭断层可有微弱的透水性；当断层一盘的脆性岩层与另一盘的柔性岩层接触时，其破碎带为黏土质胶结的断层角砾岩，具有微弱的透水性，在脆性岩层一盘，裂隙发育，地下水汇集；当两盘均为柔性岩层时，则断层一般不透水或透水性极弱。例如，山东淄博矿区的双山矿与夏庄一井之间，被压性逆断层分割，两盘含煤地层均以柔性岩层为主，两矿井之间虽有断层分割，但煤系地层间的灰岩含水层无水力联系，表现在两矿井同一含水层的地下水位相差116m，证实断层具有隔水性质，两矿井各自成为独立块段。

2. 导水陷落柱

导水陷落柱是指埋藏在煤系地层下部的巨厚可溶岩体，在地下水溶蚀作用下，形成巨大的岩溶空洞。空洞顶部岩层，当其失去对上覆岩体支撑能力时，上覆岩体在重力作用下向下垮落，充填于溶蚀空间中。由于其剖面形态似一柱体，称岩溶陷落柱。

我国岩溶陷落往多发育于北方石炭–二叠系煤田，如山西太原、西山、霍汾，河北井陉、峰峰、开滦，江苏徐州，山东新汉，河南安阳、鹤壁、焦作等矿区，而南方矿区少见。

陷落柱按其充水特征可分为两大类型：①不导水陷落柱。其特征如下，陷落柱基底溶洞发育规模不大，陷落岩石碎胀堆积充满溶洞和盖层陷落空间，且经压实作用填塞了各洞隙，与上覆地层中各含水层裂隙互不相通，溶蚀作用终止，陷落柱失去透水条件，巷道穿过不淋水、不涌水，如峰峰矿区曾揭露18个陷落柱，均未发生透水事故。②导水陷落柱。其特征如下，基底溶洞发育，空间很大，其容量大于陷落柱岩块的充填量。柱体内充填物未被压实，垂直水力联系畅通，并且沟通煤层底板和顶板数个含水层，高压地下水充满柱体，岩溶作用强烈。采掘工作面一旦揭露或接近柱体，地下水大量涌入井巷，水量大且稳定，易造成淹井事故，如开滦范各庄矿2171工作面9号岩溶陷落柱特大突水，突水高峰期平均涌水量为2053m³/min，历时21小时，淹没了一个年产310万t的机械化矿井。

3. 采矿活动造成的裂隙

1）采空区顶部岩层移动分带

埋藏在地下深处的煤层承受着上覆岩层的自重力，同时它自身也产生对抗力，两者处于平衡稳定状态。煤层开采后，采空区上方的岩层团下部被采空而失去平衡，相应地产生矿山压力，从而对采场产生破坏作用，必然引起顶部岩体的开裂、垮落和移动。塌落的岩块直到充满采空区为止，而上部岩层的移动常达到地表。根据采空区上方的岩层变形和破坏情况的不同，可划分为三带。

（1）冒落带：冒落带是指采煤工作面放顶后引起直接顶板垮落破坏范围。根据冒落岩块的破坏程度和堆积状况，又可分为上、下两部分。下部岩块完全失去已有层次，称不规则冒落带，上部岩块基本保持原有层次，称规则冒落带。冒落带的岩块间空隙多而大，透水，透砂，因此一般不允许冒落带发展到上部地表水体或含水层底部，以免引起突水和溃砂。

（2）导水裂隙带：导水裂隙带是指冒落带以上大量出现切层和离层人工采动裂隙范围。其断裂程度、透水性能由下往上由强变弱，可分为严重断裂段，岩层大部分断开，但仍然保持原有层次，裂隙之间连通性好，强烈透水甚至透砂；一般开裂段，岩层不断或很少断开，裂隙连通性较强，透水但不透砂；微小开裂段，岩层基本不断开，裂隙连通性不好，透水性弱。导水裂隙带与采空区联系密切，若上部发展到强含水层和地表水体底部，矿坑涌水量会急剧增加。

（3）弯曲沉降带：由导水裂隙带以上至地表的整个范围。该带岩层整体弯曲下落，一般不产生裂隙。仅有少量连通性微弱的细小裂隙，通常起隔水作用。

2）煤层采动后对底板岩层的破坏

煤层采动后，顶板岩层垮落冲击底板，对底板岩层破坏称动矿山压力；此外，采动后，采场内上覆岩体的自重力不能通过煤层传递，转接到采场四周煤层，而采场内临空，底板岩石受力后要向采场内产生位移（底鼓），称静矿山压力。两者共同作用下，可使一定厚度的直接底板遭受破坏。

4. 封闭不良的导水钻孔

煤田地质勘探或生产建设时期，井田内施工许多钻孔，均可揭穿煤层和各含水层，构成沟通含水层的人为通道。

按规程要求，钻孔施工完毕后必须用水泥封孔，其目的一方面是保护煤层免遭氧化，另一方面是防止地表与地下各种水体的直接渗透。

钻孔封闭不良或没有封闭情况下，当开采接近或揭露时，造成涌水乃至突水。此类突水以突水点接近旧钻孔，采场地层完整无构造破坏，水压力大而无大水量等特征，易与其他突水相区别。若与其他水源沟通时，也可造成来水猛、压力大的突水事故。

5. 岩溶塌陷及"天窗"

具有一定厚度松散层覆盖的岩溶矿区，在矿井排水后，导致地表产生的塌陷称岩溶塌陷。产生岩溶塌陷必须具备三个条件：隐伏灰岩上覆有松散沉积物；灰岩岩溶发育，有大的溶蚀空洞，且被地下水充满；矿井排水。在自然状态下，灰岩含水层的水位高于灰岩的顶板，矿井未排水时，隐洞顶部岩层或松散层底部隔水层，它承受着上覆岩体的自重力作用，与隔水层强度和灰岩含水层中地下水对上覆岩层的顶托力两者保持平衡状态。矿山排水后，灰岩水位大幅下降，溶蚀空洞中部分充满地下水，这样，疏干洞内形成瞬时"真空"，对洞壁产生吸蚀作用，另外隐洞上方松散隔水层失去顶托力，因此失去平衡，隔水层遭到破坏，洞顶急剧塌陷直至地表。

塌陷的形态平面上多半为圆形、椭圆形，剖面上为坛形、井状、漏斗状。它多半分布在第四系厚度较薄处、河床两侧和地形低洼地段。岩溶塌陷通道的存在极易引起第四系孔隙水、地表水大量下渗和倒灌，使大量水和泥砂涌入矿井，对矿井安全生产造成极大的威胁。例如，湖南恩口矿区，由于矿井长期排水的影响，在栖霞组灰岩和茅口组灰岩分布地段先后产生塌陷 6150 处，雨季大量地表水灌入，灌入量约占矿井涌水量的 60%。因此，研究矿区塌陷规律，对评价石灰岩含水层充水条件及对煤层生产的影响具有重要意义。

"天窗"是指含水层顶板隔水层由于岩相变化或隔水层受后期冲刷而失去隔水性的部位。"天窗"的存在本身就是一个连通两个含水层的通道，导致邻层地下水甚至地表水涌入矿井，掌握天窗的具体分布和范围对了解矿井水的组成和治理极为有益。例如，焦作矿区演马庄矿 12121 工作面突水，突水量 5340m³/h，造成淹没除井底车场以外的生产地区，全矿停产一个月。经动态分析，突水的直接水源是 L_8 灰岩，并接受浅部冲积层和深部 L_2 和 O_2 灰岩水的补给。为减少矿井涌水量，查明冲积层水进入 L_8 灰岩的具体位置进行水文地质勘查，查明隐伏 L_8 灰岩露头区处有一个长 400m、面积为 43200m² 的"天窗"（即冲积层底砾岩与 L_8 灰岩直接接触地段），后进行帷幕注浆堵截，切断冲积层水补给 L_8 灰岩水的通道，使矿井涌水量减少 1062m³/h。

2.5　阳曲聚煤区地质地球物理特征

2.5.1　区域地质

该找煤区位于沁水煤田西北端的阳曲一带，属东山矿区。除缺失下奥陶统、泥盆系、下石炭统外，由老到新依次出露有中奥陶统、中–上石炭统、二叠系及新生界。

1. 中奥陶统（O_2）

上马家沟组（O_2s）：出露不全，仅见几十米的上段部分，为灰、深灰色中–厚层石灰岩夹灰白色薄层泥质白云岩及泥灰岩。本组厚 290～300m。

峰峰组（O_2f）：灰色厚层石灰岩白云质灰岩及石膏层。本组厚约 130m。

2. 石炭系（C）

中石炭统本溪组（C_2b）：底部为山西式铁矿及铝土矿层，其上为灰、深灰色泥岩、砂岩，薄层石灰岩，夹 1～2 层不稳定的薄煤层。本组厚约 35m。

上石炭统太原组（C_3t）：由灰、深灰色泥岩、砂岩、石灰岩和煤层组成。含煤 5～7 层。本组厚约 110m。

3. 二叠系（P）

下二叠统山西组（P_1s）：由灰、深灰色泥岩、砂岩及煤层组成。本组厚约 70m。

下二叠统下石盒子组（P_1x）：由灰黄、灰绿色砂岩、黄绿、紫红色砂质泥岩及泥岩组成。顶部为杂色具鲕状结构的铝质泥岩。本组厚 117～178m。

上二叠统上石盒子组（P_2s）：由黄绿、灰紫、紫红色泥岩与黄绿、灰绿色砂岩组成。局部含锰铁矿结核。本组厚 372～419m。

上二叠统石千峰组（P_2sh）：由浅紫红、灰黄、灰紫、紫红色砂岩与砂质泥岩及泥岩组成。顶部夹透镜状灰岩。本组厚 111～184m。

4. 新近系上新统（N_2）

由棕红、紫红色黏土及砂砾层组成。厚约 60m。

5. 第四系（Q）

下更新统（Q_1）：灰紫、灰绿、浅棕红、紫红色黏土与砂层互层，夹灰泥层及砂砾层。厚 60～90m。

中更新统（Q_2）：浅红、酱红、棕红色黏土、亚黏土，含钙质结核，一般有 3～6 层褐色古土壤。本组厚 10～54m。

上更新统（Q_3）：黄土及黄土状土，垂直节理发育。厚 15～30m。

全新统（Q_4）：亚砂土、碎石、砂砾石层。厚 0～20m。

2.5.2　找煤区地层

找煤区为新生界覆盖区。现根据钻探资料由老到新叙述如下。

1. 中奥陶统上马家沟组（O_2s）

本组仅局部被揭露，主要为灰白色石灰岩，夹泥灰岩及白云岩。

2. 中奥陶统峰峰组（O_2f）

本组揭露有限，为一套深灰色石灰岩。

3. 中石炭统本溪组（C_2b）

本组不整合于中奥陶统石灰岩侵蚀面上。主要为不稳定的铁矿，灰白色铝土矿，深灰色石灰岩，灰黑色泥岩，灰色粉砂岩等。厚 21.5～50.3m。现自上而下分述如下。

（1）铁铝岩：底部为山西式铁矿。其上为灰白色铝土岩，质软具鲕状结构。厚 2.10～18.4m，平均 8.01m。

（2）灰黑色泥岩：厚 0～8.4m，平均 2.3m。有时为黏土岩，具鲕状结构。

（3）深灰色石灰岩：质地坚硬，含动物化石。不稳定，厚 0～3.3m，平均 1.00m。

（4）深黑色泥岩：性脆，易碎，含碳质和植物化石。见有 *pseudostaffella*，*sphaeroidea*（似球形假史塔夫籏）等。厚 0～15.8m，平均 8.2m。

（5）煤线：不稳定，时相变为碳质泥岩。厚 0～0.59m，平均 0.2m。

（6）灰黑色石灰岩：不稳定，时相变为泥岩。厚 0～5.5m，平均 1.65m。

（7）深灰色泥岩：时相变为砂质泥岩，中上部常夹粉砂岩薄层。厚 7.0～16.3m，平均 12.0m。

（8）煤：时相变为砂质泥岩。厚 0～0.49m，平均 0.11m。

（9）深灰色石灰岩：厚 0～5.5m，平均 1.49m。

4. 上石炭统太原组（C_3t）

本组整合于下伏本溪组之上，平均厚约115.68m。主要由泥岩、石灰岩、煤、砂岩组成。为本区主要含煤地层之一。现由下而上分述如下。

（1）中粒砂岩（K_1）：灰白色，厚层状。有时为细粒砂岩；局部相变为砂质泥岩。厚0.60～21.68m，平均4.59m。

（2）泥岩：灰黑色，时为砂泥岩互层。有时为砂质泥岩；局部地段夹石灰岩薄层。厚2.6～8.2m，平均4.97m。

（3）煤线：时相变为碳质泥岩。厚0～1.4m，平均0.36m。

（4）灰黑色泥岩：时相变为砂质泥岩。底部产动物化石。厚6.5～28.0m，平均16.36m。

（5）黑色碳质泥岩：质软污手，夹煤线。厚0.4～5.2m，平均0.65m。

（6）灰色铝质泥岩：上部有时相变为砂质泥岩或粉砂岩。含黄铁矿和植物根痕。厚0.6～34.0m，平均6.39m。

（7）煤（15号下）：全区主要可采煤层之一，大部可采。厚0.3～5.0m，平均1.45m。

（8）黑色泥岩：碳质含量高，局部为碳质泥岩。一般厚1.3～8.7m，平均3.84m。该层岩性变化大，有时相变为砂质泥岩。个别地段相变为砂岩，且以粗粒砂岩为主，厚度变化大，最大厚度达25.9m。

（9）煤（15号）：主要可采煤层，俗称大八煤，全区稳定，含黄铁矿，夹矸0～3层。有时分叉为两层煤。厚1.7～14.1m，平均6.73m。

（10）黑色泥岩：钙质含量高，有时相变为薄层碳质泥岩。一般厚2.1～17.9m，平均7.01m。该层厚度变化大，时有尖灭现象。

（11）石灰岩（K_2）：深灰色，产动物化石，不稳定。时相为泥质灰岩。有时为两层石灰岩，间夹砂质泥岩或泥岩。厚0～7.0m，平均2.29m。

（12）黑色泥岩：含黄铁矿，时为砂质泥岩。厚0～7.2m，平均3.71m。

（13）中粒砂岩：深灰色，具水平层理。时为细砂岩。厚0～16.2m，平均5.30m。

（14）黑色泥岩：含钙质和黄铁矿。厚0～9.90m，平均3.94m。

（15）石灰岩（毛儿沟灰岩K_3）：灰黑色、块状、含黄铁矿，局部为泥质灰岩。厚0.9～10.0m，平均3.53m。

（16）黑色泥岩：块状，具水平层理，含煤屑。厚0～8.4m，平均4.64m。

（17）细粒砂岩：灰黑色。厚0～18.8m，平均6.50m。

（18）黑色泥岩：含植物化石，顶部常有煤，一般厚0.65m，厚1.1～14.1m，平均6.91m。

（19）石灰岩（斜道灰岩K_4）：深灰色、含动物化石及方解石脉。厚0.3～6.2m，平均3.21m。

（20）黑灰色粉砂岩：含黄铁矿，具水平层理。局部有时相变为中粘砂岩，顶部和底部常为泥岩或砂质泥岩。厚12.4～14.3m，平均13.27m。

（21）煤：有时相变为碳质泥岩。厚0～0.6m，平均0.37m。

（22）泥岩（相当于东大窑灰岩）：含海相动物化石。有时相变为钙质泥岩或泥质灰岩。厚 3.3～15.4m，平均 9.43m。

5. 下二叠统山西组（P_1s）

本组整合于下伏太原组之上，由泥岩、砂质泥岩、粉砂岩、细–中粒砂岩及煤层组成，岩相变化大。厚约 70m。钻孔揭示的本组地层大多不完整。现以 301 号孔的基础，综合其他钻孔资料，由下而上分述如下。

（1）中粗粒砂岩（K_7）：灰白色，磨圆度好，硅质胶结，含碳质包体。厚 7.85～19.18m，平均 13.52m。

（2）泥岩：黑色，具水平层理，含植物化石。厚 1.8～20.3m，平均 11.15m。

（3）煤（4 号）：黑色，污手，具硫臭味。厚薄变化大，时而分叉，时而合并。厚 1.2～5.1m，平均 3.14m。

（4）中、细粒砂岩：灰白色，含白云母片，硅质胶结为主。厚 4.3～5.6m，平均 5.01m。

（5）煤：黑色，污手，厚 0～0.9m，平均 0.45m。

（6）泥岩：黑色、块状，含黄铁矿结核。厚 12.38m。

（7）中、粗粒砂岩：灰黑、灰白色，含有暗色矿物及黄铁矿，具水平层理。厚 14.74～22.33m，平均 17.54m。

（8）煤线：黑色，污手，有时相变为碳质泥岩。厚 0.2～0.25m。

（9）细粒砂岩：黑灰色，具水平层理。下部或底部常相变为砂质泥岩或泥岩。厚 4.1～7.2m，平均 5.70m。

（10）泥岩：黑灰色，富含铝质，含黄铁矿和植物化石。厚 8.68m。

（11）泥岩：黑色，含植物化石。厚 1.80m。

（12）砾岩：深灰色，滚圆状，砾石成分为石灰岩。厚 0.90m。

（13）泥岩：灰色，质硬。厚 5.00m。

6. 下二叠统下石盒子组（P_1x）

本组整合于下伏山西组之上。由于长期的侵蚀作用，本组在该区保留不全。仅有两个钻孔揭示了该组的部分地层。ZP-2 孔揭示的较厚，厚达 93.88m，相当于本组的下段部分。现将 ZP-2 孔揭示的本组部分地层由下而上叙述如下。

（1）粗粒砂岩（K_8）：浅灰色，分选中等，磨圆度差，含暗色矿物。厚 7.90m。

（2）砂质泥岩：灰、深灰色，夹粉砂岩薄层及煤线，含植物化石碎片。厚 14.73m。

（3）细粒砂岩：灰色，夹砂质泥岩薄层，含植物化石碎片。厚 5.15m。

（4）泥岩、砂质泥岩互层：灰、深灰色，夹细粒砂岩和粉砂岩薄层及煤线，具波状层理及交错层理，局部含铁质鲕粒。厚 36.90m。

（5）中粒砂岩：灰色，分选、磨圆中等，波状层理。厚 9.00m。

（6）粗粒砂岩：灰色，分选、磨圆中等，上细下粗。厚 3.30m。

（7）泥岩：灰色，夹粉砂岩及细砂岩薄层。厚 5.40m。

（8）细、中粒砂岩：灰色，分选、磨圆中等，含砾。厚 10.00m。

（9）泥岩：灰绿色，含砂质，风化呈黄色。厚 1.50m。

（10）新生界古近系–新近系、第四系（N+Q）。

新生界不整合于下伏不同时代的基岩侵蚀面之上。呈紫红、黄绿、灰绿等色。由亚砂土、亚黏土、砂质黏土、黏土、黄土状土、黄土及砂层、砂砾石层组成。厚47.59m。

2.5.3　地球物理特征

本区未进行过系统的地面电法工作，1974 年在会沟打深井并发现煤层后，做了少量电测深工作，但未做岩层电性参数工作，仅参照邻区钻探测井资料和以往太原东西山水资源电法资料所提供的地层电阻率值作参考。结合两验证钻孔测井资料整理，各地层电性参数见表 2.1。太原组下部主要含煤段因为有多层煤层及石灰岩层，所以其电阻率要高于其上部岩层电阻率，也可构成一电性层，奥陶系灰岩作为煤系基底，以其分布广、电阻率高，构成本区电性标准层。根据上述不同电层组合，若保留石炭–二叠系煤系时，常可构成 HA 型曲线；若无煤系时为 H 型曲线反映，所以掌握电性标准层埋深及构造，参照曲线类型分布，是作为解释推断本区含煤构造的依据。

表 2.1　各地层典型岩性及对应的电性参数

地层	岩性	电阻率/(Ω·m)
第四系	黄土、含砂质黏土、粉砂质黏土、黏土、粉砂、细砂	16～50
古近系–新近系	细砂、黏土、砂砾黏土、含砂黏土	40～100
石炭–二叠系	泥岩、粉砂岩、含砂质泥岩、煤层、薄层石灰岩	50～100 75～360
奥陶系	厚层石灰岩	>500

参 考 文 献

李文恒，龚绍礼. 1999. 华南二叠纪含煤盆地特征及聚煤规律. 南昌：江西科学技术出版社.

邵龙义，鲁静，汪浩，等. 2009. 中国含煤岩系层序地层学研究进展. 沉积学报，27（5）：904-914

孙万禄，陈召佑，陈霞，等. 2005. 中国煤层气盆地地质特征与资源前景. 石油与天然气地质，26（2）：141-146.

王仁农，李桂春. 1995. 中国含煤盆地的聚煤规律. 地质论评，41（6）：487-498.

叶建平，王子和. 2001. 水文地质条件对煤层气赋存的控制作用. 煤炭学报，26（5）：459-462.

张涨，沈光隆，何宗莲. 1999. 华北板块晚古生代古气候变化对聚煤作用的控制. 地质学报，3（2）：131-139.

第3章　煤炭直流电法勘探

直流电法勘探又称电阻率法勘探，以地壳中岩（矿）石的导电性差异为物质基础，通过观测和研究人工建立的电流场分布规律进行找矿和解决各种地质问题。我国煤炭直流电法勘探始于 20 世纪 50 年代，主要应用于地质填图、普查找煤、探测隐伏地质构造（断层、陷落柱、岩溶等）、查找矿井涌水通道、圈定煤层冲刷带、矿区工程地质勘查及灾害地质调查等。煤炭直流电法勘探可根据不同的地质任务和地电条件，采用不同的装置类型，施工方式具有灵活性和多样性。

3.1　地面直流电测深法

地面直流电测深法是目前应用最为广泛的直流电法装置，该方法主要用于研究测区内的垂向电性结构，包括资源探查、煤田常见隐伏地质构造探测（断层、陷落柱、岩溶等）、煤系地层划分等。

3.1.1　基本原理

地面直流电阻率测深法以稳恒电流场基本性质和边界条件为基础，利用岩、矿石的导电性差异，通过供电电极（A 或 A、B）建立特定人工稳恒电流场，根据测量电极（M、N）电位差和电极之间的相对位置关系，计算电性参数，并以此为依据推断勘探区域内地质异常体的赋存状态及其影响范围。

地面直流电测深法主要特点如下：在测量过程中测点位置保持不变，由小到大或由大到小逐渐改变供电电极距，则测量结果所对应的地层深度也随之改变，从而得到主要反映测点附近垂直方向上电性变化的视电阻率曲线，然后通过对比不同测点视电阻率曲线变化特点，了解沿测线方向上的电性变化特征，进而获得整个测区的地层电性结构。

根据电极排列方式的不同，直流电测深法可分为不同的装置类型，如图 3.1 所示。每种装置类型都具有其各自的优点，其共同特点如下：供电电极（A、B）作为发射源，向地下供以电流；测量电极（M、N）用来测量大地中两点的电位差；按照选定电极距序列和供电电极距与测量电极距比例（AB/MN）移动电极，进行逐点测量；根据稳恒电流场扩散理论，采用式（3.1）计算视电阻率。

$$\rho_s = K \frac{\Delta U_{MN}}{I} \tag{3.1}$$

式中，ΔU_{MN} 为测量电极电位差，mV；I 为供电电流强度，mA；K 为装置系数。

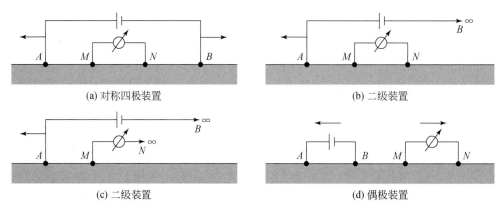

图 3.1　常用直流电测深装置类型图

3.1.2　施工方法

地面直流电测深法野外施工主要包括仪器选择、测线测网布置、电极距选择等。

为了在恶劣的工作环境下，保证采集信号的精确性，直流电法仪应满足以下基本要求：灵敏度高、测量范围大、抗干扰能力强、具有较高的稳定性、输入阻抗高等。

直流电测深测区范围大于勘探对象的分布范围，特别是应当尽量将与勘探对象有直接关系的区域性构造包括到测区的范围以内，以便有利于为地质解释提供已知的地质信息。对于地质情况比较清楚的地段，特别是有钻孔和露头分布的区段，应尽量包括到测区范围内，或使测线延长至露头区，以便为地质解释提供必要的电性参数和已知资料。另外，当地层倾角较大时，布极方向应与岩层走向一致。

直流电测深电极距选择应遵循以下原则。

（1）最小 $AB/2$ 应能使电测深曲线出现或接近首支渐近线。

（2）最大 $AB/2$ 应能满足勘探深度的要求，使曲线出现尾支渐近线，尾支渐近线至少有三个极距点控制。

（3）供电电极距序列满足对数均匀分布。

（4）测量电极距变化范围：$\frac{1}{3}AB>MN>\frac{1}{30}AB$。

直流电测深法电极排列方式可分为活动 MN 法和固定 MN 法。活动 MN 法是指在施工过程中保持 MN 和 AB 大小按一固定比值变化，煤炭电法勘探中该比值多采用 1/10。固定 MN 法是指测量电极 MN 不随供电电极 AB 作连续性变化，当 AB 变化到一定大小之后，再改变 MN 大小。

3.1.3　层状地电模型视电阻率曲线及分析

根据地电模型层数及电性参数的相对大小，可将直流电测深曲线分为若干类型。

1. 二层曲线类型

设两层地电模型上层电阻率为 ρ_1，厚度为 h_1，下层电阻率为 ρ_2，厚度 $h_2 \to \infty$，两层电阻率之比 $\mu = \dfrac{\rho_2}{\rho_1}$。当 $\mu>1$ 时，下层电阻率高，视电阻率曲线为 G 型，如图 3.2（a）所示；当 $\mu<1$ 时，下层电阻率低，视电阻率曲线为 D 型，如图 3.2（b）所示。曲线特点如下。

（1）当 $AB/2 \ll h_1$ 时，有 $\rho_s = \rho_1$ 水平首支渐进线。

（2）随着电极距增大，ρ_s 上升（$\rho_2>\rho_1$）或下降（$\rho_2>\rho_1$）。

（3）当 $AB/2 \gg h_1$ 时，有 $\rho_s = \rho_2$ 尾部水平渐进线。

（4）当第二层介质电阻率为极限情况，即 $\rho_2 \gg \rho_1$ 或 $\rho_2 \ll \rho_1$ 时，ρ_s 曲线尾支渐近线与横轴呈 45° 角上升或 63° 角下降。

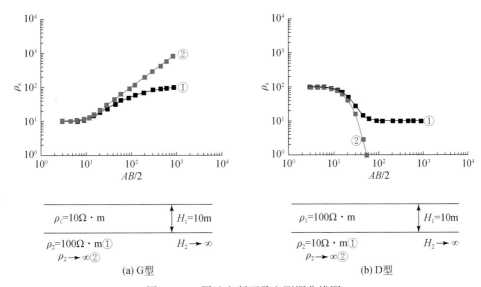

图 3.2　二层地电断面及电测深曲线图

2. 三层曲线类型

三层地电断面有 5 个地电参数，即 ρ_1、ρ_3、ρ_3、h_1、h_2。三层曲线类型由各层电阻率相对大小确定，可分为 H 型、K 型、A 型、Q 型，如图 3.3 所示。曲线特点如下。

（1）曲线首支和尾支分别存在 $\rho_s \to \rho_1$ 和 $\rho_s \to \rho_3$ 的水平渐进线。

（2）曲线中间段的变化，反映了断面中间层层参数的变化。

（3）当第三层介质电阻率为极限情况，即 $\rho_3 \gg \rho_2$ 或 $\rho_3 \ll \rho_2$ 时，ρ_s 曲线尾支渐近线与横轴呈 45° 角上升或 63° 角下降。

对于更多层的地电断面，曲线类型可按照相邻各层电阻率间的关系进行组合，曲线首、尾支特点与三层地电断面类似，曲线中间段变化更为复杂。

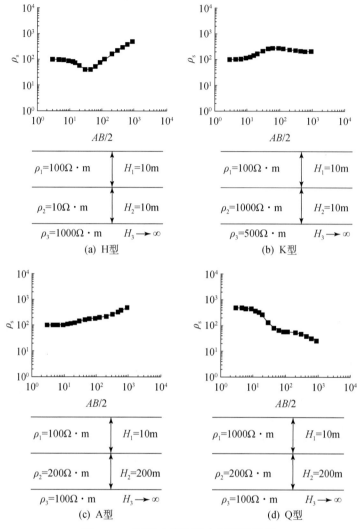

图 3.3　三层地电断面及电测深曲线图

3. 等值现象

在实际工作中，由于观测误差的存在，一条电测深曲线可能对应一组不同层参数的地电断面，这种情况称为电测深曲线的等值现象。常见等值现象有 S 等值现象和 T 等值现象。

对 H 型、A 型曲线而言，当 $\mu_3 = \dfrac{\rho_3}{\rho_1} \gg 1$，$v_2 = \dfrac{h_2}{h_1} \ll 1$ 时，只要 $S_2 = \dfrac{h_2}{\rho_2}$ 保持不变，不管 ρ_2 和 h_2 的数值如何变化，ρ_s 就有可能保持等值，这种性质为 S 等值现象。其物理实质如下，当第二层电阻率很低时，在第二层中的电流线方向将平行于层面，其内部的电流将决定于纵向电导 S_2，如果其他地电参数不变，仅同倍数的改变 ρ_2、h_2，保持 S_2 不变，对整体的电流分布改变很小，以致地面测量电位差改变很小，ρ_s 曲线形态变化不大。

对 K 型、Q 型曲线而言，$\mu_3 = \dfrac{\rho_3}{\rho_1} \ll 1$，$v_2 = \dfrac{h_2}{h_1} \ll 1$ 时，只要 $T_2 = h_2\rho_2$ 保持不变，不管 ρ_2

和 h_2 的数值如何变化，ρ_s 就有可能保持等值，这种现象称为 T 等值现象。其物理实质如下，当第二层电阻率很高，厚度不大，电极距较大时，第二层中电流线方向将趋于与分界面垂直，电流垂直通过第二层的阻力正比于第二层的横向电阻 T_2，当 ρ_2 和 h_2 在一定范围内变动，但保持 T_2 不变时，对整体的电流分布改变很小，以致地面测量电位差改变很小，ρ_s 曲线形态变化不大。

电测深曲线的等值现象造成反演解释的多解性，因此在存在低阻薄层或高阻薄层的地区，资料解释时应考虑等值现象的影响。

3.2　地面直流电剖面法

地面直流电剖面法主要用来探查地下一定深度范围内地层的横向电性变化，相对于直流电测深而言，直流电剖面法更适用于探测产状陡立的高、低阻体，如划分不同岩性的接触带、追索断层及构造破碎带等。

3.2.1　基本原理

地面直流电剖面法根据电极排列方式的不同，主要分为二极、三极、联合剖面、对称四极、偶极、中间梯度等装置类型，每种装置类型都有各自的特点和应用条件，其共同特点如下：用供电电极 A、B 向地下供电，同时在测量电极 M、N 间观测电位差 ΔU_{MN}，沿剖面移动测量电极 M、N 逐点测量，并计算视电阻率 ρ_s，各电极沿选定的测线同时逐点向前移动和观测，得到地下一定深度的视电阻率剖面曲线，以此分析该深度的地质情况，包括地层起伏、构造发育等。

直流电剖面法供电电极距选择主要考虑覆盖层厚度及其电阻率，一般应满足 $OA \geqslant 3H$（H 为覆盖层厚度），其次还应根据地电断面的产状、规模及相邻地质体的影响，选择合适的装置类型。

3.2.2　主要装置类型简介

1. 联合剖面装置

联合剖面装置电极排列方式如图 3.4（a）所示。电源负极（或称 C 极）置于无穷远处，电源的正极可接 A 极，也可以接向 B 极，分别组成 AMN 和 MNB 三极装置，在每个点进行两次测量，得到 ρ_s^A 和 ρ_s^B 两组视电阻率值，然后以 MN 中点作为记录点，绘制视电阻率曲线。电性参数，按式（3.2）计算：

$$\begin{cases} \rho_s^A = K_A \dfrac{\Delta U_{MN}^A}{I_A} \\[2mm] \rho_s^B = K_B \dfrac{\Delta U_{MN}^B}{I_B} \\[2mm] K = 2\pi \dfrac{AM \cdot AN}{MN} \end{cases} \tag{3.2}$$

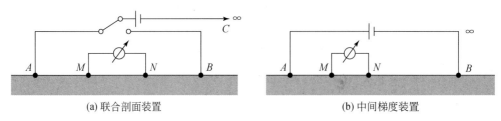

(a) 联合剖面装置　　　　　　　　　　(b) 中间梯度装置

图 3.4　直流电剖面法装置示意图

由于联合剖面装置由两个三极装置组合而成，较其他直流电剖面装置可获得更为丰富的地质信息。因此，联合剖面法具有分辨能力强、异常明显等优点，在水文及工程地质等调查中获得了广泛的应用。联合剖面法有无穷远极，因此，野外施工装置较为笨重、效率低、易受地形影响。

2. 中间梯度装置

中间梯度装置电极排列方式如图 3.4（b）所示。中间梯度装置采用异性点电源进行建场，在偶极源中部（一般为 1/3AB~1/2AB）电流线基本与地表平行，该范围内电场可视为匀强电场，并且在偶极源两侧约 1/6AB 范围内，电场也近似均匀，中间梯度装置不仅可以在偶极源所在测线上进行测量，也可在偶极源连线两侧 1/6AB 范围内的测线上进行测量，具有"一线布极，多线测量"的观测方式，如图 3.5 所示。中间梯度装置供电电极距较大，一般 AB =（70~80）H（H 为覆盖层厚度），测量电极距 MN =（1/50~1/30）AB。测量过程中保持供电电极固定不动，测量电极在供电电极中部 1/3~1/2 范围移动，逐点进行测量。

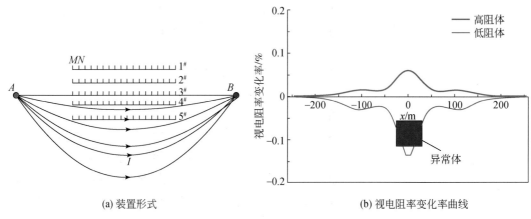

(a) 装置形式　　　　　　　　　　　(b) 视电阻率变化率曲线

图 3.5　中间梯度装置测线布置及视电阻率曲线图

中间梯度装置采用大极距的建场方式，最大限度地克服了供电电极附近电性不均匀体的影响，减少了供电电极的移动次数，施工效率高，但在供电电极移动处，视电阻率曲线不连续，每个测点的勘探深度也有轻微的变化。

3.3　地面高密度电阻率法

高密度电阻率法是一种阵列式的直流电法勘探方法，早在 20 世纪 70 年代末期，英国学者就设计了电测深偏置系统，建立了高密度电阻率法的最新模式。80 年代后期，我国地质矿产部门首先开展了高密度电阻率及其应用技术的研究，并探讨完善了该方法的技术和理论。该探测方法在金属与非金属矿产、地质构造、水文地质、工程灾害地质、考古、岩溶洞穴景观资源勘察等各领域得到了广泛的推广应用，解决了诸多实际问题，产生了极大的经济效益。

高密度电阻率法是集测深和剖面法于一体的一种多装置、多极距的组合方法，其原理与直流电阻率法相同，它具有一次布极即可进行多装置数据采集，以及通过求取比值参数而能突出异常信息的优势，其主要特点如下。

（1）电极布设一次完成，测量过程中无需跑极，因此可防止因电极移动而引起的故障和干扰。

（2）通过电极转换开关，可实现多种电极排列方式的扫描测量，获得较丰富的地电断面信息。

（3）数据自动化或半自动化采集，避免了人工操作引起的误差，提高了数据采集速度。

（4）可现场进行数据预处理，显示剖面曲线，若不符合地质构造特征，可现场调试仪器，尽可能避免返工。

（5）具有勘探成本低、效率高，获取地质信息丰富、解释方便等优点。

3.3.1　观测系统

高密度电阻率法在一条观测剖面上，通常要打上数十根乃至上百根电极，且多为等间距布设。所谓观测系统是指在一个排列上进行逐点观测时，供电和测量电极采用何种排列方式。目前常用四电极排列的"三电位系统"，包括 α（温纳装置）、β（偶极装置）、γ（双二极装置，又称微分装置）。

1. α 温纳装置

温纳装置方式又称对称四极装置方式，该装置适用于固定断面扫描测量，电极排列如图 3.6 所示。A、M、N、B 等间距排列，其中 A、B 是供电电极，M、N 是测量电极，测量时，$AM = MN = MB = a$ 为一个电极间距，A、M、N、B 逐点同时向前移动，得到第一条剖面；接着 AM、MN、NB 同时增大一个电极间距，M、N、B 逐点同时向前移动，得到第二条剖面线；依次进行下去，直到获得 n 条剖面线，进而绘制倒梯形断面。视电阻率 ρ_s^α 表达式为

$$\rho_s^\alpha = K_\alpha \frac{\Delta U_{MN}}{I} \tag{3.3}$$

$$K_\alpha = 2\pi\alpha \tag{3.4}$$

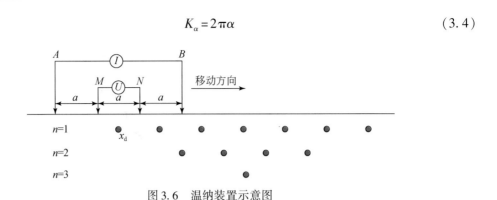

图 3.6　温纳装置示意图

2. β 偶极装置

偶极装置供电电极 A、B 和测量电极 M、N 均采用偶极，并按照一定的距离（na）分开，如图 3.7 所示。测量时，$AB=BM=MN=a$ 为一个电极间距，A、B、M、N 逐点同时向前移动，得到第一条剖面；接着 BM 增大一个电极间距，A、B、M、N 逐点同时向右移动，得到第二条剖面线；依次进行下去，直到获得 n 条剖面线，进而绘制倒梯形断面。视电阻率 ρ_s^β 表达式为

$$\rho_s^\beta = K_\beta \frac{\Delta U_{MN}}{I} \tag{3.5}$$

$$K_\beta = 6\pi\alpha \tag{3.6}$$

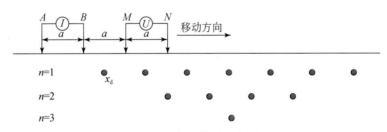

图 3.7　偶极装置示意图

3. γ 双二极装置

双二极装置又称微分装置采用供电电极与测量电极相间的电极排列方式，供电电极距与测量电极距相等，如图 3.8 所示。测量时，$AM=MB=BN=a$ 为一个电极间距，A、M、B、N 逐点同时向前移动，得到第一条剖面；接着 AM、MB、BN 增大一个电极间距，A、B、M、N 逐点同时向右移动，得到第二条剖面线；依次进行下去，直到获得 n 条剖面线，进而绘制倒梯形断面。视电阻率 ρ_s^γ 表达式为

$$\rho_s^\gamma = K_\gamma \frac{\Delta U_{MN}}{I} \tag{3.7}$$

$$K_\gamma = 3\pi\alpha \tag{3.8}$$

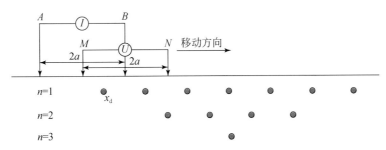

图 3.8　微分装置示意图

3.3.2　资料处理解释方法

在对高密度电阻率法野外采集的数据进行剔除坏点、滤波、平滑处理后，一般采用绘制视电阻率断面图、比值换算等方法进行初步的解释，在对地电断面有了初步认识后，选取合适的反演方法进行处理解释。

视电阻率断面图能够表征每一测点的视电阻率相对变化情况，可以较为直观和形象地反映出地电结构特征。由于三种装置电极布极方式不同，对同一地电条件，三种装置视电阻率断面图差异较大，但三者之间可采用式（3.9）进行转换，一般而言，温纳装置和偶极装置对低阻凹陷中的高阻体反映较好。

$$\begin{cases} \rho_s^{\alpha} = \dfrac{1}{3}\rho_s^{\beta} + \dfrac{2}{3}\rho_s^{\gamma} \\[2mm] \rho_s^{\beta} = 3\rho_s^{\alpha} - 2\rho_s^{\gamma} \\[2mm] \rho_s^{\gamma} = \dfrac{1}{2}\left(3\rho_s^{\alpha} - \rho_s^{\beta}\right) \end{cases} \tag{3.9}$$

高密度电阻率法比值参数可分为 λ 参数和 T_s 参数。λ 比值参数是以联合三极测深的观测结果为基础，采用式（3.10）进行计算。λ 比值参数反映了视电阻率沿剖面水平方向的变化率，能够突出高阻体中的低阻构造。

$$\lambda\left(i,\ i+1\right) = \frac{\dfrac{\rho_s^{A}\left(i\right)}{\rho_s^{B}\left(i\right)}}{\dfrac{\rho_s^{A}\left(i+1\right)}{\rho_s^{B}\left(i+1\right)}} \tag{3.10}$$

$$T_s\left(i\right) = \frac{\rho_s^{\beta}\left(i\right)}{\rho_s^{\gamma}\left(i\right)} \tag{3.11}$$

T_s 比值参数是直接利用三电位电极系的测量结果并将其加以组合而构成，其中以偶极和微分两种装置的测量结果为基础的一类比值参数，可按式（3.11）进行计算。偶极和微分两种装置的测量结果在同一地电体上所获视参数总是具有相反的变化规律，因此利用该参数所绘的比值断面图，在反映地电结构的分布形态方面较相应排列的视电阻率断面图要清晰和明确得多。

3.4　地面直流三维电阻率法

地面直流三维电阻率法属于三维高分辨电阻率法。三维高分辨电阻率法观测系统实现了对地下分析分辨单元的多次覆盖测量，因而具有较强的抗干扰和剔除静态偏移的能力，易于实现测区的滚动测量和无缝衔接。其直接成像技术快速、有效，无不易收敛的问题；与现有的二维高分辨电阻率技术相比，三维技术可以避免旁侧效应引起的洞道定位不准和洞道形状不确定的问题，对老窑、溶洞、孤石等孤立地质体有更强的探测能力，在工程地质勘查中具有广阔的推广价值和应用前景。

3.4.1　基本原理

高分辨电阻率法一般采用单极-偶极装置。在均匀半空间中，假设地面为无限大平面，地下充满均匀、各向同性的导电媒质。当点电流源 A 在地表向地下供入电流 I 时，地下电位的分布便以 A 为中心形成一组同心半球面。当地下存在相对围岩为低阻或高阻的异常体时，以供电电极 A 为中心，A 到异常体为半径的等电位半球面将发生凹凸的变化。这个变化可在此半球与地面相交的测点上被测量电极 MN 观测到。不同的供电电极将对相同的异常体产生不同半径的带有凹凸变化的等电位半球面。多个供电电极等电位面的凹凸部分在地下空间相交汇，就将异常体的位置、大小和形状再现了出来。三维高分辨电阻率勘探及直接成像方法所采用的单极-偶极装置，就可以形成这样的点电流源，进行等电位面的观测，进而实现三维直接图解成像。

图 3.9 展示了 3 个供电点的高分辨电阻率探测成像原理。根据等位壳层的电位异常与地下异常体之间的关系，以供电电极为圆心，以发生电位异常的观测电极到供电电极的距离为半径画弧，弧线交汇处即聚焦了的异常体影像，交汇点越密集，异常体形状和位置就确定得越准确。

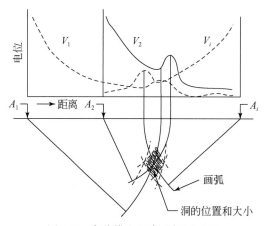

图 3.9　高分辨电阻率法探测原理

3.4.2　施工方法

高分辨电阻率法施工方法不同于传统直流电阻率法（图 3.10）。首先在测区内设置均匀的正方形或矩形网格测点；在上述测点中以横向与纵向间隔小于最大探测深度的 1/2 的距离确定供电电极 A_i 的位置；无穷远极 B_j 与对应的供电电极 A_i 的距离应在 5～10 倍的最大探测深度，也可以几个供电电极共用一个无穷远极 B_j，或者当测区面积较小时，所有的供电电极共用一个无穷远极 B，只要保证无穷远极离最近的供电电极的距离在 5～10 倍最大探测深度即可；在各测点放置测量电极 MN。一般情况下，计算出所需的最小电极数，通过滚动测量，实现观测点（一个 MN）、线（最大探测深度长度上的 MN 个数）、面（最大探测长度上 MN 个数的平方）之间的无缝衔接，从而覆盖整个测区；依次向各供电电极供电，与各供电电极有关的测量电极是以该供电电极为中心，以最大探测深度的 2 倍为边长的正方形面积中的测点。如果这个面积超出了测区的范围，则以测区的边界为准。记录每个供电电极的电流 I 及其有关的测量电极的电压值 V、V/I 及视电阻率值 ρ_s。

测线线距和测点点距的范围在 2～10m。如果对探测目标体有一些先验知识，如已知地下洞道的大致走向，则使测线与走向垂直，线距大于点距，构成矩形网格。当缺乏这样先验知识时，线距等于点距，构成正方形网格；并且线距和点距之间成整数倍关系；测线或测点距构成了分析分辨单元的边长，即一个分析分辨单元为（2～10m）×（2～10m）×（2～10m）。

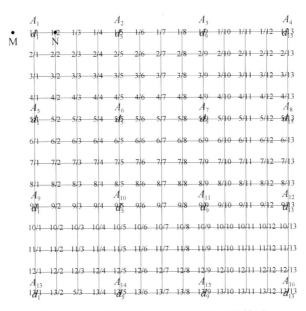

图 3.10　三维高分辨电阻率方法的电极排列

A_1～A_{16} 为供电电极，间距 20m；$MN=10$m 为观测电极；1，2，…，16，17 为观测点，间距 5m

当需要使边缘处的地下分析分辨单元有和测区内部相同的覆盖次数时，测区可向外延伸一个最大探测深度的宽度；最大探测深度范围 5～150m，供电电极之间的横向与纵向间隔 2.5 ~ 75m；无穷远极 B_i 与对应的供电电极 A_i 中的下标指整个测区所用全部 K 个供电电极中的第 i 个；当几个供电电极共用一个无穷远极 B_j 时，下标 j 表示整个测区所用全部 $L<K$ 个无穷远极中的第 j 个；最大探测深度等于测量电极到所属供电电极的最大距离。视电阻率值可采用式（3.12）进行计算：

$$\rho_s = 2\pi \ (AM \cdot AN/MN) \ \cdot \ (V/I) \tag{3.12}$$

三维高分辨电阻率勘探的观测仪器可以用一般的直流电法仪，或带有数据自动采集功能的电法仪。如果是一般的直流电法仪，可以只用一对 MN 测量电极，多个供电电极的测量方式。开始观测时，先将测量电极置于第一个测点上，依次向与该测点有关的电极供电，记录测量电压 V、供电电流 I、V/I、视电阻率值；然后移动 MN 观测下一个测点，重复上述过程，直到测量完毕。如果是带有数据自动采集功能的电法仪，则是一个电极供电，所有与该供电电极有关的测量电极同时观测。无论哪种仪器，都可以使用表 3.1 的记录格式。对于一般的直流电法仪，带有数据自动采集功能的三维高密度电法仪，或者专门设计的三维高分辨电阻率仪，可算出所需的最小电极数，通过滚动测量，实现观测点（一个 MN 极）、线（9 个 MN 极）、面（81 个 MN 极）之间的无缝衔接，从而覆盖整个测区。

表 3.1 三维高分辨电阻率方法的记录格式

供电电极	测点范围	弃点	供电电极	测点范围	弃点
A_1	1/1···1/9 ~ 9/1···9/9	1/1, 1/2, 2/1	A_9	1/1···1/9 ~ 13/1···13/9	8/1, 9/1, 9/2, 10/1
A_2	1/1···1/13 ~ 9/1···9/13	1/4, 1/5, 1/6, 2/5	A_{10}	1/1···1/13 ~ 13/1···13/13	8/5, 9/4, 9/9, 9/10, 10/9
A_3	1/1···1/13 ~ 9/1···9/13	1/8, 1/9, 1/10, 2/9	A_{11}	1/1···1/13 ~ 13/1···13/13	8/9, 9/8, 9/9, 9/10, 10/9
A_4	1/5···1/13 ~ 9/5···9/13	1/12, 1/13, 2/13	A_{12}	1/5···1/13 ~ 13/5···13/13	8/13, 9/12, 9/13, 10/13
A_5	1/1···1/9 ~ 3/13···13/9	4/1, 5/1, 5/2, 6/1	A_{13}	5/1···5/9 ~ 13/1···13/9	12/1, 13/1, 13/2
A_6	1/1···1/13 ~ 13/1···13/13	4/5, 5/4, 5/5, 5/6, 6/5	A_{14}	5/1···5/13 ~ 13/1···13/13	12/5, 13/4, 13/5, 13/6
A_7	1/1···1/13 ~ 13/1···13/13	4/9, 5/8, 5/9, 5/10, 6/9	A_{15}	5/1···5/13 ~ 13/1···13/13	12/9, 13/8, 13/9, 13/10
A_8	1/5···1/13 ~ 13/5···13/13	4/13, 5/12, 5/13, 6/13	A_{16}	5/5···5/13 13/5···13/13	12/13, 13/12, 13/13

3.4.3 资料处理解释方法

三维高分辨电阻率勘探资料处理和解释的基础是应用单极–偶极装置实现的对地下每一分析分辨单元的多次覆盖测量。具体按照以下步骤进行。

（1）电磁干扰和静态偏移的去除。

（2）对每个测点，以其对应的供电电极为中心，以测点到供电电极的距离为半径画弧，各弧线的凹凸在空间交汇所围成的区域即反映了异常体的位置、大小和形状。弧线凹处的交会影像为低阻异常体，弧线凸处的交汇影像为高阻异常体。

（3）将地下空间用测点点距和测线线距进行剖分，形成分析分辨单元。

（4）对每一分析分辨单元依次判断到有关供电电极的距离，找出与该单元对应的地面上的测点，将该测点的视电阻率值累加到该单元上。

（5）用累加次数求各单元的视电阻率平均值，或加权平均值。

（6）确定适当的视电阻率阈值，即可将地下洞道的位置、规模、形状和高、低阻电性显现出来。

（7）设某一地下分析分辨单元为不均匀体作为目标单元，由单极–偶极装置下均匀半空间中球体在地面上的响应公式求得该目标单元的参数曲面。

（8）将上述参数曲线与实测曲面做相关，得到一相关度值。不同的目标单元对应不同的相关度值，不同的供电电极有不同的实测曲面，从而可得一组相关度值。

（9）定义适当的相关度阈值就可再现地下洞道的位置、规模和形状。

其中，步骤（1）是根据供电电极周围的归一化测量电压大致按照 $\Delta V / I = \rho / 2\pi R$（式中 R 为观察点到源点的距离，ρ 为大地综合电阻率）的规律变化。单独供电电极、单独测点上偏离此规律一定程度的数据，将被视为电磁干扰而剔除；由不同供电电极在相同测点上引起的偏离此规律一定程度的数据，将被视为地表电性不均匀引起的静态偏移而剔除。步骤（2）为手工直接成像；步骤（3）～（6）是用计算机程序实现的视电阻率直接成像。分析分辨单元的长、宽、高分别对应测点点距、测线线距、测线线距；视电阻率阈值是按照电法勘探的一般规则确定的。步骤（7）～（9）是用计算机程序实现的匹配滤波直接成像。

资料处理与解释可在野外作业现场用带有数据自动采集功能的电法仪器实时进行，进一步的细化处理与解释可转到室内进行。为得到更精确的匹配滤波影像，可用三维有限元等方法计算目标单元参数曲面，由于这需要较大内存的计算机和较长的计算时间，也须放在室内进行。目前一般的双核、4G 内存的计算机即可胜任这项工作。

3.5　矿井直流电阻率法

我国于 20 世纪 80 年代后期开展矿井直流电阻率法的研究和试验工作。矿井直流电阻率法测点位于地下巷道或采场内，与探测目标体的相对位置关系较为复杂，为针对性地解决各类地质问题，电极的排列形式、移动方式等多有变化，从而衍生出不同的矿井电阻率法。一般情况下，电极的移动方式决定着矿井电阻率法的工作原理，电极的排列方式决定着矿井电阻率法的分辨能力和电性响应特征，而勘探目标体相对测点的空间位置决定了矿井电阻率法的布极位置。

3.5.1　基本原理

矿井直流电阻率法的基本原理与地面直流电阻率法类似，不同点在于矿井直流电阻率法在井下巷道内进行数据采集，属于全空间勘探，具有全空间效应。

1. 全空间视电阻率

在全空间均匀各向同性介质中，采用图 3.11 装置形式测得供电回路 A、B 中的电流强度 I 和电位差 ΔU_{MN}，则不论 A、B、M、N 的相对位置如何，都可由式（3.13）计算出介质的电阻率值。

$$\rho_s = K = \frac{\Delta U_{MN}}{I} \qquad (3.13)$$

式中，K 为装置系数。

$$K = \frac{4\pi}{\dfrac{1}{AM} - \dfrac{1}{AN} - \dfrac{1}{BM} + \dfrac{1}{BN}} \qquad (3.14)$$

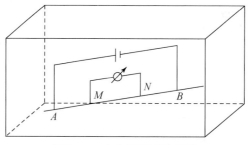

图 3.11　全空间装置示意图

在地下巷道中进行电法工作，地下电流通过布置在巷道顶、底板或岩壁的供电电极在巷道周围岩层中建立起全空间稳定电场（当不考虑巷道挖空影响时），该稳定场特征取决于巷道周围不同电性特征的岩石的赋存状态。按照式（3.13）计算的结果将不再是某种介质的真电阻率，而是电流分布三维空间体积范围内电性变化的一种综合反映，称为全空间视电阻率。

其微分表达式为

$$\rho_s = \frac{j_{MN}}{j_0} \rho_{MN} \qquad (3.15)$$

式中，ρ_{MN} 为 MN 电极附近介质的真电阻率；j_{MN} 为 MN 间的实际电流密度；j_0 为全空间内充满均匀介质 ρ_0 时的电流密度。

由式（3.15）可知，视电阻率是导电介质内部电流场分布状态的外在表现。当测量电极 M、N 附近存在高阻异常体时，因高阻异常体对电流有排斥作用，所以 $j_{MN}>j_0$，则 $\rho_s>\rho_{MN}$；当测量电极 M、N 附近存在低阻异常体时，因低阻异常体对电流有吸引作用，所以 $j_{MN}<j_0$，则 $\rho_s<\rho_{MN}$。因此，通过测量、分析全空间视电阻率的相对变化可以推断介质电性变化情况，这就是矿井电阻率法的物理实质。

2. 全空间效应

矿井电阻率法的特殊性是由电流场的分布特征决定的。与地面电阻率法不同，矿井电阻率法的供电、测量电极都布置在地下巷道边界上，电流场在巷道周围呈全空间分布状态。矿井电阻率法的视电阻率测量值不仅与巷道周围介质导电性、装置形式、装置大小有关，也受巷道影响。

数值模拟、物理模型实验和井下技术试验结果表明，全空间效应和巷道空间影响是客观存在的，而且全空间效应和巷道空间影响的大小及特征与多种因素有关，这些因素包括观测接收装置的形式和大小、巷道长度和横截面的尺寸、巷道围岩的电性特征以及测点位置等。

图 3.12（a）中实线为不考虑巷道影响的全空间电测深曲线［地电断面见图 3.12（b）］，图中虚线所示为 ρ_3、ρ_4 组成的等效半空间二层地电模型的电测深理论曲线。

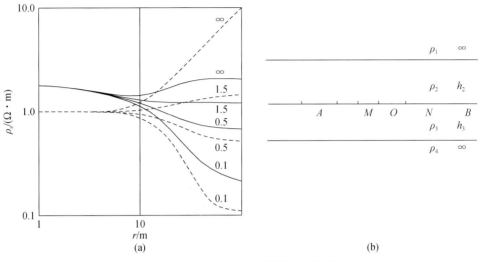

图 3.12　全空间和半空间电测深理论曲线对比

全空间四层地电断面，由 ρ_1、ρ_2、ρ_3、ρ_4 组成；半空间二层断面，由 ρ_3、ρ_4 组成；$\rho_1 = 1\Omega \cdot m$，$\rho_2 = 10\Omega \cdot m$，$\rho_3 = 1\Omega \cdot m$，$h_2 = 1m$，$h_3 = 10m$，$\rho_4$ 的值标在曲线上。

对比全空间和半空间电测深曲线可以看出，二者存在明显差异：①当 $\rho_4 > \rho_3$ 时，全空间电测深曲线表现为似 H 型，对应的底板二层地电断面半空间电测深曲线为 D 型；②曲线首、尾支渐近值不同，特别当 ρ_1 有限而 $\rho_4 \to \infty$ 时，全空间电测深曲线尾支不再是呈 45° 上升的直线；③当 $\rho_4 < \rho_3$ 时，全空间和半空间电测深曲线的类型相同，但同一极距的视电阻率值不同。

正演模拟和实验结果都证明：①布置在巷道顶、底板或其侧帮的供电电源，其电流场在巷道四周分布，因而矿井电法测量结果不单是布极一侧岩层电性的某种反映，而是整个地电断面电性变化的综合反映，除布极一侧岩层外，其他介质的分流作用及其内部地电异常体在矿井电法观测结果中的反映统称为全空间场效应；②巷道空间对全空间电流场的分布产生较大影响，这种影响与测点、布极点位置、装置形式、巷道所在岩层电阻率等多种因素有关，使全空间电流场的分布更趋复杂化，给正确认识和分析实测矿井电阻率法资料带来许多困难。

3.5.2　常用矿井直流电阻率工作方法

对于不同矿井地质问题，采用的电法方法和技术有所差异。按电法装置类型和解决地质问题性质的不同，目前常用矿井直流电阻率法可分为巷道顶、底板电测深法，层测深法，直流电法超前探测，直流电透视法等。

1. 巷道顶、底板电测深法

井下电测深类方法的主要特点是在测量过程中保持测点不变，由小到大或由大到小逐渐改变供电电极间距，对应的垂直层面（或顺层）勘探"深度"将不断增大，从而可观测到主要反映测点附近垂直层面（或顺层）方向上介质电性变化的电测深视电阻率曲线。同时，将不同测点的电测深观测结果进行对比，可以了解沿测线方向上的电性变化特征。图 3.13 为巷道底板对称四极电测深法的工作装置示意图。

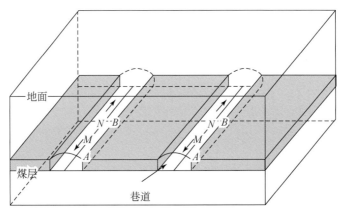

图 3.13　巷道底板对称四极电测深法的工作装置示意图

巷道底板（或顶板）电测深法装置形式选择，主要考虑可施工巷道的长度。当巷道长度足够大时，多选用对称四极电测深法；当巷道可施工长度较短时，为减少测量"盲区"，可选用三极测深法。井下施工中，由于巷道内岩石裸露，加上浮煤、铁轨、金属支架等表层电性不均匀体和随机地电干扰影响，施工条件较差、表层地电干扰严重，宜采用固定 *MN* 法，并应用较小测点距和较小极距变化跨度的高分辨电极距系列，以利于提高巷道底板电测深法的地质分辨能力。

在矿井全空间条件下，因介质不均匀所造成的电流场分布非均一性十分突出，巷道不同方向的电测深结果与布极一侧介质的电性特征密切相关。含煤地层中的三维地电异常体在不同方位巷道电测深法的观测结果上具有不同的反映，利用这一特性在巷道的不同部位布置电测深工作，可以突出布极一侧岩石电性变化特征，据此可以研究陷落柱等二维或三维地电异常体的几何形态、空间位置和富水性等，从而达到为煤矿安全生产提供详尽地质资料的目的。这种全方位电测深技术在确定地电体空间方位、解决全空间效应带来的多解性问题方面具有良好的应用前景。

巷道电测深井下施工不同于地面电测深，受井下空间的限制，电测深施工只能在已有巷道中进行，因而测点布置除根据地质任务和勘探详细程度的要求外，还要考虑巷道的长度及通行情况。以调查顶、底板断层或裂隙发育带位置为目的的巷道电测深，测点应布置在距断层或裂隙带两侧 20~30m 处，特别是充水构造，以免极化不稳造成观测的困难；如果以分层定厚或探测底板含水层赋存状态为目的，一般沿巷道等间距布置测点，点距为20~50m或更小。

根据勘探地质任务要求确定最大极距长度，同时也要考虑井下施工的方便性和可能性，最大极距（$AB/2$）一般不小于预期勘探深度的 2 倍。最小极距视浮煤厚度和巷道顶、底板岩石破碎程度而定。测量电极 MN 的选择要考虑有效信号和干扰信号的强弱，一般采用 $MN/AB = 1/20 \sim 1/3$ 为宜。电极距间隔应尽可能小，一般采用 $\Delta = 1/10 \sim 1/8$ 或更小。当采用算术坐标绘制电测深曲线时，采样间隔还可以加密或等间距观测。考虑到金属支架的影响，电极点位应在两支架中间，不要靠近金属支架，电极应尽量沿上帮或下帮布设，以使铁轨对场的影响为最小的背景值。

2. 层测深法

层测深法可用于追踪巷道已揭露断层、裂隙发育带等在煤层中的延伸方向，也可用于探测煤层内未被巷道揭露的断层或裂隙发育带，同时也可对其含水性进行评价。

层测深法的装置形式如图 3.14 所示。供电电极 A、B 和测量电极 M、N 布置在同一巷道中煤层与其顶、底板的分界面处，靠近工作面一侧。测量过程中，供电电极 A、B 固定不动，测量电极 M、N 在供电电极对的一侧（单侧层测深法）或两侧（双侧层测深法）同步移动观测。

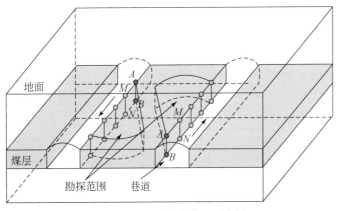

图 3.14　层测深法装置示意图

层测深法的工作原理如下：随着偶极距（供电电极对和测量电极对之间距离 r）的增大，电流的顺层穿透深度也逐渐增大，当煤层内存在断层或裂隙发育带时，对煤层内电流场分布状态的扰动作用必然会在测量电位差中反映出来。因此，通过研究顺煤层方向由浅入深煤层的电性变化情况，可以确定煤层内是否存在断层和裂隙破碎带等构造扰动。

当煤层内存在断层破碎带或其他构造扰动时，利用层测深装置测得的视电阻和视电阻率曲线，将与未受破坏煤层的层测深理论视电阻和视电阻率曲线（正常场的理论曲线）之间存在着差异。根据这种差异，便可确定煤层内断层和裂隙破碎带等构造扰动的空间位置。层测深法是一种体积勘探，其勘探体积是一个张角小于 30° 的扇形柱体，如图 3.14 所示，随着供电电极对和测量电极对之间距离 r 增大，勘探范围（或深度）也随之加大。

在煤矿井下进行层测深工作时，为保证观测质量和提高应用效果，施工中应注意以下几个技术问题。

（1）电极的布置和接地条件的改善。为减小电极周围电性不均匀体对测量结果的影响，供电和测量电极应尽可能布置在巷道支架中间，且打在较为坚实的整块岩石上。为改善电极接地条件，可预先在标定的电极位置用电钻打眼，然后将盐水和成的黄泥和浸有盐水的海绵充填在钻眼内，过一段时间待极化稳定后再进行测量。

（2）偶极距 r 的选择。层测深法的顺层勘探深度由偶极距 r 决定，因而最大偶极距的选择要综合考虑开采煤层的宽度和仪器观测精度的要求，一般取 150～250m。初始偶极距主要综合考虑巷道空间对测量结果的影响，对于横面积 ≥6m^2 的巷道，初始偶极距不宜小于 10m。偶极距序列一般按对数等间距的原则选择。

（3）层测深点的布置。以普查和发现异常为目的的层测深工作，其测点一般沿巷道等间距布置，测点点距由勘探详细程度和装置最大偶极距而定，一般不超过最大偶极距的 1/2。而对于以探测已知断层或裂隙发育带延伸方向和含水性为目的的层测深法工作，其测点布置在断层或裂隙发育带两侧大于 30m 的地方，以保证观测到可信异常。

层测深资料解释的基本方法是曲线对比法，其一般原则如下：①利用同一巷道电测深曲线确定煤层及其围岩的层参数，然后正演计算出正常煤层的理论层测深曲线。②将实测曲线与理论曲线进行对比分析，根据二者的吻合程度和实测曲线上是否存在异常"畸变点"，来确定煤层内是否存在断层或裂隙发育带等构造扰动。③根据畸变点性质对断层或裂隙发育带的含水性进行评价，实测曲线上出现高阻异常，说明断层或裂隙发育带不含水；若断层或裂隙发育带含水，则在实测曲线上表现为低阻异常。④根据畸变点位置确定断层或裂隙发育带的位置，经验表明，断层或裂隙发育带位于一个半径为 r_a、张角不大于 60° 的扇形区内（r_a 为层测深理论视电阻和实测视电阻值相差 10 % 的极距点对应的偶极距）。

一个测点的层测深曲线仅能了解煤层中该测点附近的一个扇形区域内的构造扰动情况，要了解整个采煤工作面内的断层分布情况，则需在一个巷道中布置若干个测点，可绘制视电阻或视电阻率平面图，即把不同极距的 R_s 或 ρ_s 值标在偶极距中垂线上距观测巷道 r 点处，然后构制等值线，即可获得一张反映构造扰动的 R_s 或 ρ_s 等值线平面图。如果以实测的 R_s 或 ρ_s 值与理论计算的 R_s 或 ρ_s 值间的偏差为参数，依照上述方法可构制出视电阻或视电阻率偏差图，根据偏差大小，便可定性和半定量地推断出采煤工作面内的构造扰动情况。

值得注意的是，层测深法的应用受巷道的技术条件（如巷道的支护类型，电极的接地条件等）和煤层与围岩电阻率间相互关系的制约。当巷道采用金属支护或煤层与围岩电阻率差异不大时，层测深法的应用效果会大大降低。

3. 直流电法超前探测

直流电法超前探测技术用于掘进巷道迎头的超前探测工作，具有高效、简便、测距大、对水敏感、适应性强等特点，在超前探测含水断层、判断破碎带的存在及其是否富水等方面应用效果较好。

矿井直流电法超前探多采用单极–偶极装置。在全空间介质中利用单点电源 A 供电（另一供电极 B 置于相对无穷远处），用 M、N 电极测量。超前探与电测深工作方式不同，它是将 A 极固定在巷道迎头，向后逐点移动 MN 电极，测量电位差 ΔU_{MN}，并以测量电极 MN 的中点为记录点，绘制沿巷道的视电阻率剖面曲线。

在全空间均匀介质中，点电源 A 形成的电势等位面为球面，测量电极 MN 所测电位差

ΔU_{MN}是通过M、N两点等位面值之差，此时沿巷道移动MN测量计算的视电阻率曲线将是一条直线。若电流分布范围内存在电性异常体（如含水地质异常等），不论异常体在巷道迎头前方还是其他方位，都会引起等位面的变化，视电阻率值也会发生变化。

　　由于全空间视电阻率影响因素较多，只用一个供电点的剖面曲线很难判定异常体的空间位置，所以实际工作中常常采用三点三极装置形式，如图 3.15 所示。在迎头前方布置A_1、A_2、A_3三个供电电极，另一供电电极B布置在无穷远处，测量电极MN在巷道内按箭头所示方向以一定间隔移动。通过三组视电阻率曲线对比，可以校正、消除表层电性不均匀体的干扰，判断异常体的空间位置。

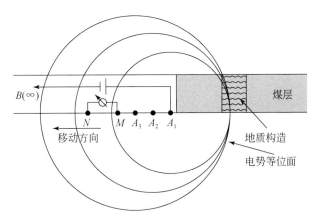

图 3.15　三点三极超前探装置示意图

　　受井下空间的限制，三极直流超前探施工只能在已有巷道中进行，因而测点布置除根据地质任务和勘探详细程度的要求外，还要考虑巷道的长度及通行情况。

　　A_1、A_2、A_3供电点间距一般在 2~10m，最大电极距AO应根据地质任务和巷道长度确定，一般小于 100m。MN的大小要考虑信噪比及探测精度的影响，其移动间隔应尽可能小，通常为 2~6m。相对无穷远极B的距离$BO_{min} \geqslant 5AO_{max}$。

　　测量方法是每移动一次测量电极MN，分别测量由A_1MN、A_2MN、A_3MN装置所对应的视电阻率ρ_{s1}、ρ_{s2}、ρ_{s3}值，然后向后移动MN（扩大电极距），重复测量三个供电点的视电阻率值，由此可以测得三条视电阻率值曲线。

　　井下三极装置观测的视电阻率值是勘探体积范围岩石、构造等各种地质信息的综合反映。特别是MN电极附近电性不均匀影响最大，往往使得剖面曲线出现大的起伏或锯齿状跳跃，需要通过三点的视电阻率剖面曲线对比，进行校正。

　　资料解释的方法和步骤如下。

　　（1）首先进行测区岩石电性参数测试，了解测区正常岩石电性特征和已知的异常地质体的电性特征。

　　（2）给定相应的地电模型及其参数，分别计算正常场和异常场理论曲线。

　　（3）实测曲线与理论曲线比较，确定异常点位置及异常类型。

　　（4）利用几何作图法确定异常体的具体位置。分别以实际供电点A_1、A_2、A_3为圆心，以该供电点所测异常极小点坐标为半径画圆，若三圆弧相切点在正前方，则切点即为异常体界面位置；若三圆不相切，并且曲线异常形态类似，则异常体界面与巷道平行或斜交，其公切线即为异常体界面位置。

目前，直流超前探技术探测结果的可靠性和精度还有待提高，特别是在如何克服巷道表层电性不均匀体、人文设施干扰的方法等方面还需进一步深入研究完善。

4. 直流电透视法

矿井直流电透视法的原理与矿井无线电波透视法（坑透法）类似，它把供电电极 A（或 AB）和测量电极 MN 分别布置在采煤工作面两相邻巷道中，采用直流供电，通过测量 MN 间的电位差 ΔU_{MN}，研究两巷道间工作面内及围岩中的电场分布规律，用于探测工作面内部及其顶底板岩层内的含水、导水构造异常。

矿井直流电透视可根据不同的勘探区域采用相应的装置形式，主要包括平行单极-偶极、垂直单极-偶极、平行偶极-偶极1、平行偶极-偶极2、垂直偶极-偶极1、垂直偶极-偶极2，如图3.16所示。由稳恒电流场特征可知，垂直单极-偶极、平行偶极-偶极1、垂直偶极-偶极2三种装置布极方式的幅值较小，且存在零点，不利于实际观测；平行单极-偶极、平行偶极-偶极2、垂直偶极-偶极1三种装置电极排列形式的电位差响应特征较为明显，特别是在供电点对应方向幅值较大，有利于仪器测量、精度高，是较常用的排列方式。

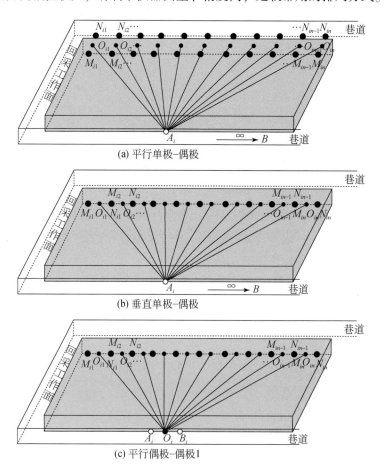

(a) 平行单极-偶极

(b) 垂直单极-偶极

(c) 平行偶极-偶极1

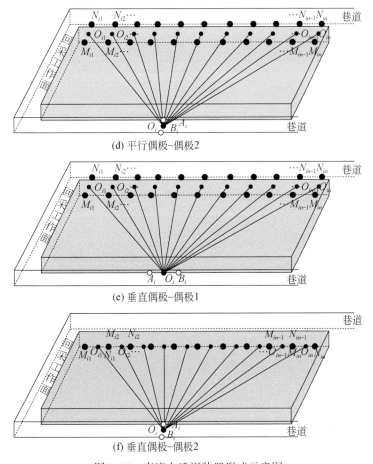

(d) 平行偶极–偶极2

(e) 垂直偶极–偶极1

(f) 垂直偶极–偶极2

图 3.16　直流电透视装置形式示意图

目前，矿井直流电透视主要用于探查工作面顶、底板隐伏地质构造。考虑巷道施工空间、煤系地层地电特征和稳恒电流场空间分布特征，多采用平行单极–偶极装置形式。由于高阻煤层对电流的屏蔽性，供电电流大部分流向工作面底板以下，底板中的电势等电位面近似垂直于煤层，如图 3.17 所示。这样由测量电极所测得的电位差主要包含来自煤层底板下的地质构造信息，所测结果可以用来分析解释工作面底板下的隐伏构造。

直流电透视法工作方法与矿井无线电透视相同，测量工作在采煤工作面的两顺槽间进行，一般每 10m 一个测量点（MN），每 50m 一个供电点（A 或 AB）。如果采场较短，如小于 80m，应加密到每 5m 一个测量点，每 20～30m 一个供电点。具体测量方法如下：对每个供电点供电时，对应在另一顺槽的扇形对称区域内布置 15～20 个观测点进行测量；当本巷道内所有供电点测量完毕后，测量与供电在两巷道对调，重复观测所有供电点，以确保采面内各单元有两次以上的覆盖。

直流电透视法数据处理解释主要采用曲线对比法、地电 CT 成像法和三维电阻率反演方法。

曲线对比法是直流电透视资料解释中最常用的基本方法，首先利用电测资料确定煤层

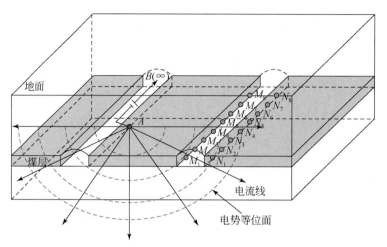

图 3.17 平行单极–偶极装置电极布置及电场分布示意图

及围岩电性参数（电阻率）；其次，正演模拟计算理论地质模型的理论电透视曲线（电位曲线或视电阻率曲线），也可利用同一巷道不同测点的实测电透视曲线，通过相关分析法确定地电模型的理论电透视曲线；最后，将实测曲线和理论曲线进行对比，根据二者的吻合程度及实测曲线上的异常畸变点，可定性圈定煤层及其顶底板内是否存在断层、含水、导水构造等。依据畸变点的性质和位置，结合已知地质资料，可综合分析判断顶底板断层或岩溶裂隙发育带的含水性及其位置。但数值模拟和物理实验结果表明，曲线对比法只能确定异常体水平位置，不能判定异常体埋深及电性。图 3.18 为平行单极–偶极直流电透视视电阻率曲线图，由图可知，视电阻率异常幅值与异常体埋深不是简单的线性关系，在一定深度下，异常达到饱和值；并且视电阻率异常响应不能准确反映异常体实际电性特征。

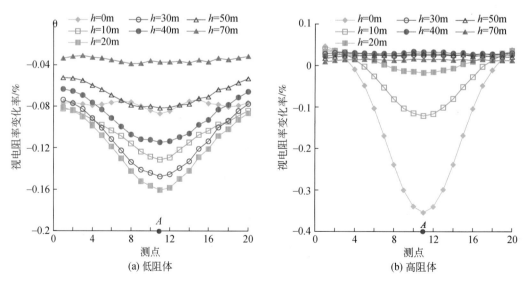

图 3.18 平行单极–偶极直流电透视视电阻率曲线图

地电 CT 成像法可将异常体的位置、性质、影响范围比较直观地表现在工作面平面图上。地电成像法与地震射线层析成像在原理上有很大的差别：该方法不像地震射线层析成像法那样有走时和速度沿射线路径积分的简单关系。在稳定电流场中，电位满足泊松方程，电流线总是趋向于从电阻率低的地方通过，电流强度沿电流线的积分（电位）与路径无关。因此，电阻率成像要通过数学物理方程反演来达到地电成像的目的。

一般借助于测量的电位差来确定电阻率的变化，而电阻率的变化取决于地层的非均匀性。为了描述这种非均匀性，引入局部电阻率 $\rho_s(x, y, z)$，即将所测范围划分成若干个地电单元体，设偏差 $e(x, y, z)$ 定义为

$$e(x, y, z) = (\rho_s - \rho_s^0) / \rho_s^0 \tag{3.16}$$

式中，ρ_s 为实测视电阻率；ρ_s^0 为理论地电模型正演计算的视电阻率值。

利用视电阻率在不同单元体的偏差 $e(x, y, z)$，将此非均匀性按一定规则用平面图表现出来，就是地电成像结果。依据异常带的性质可确定断层或裂隙发育带的含水性及其位置。

矿井直流电透视法在工作面相邻巷道中采用一点供电多点测量的数据采集方式，且各测量点与供电点不在同一条直线上，属于三维电法勘探。因此，可采用三维电阻率反演方法进行数据处理解释。图 3.19 为平行单极–偶极装置三维电阻率反演结果，由图可知，三维电阻率反演方法可准确圈定异常体空间位置，判定异常体电性特征。

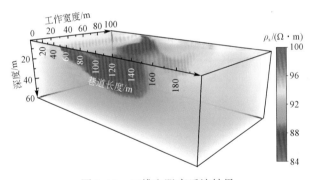

图 3.19　三维电阻率反演结果

三维反演解释能更准确地反映异常体的空间分布形态和位置，是今后的发展方向。为得到好的反演结果，观测数据越多越好，因此在观测方式上可灵活运用，不限于图 3.16 所示的几种方式。

参 考 文 献

白登海，于晟．1995．电阻率层析成像理论和方法．地球物理学进展，10（1）：56-75.

程久龙，王玉和，于师建．2000．巷道掘进中电阻率法超前探测原理与应用．煤田地质与勘探，28（4）：60-62

程志平．2007．电法勘探教程．北京：冶金工业出版社.

傅良魁．1983．电法勘探教程．北京：地质出版社.

郭纯．2005．直流电法探测技术在煤矿防治水方面应用的研究．河南理工大学学报，（6）：439-442.

韩德品, 李丹, 程久龙, 等. 2010. 超前探测灾害性含导水地质构造的直流电法. 煤炭学报, 4: 635-639.

何继善, 柳建新. 2004. 隧道超前探测方法技术与应用研究. 工程地球物理学报, 1 (4): 293-298.

胡雄武, 张平松. 2010. 矿井多极供电电阻率法超前探测技术研究. 地球物理学进展, 25 (5): 1709-1715.

黄俊革, 鲍光淑, 阮百尧. 2005. 坑道直流电阻率测深异常研究. 地球物理学报, 8 (1): 222-228.

黄俊革, 王家林, 阮百尧. 2006. 坑道直流电阻率法超前探测研究. 地球物理学报, 49 (5): 1529-1538.

李文军, 郭纯. 2006. 井下直流电法技术应用中的问题. 中州煤炭, (3): 63-65.

李志聘. 1991. 煤田电法勘探. 北京: 煤炭工业出版社.

刘金峰. 2005. 直流电三电源超前探测技术在邢台矿区的应用. 煤炭科学技术, 33 (11): 26-27.

刘青雯. 2001. 井下电法超前探测方法及其应用. 煤田地质与勘探, 29 (5): 60-62.

刘盛东, 刘士刚. 2007. 网络并行电法仪与稳态电法勘探方向. 中国科技成果, (24): 65-68.

刘盛东, 刘静, 岳建华. 2014. 中国矿井物探技术发展现状和关键问题. 煤炭学报, 1: 19-25.

刘树才, 刘志新, 姜志海, 等. 2004. 矿井直流电法三维正演计算的若干问题. 物探与化探, 28 (2): 171-180.

王齐仁. 2005. 灾害地质体超前探测技术研究现状与思考. 煤田地质与勘探, 33 (5): 65-68.

王松, 严家平, 刘盛东, 等. 2010. 直流电法超前探测系统与数据处理. 煤炭技术, 4: 131-134.

王志刚, 何展翔, 刘昱. 2006. 井地直流电法三维数值模拟及异常规律研究. 工程地球物理学报, 2: 87-92.

吴荣新. 2002. 高密度高分辨电阻率法成像技术研究. 安徽理工大学硕士学位论文.

武杰, 刘树才, 刘志新, 等. 2003. 应用三极断面测深技术探测井下含水构造. 中国煤田地质, 15 (3): 46-48.

徐义贤, 王槐仁. 2002. 电和电磁法探测油气的回顾与展望. 勘探地球物理进展, 25 (6): 18-22.

岳建华, 李志聘. 1993. 巷道空间对矿井电测曲线影响的模型实验研究. 煤田地质与勘探, 21 (2): 56-59.

岳建华, 李志聘. 1999. 矿井直流电法勘探中的巷道影响. 煤炭学报, 24 (1): 7-10.

岳建华, 刘树才. 2000. 矿井直流电法勘探. 徐州: 中国矿业大学出版社.

张胜业, 潘玉玲. 2004. 应用地球物理学原理. 武汉: 中国地质大学出版社.

张天伦, 张自林, 聂荔. 2000. A对称复合四极剖面法的实验与研究. 石油地球物理勘探, 35 (6): 730-740.

Azad J. 1997. Mapping stratigraphic traps with electrical transients. Bulletin of Canadian Petroleum Geology, (5): 995-1036.

Dobroka M, Gyulai A, Csokas J, et al. 1991. Joint inversion of seismic and geoelectric data record in an underground coal mine. Geo-physical Prospecting, 39 (5): 643-665.

Eadie T. 1981. Detection of hydrocarbon accumulations by surface electrical methods: a feasibility study. Research in applied geophysics 15, University of Toronto.

Hertrich M. 2005. Magnetic Resonance Sounding with separated transmitter and receiver loops for the investigation of 2D water content distributions. Berlin: School of Civil Engineering and Applied Geosciences, Technical University.

Lienert B R. 1979. Crustal electrical conductivities along the eastern flank of the Sierra Nevadas. Geophysics, 44 (11): 1830-1845.

Raiche A P, Gallagher R G. 1985. Apparent resistivity and diffusion velocity. Geophysics, 50 (10): 1628-1633.

Rijo L. 1977. Modeling of electric and electromagnetic data. Utah: University of Utah.

Rocroi J P, Gole F. 1983. Method of geophysical prospection using transient currents. U. S. Patent: 4417210.

Sasaki Y. 1992. Resolution of resistivity tomography inferred from numerical simulation. Geophysical Prospecting, 40: 453-463.

Shima H. 1992. 2D and 3D resistivity image reconstruction using cross hole data. Geophysics, 57 (10): 1270-1281.

Sternberg B K. 1979. Electrical resistivity structure of the crust in the southern extension of the Canadian Shield - Layered Earth Models. Journal of Geophysical Research Solid Earth, 84 (B1): 212-228.

第4章 煤炭电磁法勘探

4.1 地面电磁频率测深法

20世纪60年代初，在苏联出现了第一代频率测深仪器和相应的野外工作方法，我国于1967年开始研究电磁频率测深方法。根据发射源性质的不同，可以分为电偶源频率电磁测深和磁偶源频率电磁测深两种方法。

偶极天线产生的电磁波实际上是向四面八方辐射的（图4.1），波的传播途径可分为天波、地面波和地层波。电磁波在空气中的波长为 c/f（c 为光速，f 为频率），地中的波长为 $[10^7/(f \cdot s_1)]^{1/2}$（式中 s_1 表示大地电导率）。可见电磁波在地下的波长远小于空气中的波长，这样一来，沿地表传播的地面波（用 S_0 表示）和直接在地中传播的地层波（用 S_1 表示）在某一时刻 t，由于波程差，就会在地面附近形成一个近于水平的波阵面，造成一个几乎是垂直向下传播的 S^* 波，即近似的水平极化平面波。S_0 波、S_1 波和 S^* 波在传播过程中均与地下地质体发生作用，并把作用结果反映到地面观测点。

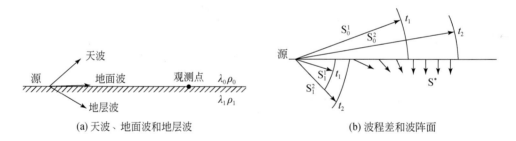

(a) 天波、地面波和地层波　　　　　　(b) 波程差和波阵面

图4.1　电磁波的传播途径

我国于1971年研制出第一台电磁频率测深仪器（PC-1型）（李毓茂，2012），该仪器设置30个频点，最高频率为3906.25Hz，最低频率为0.17Hz，属单通道、双频点系列仪器，该仪器分发射机、接收机两部分，发射机最大供电电流为10A，供电电源采用8kW 发电机组（图4.2）。1972~1973年煤炭部西安煤田地质勘探研究所率先在煤田系统进行电磁频测技术试验工作，研究的主要地质对像是高阻基底面的起伏，由于存在着 H 等价原理，确定高阻层底界面的埋深是准确的，且为唯一的。该方法曾经在煤田系统普查找煤发挥了独到的作用。它具有工作效率高、勘探深度大、分辨能力好、装置灵活，施工方便参数多，受地形影响小，穿透高阻层能力强等优点，1976~1982年国内专家对电磁频率测深方法技术的研究不断深入，煤炭部西安煤田地质勘探研究所和江西煤田普查队取得了实际勘探效果，形成电磁频率测深量板和电场单分量解释方法、电磁频率测深相位转换地形影响及校正等技术。

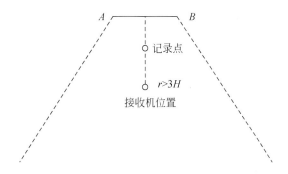

图4.2　电磁频率测深观测装置图

4.1.1　电偶源频率电磁测深

利用水平电偶极源和垂直磁偶极源在大地表面激发电磁场，在一定收发距离（等于 3～6 倍的目标体深度）情况下，采用一发一收的观测方式，通过改变频率达到测深的目的。一般采取赤道向观测方式，记录点在收发距离的中心。接收位置处于发射线的中心线上，每次布设发射极后，只测量一个点后就移动整个装置到相邻点进行测量。通过电场或者磁场单分量定义计算视电阻率值，探测深度一般小于 800m。

基于电磁波传播理论和麦克斯韦方程组，可以导出水平电偶极源在地面上的电场及磁场公式：

$$E_x = \frac{I \cdot AB \cdot \rho_1}{2\pi r^3} \cdot (3\cos^2\theta - 2) \tag{4.1}$$

$$E_y = \frac{3 \cdot I \cdot AB \cdot \rho_1}{4\pi r^3} \cdot \sin 2\theta \tag{4.2}$$

$$E_z = (i-1)\frac{I \cdot AB \cdot \rho_1}{2\pi r^2} \cdot \sqrt{\frac{\mu_0 \omega}{2\rho_1}} \cdot \cos\theta \tag{4.3}$$

$$H_x = -(1+i)\frac{3I \cdot AB}{4\pi r^3} \cdot \sqrt{\frac{2\rho_1}{\mu_0 \omega}} \cdot \cos\theta \cdot \sin\theta \tag{4.4}$$

$$H_y = (1+i)\frac{I \cdot AB}{4\pi r^3} \cdot \sqrt{\frac{2\rho_1}{\mu_0 \omega}} \cdot (3\cos^2\theta - 2) \tag{4.5}$$

$$H_z = i\frac{3I \cdot AB \cdot \rho_1}{2\pi \mu_0 \omega r^4} \cdot \sin\theta \tag{4.6}$$

式中，I 为供电电流强度；AB 为供电电偶极长度；r 为场源到接收点之间的距离。

将沿 x 方向的电场（E_x）与沿 y 方向的磁场（H_y）相比，并经过一些简单运算，就可获得地下的视电阻率（ρ_s）公式：

$$\rho_s = \frac{1}{5f}\frac{|E_x|^2}{|H_y|^2} \tag{4.7}$$

式中，f 为频率。由式（4.7）可见，只要在地面上能观测到两个正交的水平电磁场（E_x，H_y）就可获得地下的视电阻率 ρ_s，有人也称卡尼亚电阻率。

又根据电磁波的趋肤效应理论，导出了趋肤深度公式：

$$H \approx 356 \sqrt{\frac{\rho}{f}} \tag{4.8}$$

式中，H 为探测深度；ρ 为地表电阻率；f 为频率。

从式（4.8）可见，当地表电阻率固定时，电磁波的传播深度（或探测深度）与频率呈反比。高频时，探测深度浅，低频时，探测深度深。人们可以通过改变发射频率来改变探测深度，从而达到变频测深的目的。

可见，穿透深度与频率的平方根呈反比，与大地介质的电阻率的平方根呈正比。不难看出，当工作频率高时，探测深度小，随着工作频率的降低，探测深度也随着增大。当我们在一个宽频带上由高频向低频测量每个频点上的 E 和 H，由此计算出视电阻率和相位变化规律，据此确定该点上一定体积范围内地下介质的结构情况，这就是电磁测深的基本原理。

这种方法的主要特点如下：采用典型的赤道偶极式布置形式，由于集肤效应的结果，高频场所探测的深度小，低频场所探测的深度大。由发射偶极（AB 长度一般为 500～1000m）向地下供入多频率电流，在距离偶极源正中心一定的位置（收发距离一般大于3倍的目标深度）进行观测（一般观测电场分量，MN 长度一般为 100～200m），记录点为收发距的中心（陈明生和阎述，1998）。勘探深度相对较浅（一般小于800m），经过计算和研究可以推测地下地层结构和地质结构。

4.1.2　磁偶源频率电磁测深

磁偶源频率电磁测深是将可变频率的交流电源输出到不接地回线上，或接在多匝小型线框上，发射装置的一次交变磁场在地中感应出二次电场，从而又产生二次磁场。一次磁场和二次磁场叠加在一起形成总磁场。在远区，二次磁场占优势，与接地情况一样，远区场在大地表面具有不均匀平面波性质，且沿垂直方向向地下深处传播。近区场与直流电场的特点基本相似。

以下是磁矩为 m 的垂直磁偶极子在均匀半空间大地表面上的场强表达式：

$$E_\theta = \frac{m}{2\pi\sigma_1}\frac{1}{r^4}\left[e^{jk_1r}(3-3jk_1r-k_1^2r^2)-3 \right] \tag{4.9}$$

式中，E_θ 为电场水平分量；σ_1 为表层电导率；r 为磁偶源到场点的距离；j 为虚部；k_1 为波数。

$$H_z = -\frac{jm}{2\pi\omega\mu_0}\frac{1}{\sigma_1 r^5}\left[e^{jk_1r}(-9+9jk_1r+4k_1^2r^2-jk_1^3r^3)+9 \right] \tag{4.10}$$

$$H_r = \frac{j\omega\mu_0\sigma_1 m}{4\pi}\left[I_1\left(\frac{jk_1r}{2}\right)K_1\left(\frac{jk_1r}{2}\right) - I_2\left(\frac{jk_1r}{2}\right)K_2\left(\frac{jk_1r}{2}\right) \right] \tag{4.11}$$

式中，H_z 为垂直磁场分量；H_r 为水平磁场分量；ω 为圆频率；μ_0 为磁导率；I_1、I_2、K_1、

K_2 为特殊函数。

在远区（$|k_1r| \gg 1$），三个分量的表达式为

$$E_\theta = -\frac{3m}{2\pi\sigma_1} \times \frac{1}{r^4} \tag{4.12}$$

$$H_r = (1+\mathrm{j})\frac{3m}{2\pi\sqrt{2\omega\mu_0\sigma_1}} \times \frac{1}{r^4} \tag{4.13}$$

$$H_z = -\mathrm{j}\frac{9m}{2\pi\omega\mu_0\sigma_1} \times \frac{1}{r^5} \tag{4.14}$$

由式（4.9）~式（4.14）可分析出垂直磁偶极子远区场有下面的特点。

（1）水平分量 E_θ 和 H_r 以 $\dfrac{1}{r^4}$ 衰减，垂直分量 H_z 以 $\dfrac{1}{r^5}$ 衰减。这种衰减速度要比电偶极子场衰减快，因此，目前探测较深的地质构造均采用电偶极源。

（2）$\left|\dfrac{H_z}{H_r}\right| \approx \dfrac{2\delta_1}{r}$，说明在远区 $|H_z| \ll |H_r|$，这样地面电磁波基本垂直下传。因为假定 $\mu_1 = \mu_0$，所以在跨越地面时三个场分量都连续，电磁波仍基本上是垂直下传，与天然场类似。

在近区（$|k_1r| \ll 1$），式（4.12）~式（4.14）简化为

$$E_\theta = \frac{\mathrm{j}\omega\mu_0 m}{4\pi r^2} \tag{4.15}$$

$$H_r = -\frac{\mathrm{j}\omega\mu_0\sigma_1 m}{16\pi r} \tag{4.16}$$

$$H_z = -\frac{m}{4\pi} \times \frac{1}{r^3} \tag{4.17}$$

由式（4.15）~式（4.17）可知，E_θ、H_z 与地层无关，只有 H_r 与地层有关，就是强度太小。$\left|\dfrac{H_r}{H_z}\right| = \dfrac{1}{4}|k_1^2r^2| \ll 1$，说明近区地面磁场以垂直分量为主。例如，跨越地面，三个场分量是连续的，紧靠地面下侧，仍以垂直磁场为主，说明电磁波近似径向传播。

4.2　可控源音频大地电磁法

4.2.1　可控源音频大地电磁法简介

可控源音频大地电磁法（controlled source audio-frequency magnetotellurics，CSAMT）是在音频大地电磁法（AMT）的基础上发展起来的一种人工源频率域测深方法。我国自 20 世纪 80 年代开展 CSAMT 以来，先后在寻找深部隐伏金属矿体、油气构造勘查、地热和水文工程等方面都取得了较好的地质效果。CSAMT 的主要特点如下。

（1）使用可控制的人工场源，信号强度比天然场要大得多，因此抗干扰能力强。

（2）测量参数为电场与磁场之比，得出的是卡尼亚电阻率。由于是比值测量，可减少外来的随机干扰，并减少地形的影响。

（3）基于电磁波的趋肤深度原理，利用改变频率进行不同深度的电测深，大大提高了工作效率，减轻了劳动强度。一次发射，可同时完成七个物理点的电磁测深。

（4）勘探深度范围大，一般可达 1～2km。

（5）横向分辨率高，可灵敏地发现断层。

（6）由于是观测交变电磁场，高阻屏蔽作用小，可穿透高阻层。

4.2.2　基本原理

可控源音频大地电磁测深是以有限长接地导线为场源，在距场源中心一定距离处同时观测电、磁场参数的一种电磁测深方法。接地导线 AB 长度一般为 1～4km，向地下供入频率为 f 的交变电流，形成交变电磁场。一般在 AB 一侧或两侧 60° 张角的扇形区域内，平行 AB 布置测线。目前大多采用赤道偶极装置进行标量测量，同时观测与场源平行的电场水平分量 E_x 和与场源正交的磁场分量 H_y（野外工作布置如图 4.3 所示）。

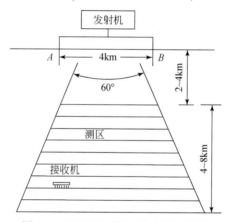

图 4.3　CSAMT 野外工作布置示意图

4.2.3　数据处理

数据处理的目的是消除 CSAMT 数据中的各种噪声的影响，如仪器噪声、天然电磁噪声、人文噪声和地质噪声（静态位移、地形影响），以及非平面波引起的过渡区畸变影响等，从各种叠加场中分离或突出地质目标体的场信息，并使其信息形式或趋势得到增强，以便更易于识别和定量解释。

根据地质目标体的模型特点和任务要求，在一个测区内往往要进行不同的数据处理，具体什么处理方法有效应该通过试验选择，应选择更加符合测区的地质条件或先验模型的特点、更有利解决测区问题的最佳方法。一般的处理方法包括数据编辑、静态校正、地形校正及过渡区校正等。

1. 数据编辑

数据编辑是消除仪器噪声、风噪声、天然电磁噪声和人文噪声引起的明显畸变。可根据野外观测工作原始记录的信息、视电阻率曲线趋势特征、误差统计表或分布曲线，对受干扰大、噪声强的数据做合理的编辑（剔除或圆滑）处理。曲线出现严重畸变，经过处理后，仍不能使用的物理点应报废。

2. 静态校正

静态校正主要用于消除近地表局部导电性不均匀体引起的静态位移。第一需要识别数据中是否含有静态位移，可依据地质构造和地形起伏情况参考阻抗相位资料等进行判断；第二是若含有静态位移应注意与异常响应区分；第三是结合测区已知资料选择合适的方法对数据进行谨慎地静校正，如相位数据转换法、磁场数据转换法、空间滤波法、小波多尺度分析法等。

3. 地形校正

地形校正是用于消除由地形起伏引起的卡尼亚电阻率和阻抗相位曲线的畸变。在地形影响严重的地区，应采用合适的方法做地形校正，如比值法，或者选取带起伏地形反演的二维软件、三维软件进行反演直接消除地形影响。

4. 过渡区校正

过渡区校正主要用于消除卡尼亚电阻率在过渡区由于非平面波效应产生的畸变。可根据解释工作需要，选用有效方法校正。可利用全区视电阻率近场校正方法、分段逼近全频率域视电阻率的近场校正方法等对过渡区数据进行校正，从而提取出过渡区数据中"隐藏"的有用频率测深信息，使其得到有效利用。

为判别多重资料处理过程的真实可靠性，应检查处理过程正确与否，并将处理结果与原始资料进行比较，还应对多重处理引进的误差进行评估。正确可靠的处理结果应是去伪存真，确保原始数据中的固有真实信息或趋势不但没有丢失，而是得到保留或增强。

4.3　矿井音频电透视法

4.3.1　基本原理

矿井音频电透视技术是基于地下各种岩石之间存在电性差异，影响人工电场的分布形态，利用仪器在井下观测人工场源的分布规律来解决水文地质问题的技术方法。由于低阻体对电流的"吸收"作用，在巷道对应接收的位置将会产生电流密度降低，视电导率随之增加的现象。该方法以点电源全空间电场分布理论为基础，根据探测获得的数据，以计算出工作面内顶底板一定深度范围段的视电导率值为参数进行成图、分析与解释的一种物探方法。

矿井音频电透视法就是在井下观测人工场源的分布规律来达到解决地质问题的目的。相对于固体介质，矿井水是一种低阻高导介质。在岩层中裂隙发育而形成储水空间情况下，该部位就显示为低阻特点。将含水构造模拟为局部低阻良导异常体，通过点电源产生的电场分布来探查该异常体的体积及含水情况。与围岩相比，含水构造异常部位显示高电导率特征。一般涌水量大小与视电导率值的异常变化幅度正相关。在地层垂向结构相同、横向相对均一的情况下，视电导率值越高、异常幅度越大，说明地层含水性越强。

4.3.2　矿井音频电透视探测方法

1. 矿井音频电透视法施工方法

井下音频电透视施工仪器采用 YT120（A）型音频电法透视仪，使用单极（供电）偶极（接收）装置工作，即在一侧巷道按照等距布置电极（供电电极 A）供电，另一个发射电极（供电电极 B）布置在相对无穷远处，在工作面另一侧巷道对应于某个供电点，采用一对电极（接收电极 M、N）沿巷道接收。采用该装置施工时，其连线垂直巷道走向。工作装置如图 4.4 所示。

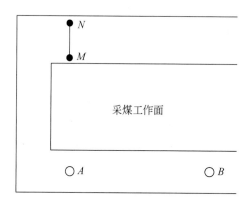

图 4.4　音频电透视工作装置

音频电透视是在一条巷道内某点发射，在另一条巷道对应点一定范围内接收，在平面上构成一个扇形区（图 4.5）。空间上则构成一个长方形条带，对所有供电点重复测量。测网密度要求供电点极距 50m、接收点极距 10m。与每个发射点对应的另一巷道扇形对称区间进行观测，确保测区内各单元有 3 次以上发射–接收射线覆盖。然后交换供电与接收的巷道。这样可以压制探测区域外侧的干扰，突出工作面内异常的影响，提高解释成果的准确性。

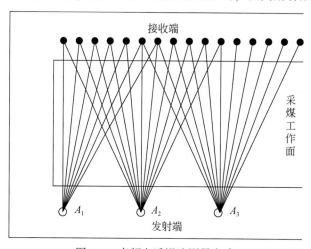

图 4.5　音频电透视法测量方式

2. 矿井音频电透视法技术特点

（1）工作面采用矿井音频电透视探测施工，主要探查两巷道间水文异常地质体的空间位置、分布形态及含水性相对强弱等。

（2）音频电透视采用低频波建立人工电场、对应频率接收。其发挥了两大技术特点：一是设定频率建场与接收，排除了其他频率信号干扰，具有较强的抗电流干扰的能力；二是在以煤层作为相对高阻层位条件下，可定向建立电场，能区分工作面顶板、底板内的异常。

（3）在相似地质条件下，处理计算得到的视电导率值具有可比性，为进一步分析提供依据。

4.3.3　资料解释方法

1. 曲线对比法

曲线对比法是直流电透视资料解释中最常用的基本方法，首先利用电测资料确定煤层及围岩电性参数（电阻率）；其次，正演模拟计算理论地质模型的理论电透视曲线（电位曲线或视电阻率曲线），也可利用同一巷道不同测点的实测电透视曲线，通过相关分析法确定地电模型的理论电透视曲线；最后，将实测曲线和理论曲线对比，根据二者的吻合程度及实测曲线上的异常畸变点，可定性圈定煤层及其顶底板内是否存在断层、含水、导水构造等。依据畸变点的性质和位置，结合已知地质资料，可综合分析判断顶底板断层或岩溶裂隙发育带的含水性及其位置。

2. 地电成像法

地电成像法可将异常体的位置、性质、影响范围比较直观地表现在工作面平面图上。地电成像法与地震射线层析成像在原理上有很大的差别：该方法不像地震射线层析成像法那样有走时和速度沿射线路径积分的简单关系。在稳定电流场中，电位满足泊松方程，电流线总是趋向于电阻率低的地方通过，电流强度沿电流线的积分（电位）与路径无关。因此，电阻率成像要通过数学物理方程反演来达到地电成像的目的。

一般借助于电位的测量来确定电阻率的变化，而电阻率的变化取决于地层的非均匀性。为了描述这种非均匀性，引入局部电阻率 $\rho_s = (x, y, z)$，即将所测范围划分成若干个地电单元体，设偏差 $e(x, y, z)$ 定义为

$$e(x, y, z) = (\rho_s - \rho_s^0)/\rho_s^0 \tag{4.18}$$

式中，ρ_s 为实测视电阻率；ρ_s^0 为理论地电模型正演计算的视电阻率值。

利用视电阻率在不同单元体的偏差，将此非均匀性按一定规则用平面图表现出来，就是地电成像结果。依据异常带的性质可确定断层或裂隙发育带的含水性及其位置。

矿井音频电透视法是探测煤层顶板岩层一定范围内富水性强弱的有效物探方法之一，操作简便、效率高、效果好。矿井音频电透视法的应用，可提高地测部门的预测预报能力，使工作面的防排水系统具有针对性，避免因溶洞水可能造成的突水事故，可确保工作面正常回采。

矿井音频电透视法对于采煤工作面内部的导水构造及含水层的富水性探测，具有良好的地质效果，为采煤工作面注浆改造及防治水工作提供了可靠依据，同时它也是检查注浆改造效果的有效手段，可广泛应用于受水害威胁的富水矿区。

4.4　地面回线源瞬变电磁法

4.4.1　瞬变电磁法基本原理

瞬变电磁法也称作时间域电磁法，是一种建立在电磁感应原理基础之上的时间域人工源电磁探测方法。美国地球物理学家 Nabighian 和 Macnae（1991）对发射电流关断后不同时刻地下均匀半空间中感应电流场的分布进行了研究。研究结果表明，感应电流呈环带分布，涡流场极大值首先位于紧挨发射回线的地表下，随着时间推移，该极大值向下、向外移动，强度逐渐减弱。基于此提出了等效电流环的概念，并把等效电流环在地下半空间的传播过程形象地称为"烟圈效应"，如图 4.6 所示。

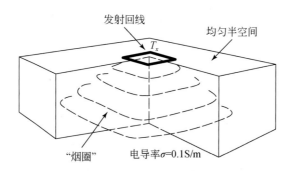

图 4.6　"烟圈效应"示意图

"烟圈"的半径 r、深度 d 的表达式分别为

$$r=\sqrt{8c_2 \cdot t/\left(\sigma\mu_0\right)+a^2} \tag{4.19}$$

$$d=4\sqrt{t/\pi\sigma\mu_0} \tag{4.20}$$

$$c_2=\frac{8}{\pi}-2=0.546479 \tag{4.21}$$

式中，a 为发射线圈半径，当发射线圈半径相对于"烟圈"半径很小时。可得

$$\tan\theta=\frac{d}{r}\approx1.07,\quad \theta\approx47°,\quad v=\frac{\partial d}{\partial t}=\frac{2}{\sqrt{\pi\sigma\mu_0 t}} \tag{4.22}$$

瞬变电磁中心装置视电阻率：

$$\rho_{\tau M晚}=\frac{\mu_0}{4\pi t}\left(\frac{2\mu_0 Mq}{5tV_z}\right)^{2/3} \tag{4.23}$$

中心回线装置视电阻率：

$$\rho_\tau=6.32\times10^{-4}L^{4/3}q^{2/3}\left[V(t)/I\right]^{-2/3}t^{-5/3} \tag{4.24}$$

4.4.2　地面回线源瞬变电磁法的主要装置形式

地面回线源瞬变电磁法是在地面布设一回线，并给发送回线上供一个电流脉冲方波，在方波后沿下降的瞬间，产生一个向地下传播的一次磁场，在一次磁场的激励下，地质体将产生涡流，其大小取决于地质体的导电程度，在一次场消失后，该涡流不会立即消失，它将有一个过渡（衰减）过程。该过渡过程又产生一个衰减的二次磁场向地表传播，由地面的接收回线接收二次磁场，该二次磁场的变化将反映地下地质体的电性分布情况。如按不同的延迟时间测量二次感应电动势 $V(t)$，就得到了二次磁场随时间衰减的特性曲线。如果地下没有良导体存在时，将观测到快速衰减的过渡过程；当存在良导体时，由于电源切断的一瞬间，在导体内部将产生涡流以维持一次场的切断，所观测到的过渡过程衰变速度将变慢，从而发现地下导体的存在。

1. 重叠回线装置

重叠回线装置是发送回线（T_x）与接收回线（R_x）相重合敷设的装置（图4.7）。瞬变电磁法的供电和测量在时间上是互相分开的，因此 T_x 与 R_x 可以共用一个回线，称为共圈回线。重叠回线装置是频率域方法无法实现的装置，它与地质探测对象有最佳耦合，重叠回线装置响应曲线形态简单，时间特性不发生变号现象，具有较高的接收电平、较好的穿透深度及异常便于分析解释的特点。由于重叠回线装置接收与发射线圈完全共面。不会造成由于地形不平，接收线圈中混杂水平分量的影响。因此，该装置适合于在山区工作。

2. 中心回线装置

中心回线装置是使用小型多匝接收线圈 R_x（或探头）放置于边长为 L 的发送回线中心观测的装置（图4.8）常用于探测 500m 以内的测深工作。中心回线装置与重叠回线装置同属于同点装置。因此，它具有和重叠回线装置相似的特点。

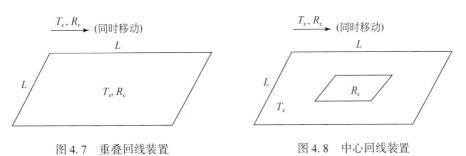

图 4.7　重叠回线装置　　　　　　　　图 4.8　中心回线装置

3. 偶极装置

偶极装置是布置发送线圈和接收线圈，并且发送线圈 T_x 与接收线圈 R_x 要求保持固定的距离 r，沿测线逐点移动观测 dB/dt 的值（图4.9）。偶极装置具有轻便、灵活的特点。它可以采用不同位置和方向去激发导体及观测多个分量，对矿体有较好的分辨能力。但是，偶极装置是动源装置，发送磁矩不可能做得很大，因此探测深度受到限制。另外，偶极装置所观测到的 $B_x(t)$ 及 $dB_x(t)/dt$ 时间特性曲线复杂，发生变号现象，给解释带来一定困难。

4. 大定回线装置

大定回线装置的发送回线采用边长较大的矩形回线，接收线圈 R_x 采用小型线圈（或探头）。沿垂直于 T_x 长边的测线逐点观测磁场分量（图 4.10）。由于该装置采用几百米边长的发送回线，且发送源固定，因此可加大电源功率，一般供电电流均可达 20A 以上。这种场源具有发射磁矩大，场均匀及随距离衰减慢等特点，适合于深部找矿。这种装置对铺设回线的要求不那么严格，一旦铺好回线后，不仅可采用多台接收机同时工作，而且可以把接收线圈排成阵列，发展成阵列式接收的观测系统。因此工作效率高、成本低。

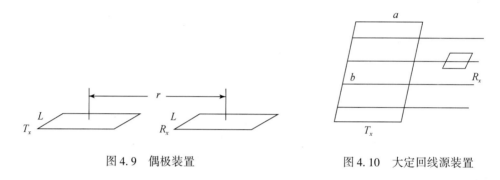

图 4.9　偶极装置　　　　　　　　　　图 4.10　大定回线源装置

4.4.3　探测深度

瞬变电磁场在大地中主要以扩散形式传播，在这一过程中，电磁能量直接在导电介质中由于传播而消耗，由于趋肤效应，高频部分主要集中在地表附近，且其分布范围是源下面的局部，较低频部分传播到深处，且分布范围逐渐扩大。

传播深度：

$$d = \frac{4}{\sqrt{\pi}}\sqrt{t/\sigma\mu_0} \tag{4.25}$$

式中，σ 为地下均匀空间电导率。

传播速度：

$$v_z = \frac{\partial d}{\partial t} = \frac{2}{\sqrt{\pi\sigma\mu_0 t}} \tag{4.26}$$

$$v_z = \frac{\partial d}{\partial t} = \frac{2}{\sqrt{\pi\sigma\mu_0 t}} \tag{4.27}$$

式中，t 为传播时间；σ 为介质电导率；μ_0 为真空中的磁导率。

瞬变电磁法的探测深度与发送磁矩、覆盖层电阻率及最小可分辨电压有关。

由式（4.27）得：

$$t = 2\pi \times 10^{-7} h^2/\rho \tag{4.28}$$

式中，h 为探测深度；ρ 为地下介质电阻率。

时间与表层电阻率、发送磁矩之间的关系为

$$t = \mu_0 \left[\frac{\left(\frac{M}{\eta} \right)^2}{400 \, (\pi \rho_1)^3} \right]^{\frac{1}{5}} \tag{4.29}$$

式中，M 为发送磁矩；ρ_1 为表层电阻率；η 为最小可分辨电压，它的大小与目标层几何参数和物理参数及观测时间段有关。

联立式（4.28）和式（4.29），可得

$$h = 0.55 \left(\frac{M \rho_1}{\eta} \right)^{\frac{1}{5}} \tag{4.30}$$

式中，h 为野外工程中常用来计算得到的最大探测深度。

采用晚期公式计算视电阻率（ρ_τ）：

$$\rho_\tau(t) = \frac{\mu_0}{4\pi t} \left(\frac{2\mu_0 M q}{5 t V(t)} \right)^{\frac{2}{3}} \tag{4.31}$$

式中，M 为发送磁矩；q 为接收偶极矩；$V(t)$ 为观测的感应电压值。

$$\frac{\mathrm{d}B_z(t)}{\mathrm{d}t} = \frac{\frac{V}{I} \cdot 10^3}{S_R N} \tag{4.32}$$

式中，S_R 为接收线圈面积；N 为接收线圈匝数；V/I 为所观测的电流归一化感应电压。

视探测深度（h_τ）为

$$h_\tau = \left[\frac{3 M q}{16 \pi V(t) S_\tau} \right]^{\frac{1}{4}} - \frac{t}{\mu_0 S_\tau} \tag{4.33}$$

式中，

$$S_\tau = \frac{16 \pi^{\frac{1}{3}} \left[V(t) \right]^{\frac{5}{3}}}{(3 M q)^{\frac{1}{3}} \mu_0^{\frac{4}{3}} \left[V(t) \right]^{\frac{4}{3}}} \tag{4.34}$$

4.4.4　瞬变电磁测深资料解释

瞬变电磁资料解释就是根据勘探区域的地球物理特征、TEM 响应的时间特性和空间分布特征来确定地质构造的空间分布特点。例如，覆盖层厚度变化、垂向岩性分层和岩层的横向变化情况，断裂破碎带和其他局部地质构造目标的位置、形态、产状、规模、埋深等。瞬变电磁法勘探成果的资料解释应以理论及模拟图形为基础，以测区的物性差异为前提，结合地质及其他物化探方法和工作环境进行，对资料的定性分析和解释，是资料解释中最重要和最基本的部分，定量解释在定性解释的基础上进行。采区瞬变电磁测深资料的解释步骤如下。

（1）调查测区已有的地质物探资料，确定测区地层、目的层的地球物理特性。

（2）格式转换，即把原始数据从瞬变电磁仪中存储的数据格式经过专用程序处理，转化为计算全区视电阻率可用的特定数据格式，并剔除干扰畸变点。

（3）根据实测电位衰减时间响应曲线换算成视电阻率的时间曲线，由于采区水文勘探要求目的层较深，一般可采用晚期场定义的视电阻率公式计算，若考虑浅部目标，则应采

用全区视电阻率公式计算。

（4）对视电阻率进行反演解释（时深转换），将 $\rho_\tau(\tau)$ 曲线反演转化成 $\rho_\tau(h)$ 曲线。

（5）制作各种图件，如视电阻率断面图、视电阻率平面图等，并与地震勘探结果进行层位对比，根据电性断面与地震剖面的相关性，确定目标层在视电阻率断面图中的位置。

（6）为了尽可能消除地层起伏对视电阻率值的影响，根据地震勘探成果和 TEM 断面图绘制沿煤层或目标层的不等深度横向切片平面图。

（7）根据断面图和平面图划分不同层位的视电阻率异常区。

（8）结合其他水文地质资料，对各异常区进行富水性分析评价，得出地质结论。

4.5 小回线瞬变电磁法

瞬变电磁技术是一种常见的基于地表的地球物理方法，它提供了地下电阻率的信息。大回线、中心回线和重叠回线（Raiche and Gallagher，1985）TEM 广泛地应用于矿产勘查，工程和环境调查，以及其他地质研究（Singh et al.，2009；Beard，2011；Xue et al.，2012a，2012b）。

Spies（1980，1989）得出结论，影响探测深度的主要因素是采样时间而不是线圈尺寸。当在中国的山区工作时，很难布置足够大的发射回路进行传统的测量。1993 年以来，小规模、大电流发射回路系统中的设备和技术已被应用于山区深部勘探。在中国，运用这种系统进行了大量的实例分析，但只有很少一部分得到出版。在数值模拟的基础上，Guo 等（2010）和 Xue 等（2012c）提出了一种新的小回线装置。他们的系统采用 3m 发射线圈得出深达 30m 的隧道成像。Yan 等（2009）讨论了 5m 发射回线的 TEM 测深。

4.5.1 小回线和大回线 TEM 装置的响应

假设一个层状大地，圆形回线在地表的频率域响应可以表示如下（Spies，1980；Kaufman and Keller，1983；Nabighian and Macnae，1991）：

$$H_z(\omega) = I_0 a \int_0^\infty \frac{\lambda Z^{(1)}}{Z^{(1)} + Z_0} J_1(\lambda a) J_0(\lambda r) \mathrm{d}\lambda \tag{4.35}$$

或

$$\frac{\mathrm{d}B_z(\omega)}{\mathrm{d}t} = - \mathrm{i}\omega\mu_0 I_0 \int_0^\infty \frac{\lambda Z^{(1)}}{Z^{(1)} + Z_0} J_1(\lambda a) J_0(\lambda r) \mathrm{d}\lambda \tag{4.36}$$

式中，I_0 为圆形回线的发射电流；λ 为积分变量；Z_0 为表面阻抗；$Z^{(1)}$ 为地球的总阻抗；r 为环路中心到场点的距离；a 为圆环的半径；$J_1(\lambda a)$、$J_0(\lambda r)$ 为贝塞尔函数；i 为虚部。

大圆回线的时间域阶跃响应如下：

$$H_z(t) = \frac{2}{\pi} \int_0^\infty \mathrm{Im}\left[I_0 a \int_0^\infty \frac{\lambda Z^{(1)}}{Z^{(1)} + Z_0} J_1(\lambda a) J_0(\lambda r) \mathrm{d}\lambda \right] \frac{\cos\omega t}{\omega} \mathrm{d}\omega \tag{4.37}$$

或

$$\frac{dB(t)}{dt} = \frac{2}{\pi} \int_0^\infty \mathrm{Re} \left[I_0 a \int_0^\infty \frac{\lambda Z^{(1)}}{Z^{(1)} + Z_0} J_1(\lambda a) J_0(\lambda r) d\lambda \right] \cos\omega t d\omega \qquad (4.38)$$

式中，t 为时间；Im 为虚部；Re 为实部。根据式（4.38）分别计算三个圆回线的响应，半径分别为 $a = 200\mathrm{m}$，$100\mathrm{m}$ 和 $50\mathrm{m}$（模拟大回线）。模型参数包括 $\rho_1 = 10\Omega \cdot \mathrm{m}$，$\rho_2 = 20$ $\Omega \cdot \mathrm{m}$，$h_1 = 100\mathrm{m}$。为了模拟小回线，响应计算按 $a = 10\mathrm{m}$ 和 $3\mathrm{m}$。所有的回线都用相同的磁矩（面积和电流的乘积）为 $9000\mathrm{Am}^2$。计算结果如图 4.11 所示，其中，横坐标表示时间，纵坐标表示 H 响应值。相应的圆环半径和电流列于表 4.1。

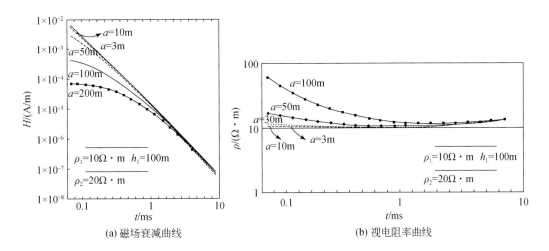

(a) 磁场衰减曲线　　　　　　　　(b) 视电阻率曲线

图 4.11　相同磁矩（$9000\mathrm{Am}^2$），不同圆环半径（$a = 200\mathrm{m}$，$100\mathrm{m}$，$50\mathrm{m}$，$10\mathrm{m}$ 和 $3\mathrm{m}$）下的模型响应

表 4.1　磁矩为 $9000\mathrm{Am}^2$ 的发射线圈参数

a/m	I/A
200	0.225
100	0.9
50	3.6
10	90
3	1000

　　图 4.11（a）显示了 5 条圆环半径分别为 $a = 200\mathrm{m}$，$100\mathrm{m}$，$50\mathrm{m}$，$10\mathrm{m}$ 和 $3\mathrm{m}$ 的磁场响应衰减曲线。图 4.11（b）显示了相应的 5 个圆环半径下的视电阻率曲线。结果表明：①在 2ms 时间延时内，小回线模型的磁场响应高于大回线模型，这意味着小回线更适合浅层勘探；②在晚期，5 种不同尺寸的圆环的响应是一致的，即从理论上讲，其具有相同的探测深度；③小线圈对浅层目标体更加敏感。

4.5.2 小回线和大回线发射线圈扩散深度的比较

Spies（1989）提出了估算 TEM 场的扩散深度 $D(t)$ 的公式：

$$D(t) = \sqrt{\frac{\rho \cdot t}{2\mu_0}} \tag{4.39}$$

式中，ρ 为大地电阻率；μ_0 为磁导率。

式（4.39）清楚地表明，TEM 的探测深度主要取决于测量时间和大地电阻率，而不是线圈尺寸（Spies，1989）。

为了验证这一发现，运用有限差分（FDTD）法建立了一个包含导电覆盖层和异常体的二维模型（Oristaglio and Hohmann，1984；Wang and Hohmann，1993）。在这一运算中，二维线圈的两边间距是 200m（模拟大回线）和 3m（小线圈），测量时间是 3ms，发射电流是 1A。这一模型的边界条件与 Oristaglio 和 Hohmann（1984）所做的研究中一样。低空边界的处理是基于近似准静态条件，远离异常体的底部边界和侧边界的处理是运用吸收边界条件。结果如图 4.12 所示，在相同的深度和时间下，大回线和小回线的场响应曲线在形状上是相同的，即假设信噪比是合适的，并且接收器具有足够的分辨率接收微弱的信号。如果大的发射电流可以提供到（$I_0 = 1200\text{A}$，2000A），小线圈就能探测到与运用大线圈相同深度（如 200m）的目标体。

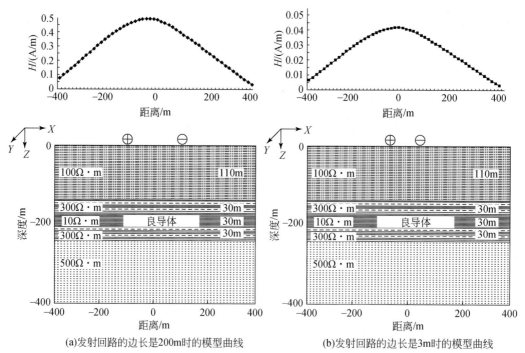

(a)发射回路的边长是200m时的模型曲线　　　(b)发射回路的边长是3m时的模型曲线

图 4.12　在 $t = 3\text{ms}$，1A 的发射电流下，大发射线圈和小发射线圈的地下磁场

模型的电参数是 $\rho_1 = 100\Omega \cdot \text{m}$，$\rho_2 = \rho_4 = 300\Omega \cdot \text{m}$，$\rho_3 = 10\Omega \cdot \text{m}$，$\rho_5 = 500\Omega \cdot \text{m}$。

4.5.3　小回线和大回线装置探测深度的比较

虽然 TEM 扩散深度主要取决于扩散时间，但由于有许多因素，如信噪比，仍很难量化探测深度。考虑到所有这些因素的综合影响，Spies（1989）提出了探测深度的公式：

$$d(t) \approx 0.55 \left(\frac{I_0 A}{\sigma_1 \eta_v} \right)^{\frac{1}{5}} \tag{4.40}$$

式中，I_0 为电流；A 为发射面积；σ_1 为上覆地层的平均电导率；η_v 为最小可分辨电压。利用式（4.40），假设探测的目标深度 $d(t)=800\text{m}$，$\sigma_1=0.02\text{S/m}$，$I_0=12\text{A}$，$\eta_v=20 \text{ nV/m}^2$，所需要的方形发射回线的边长为 465m。

在表 4.2 中，可以很明显地看出探测深度为 500m，电流为 12A 的大回线（$a=144\text{m}$）等同于电流为 1490A 的小线圈（$a=5\text{m}$）。因此，可以得出结论，运用小线源探测深层地质体在理论上是可行的。对于目前使用的仪器，发射电流可以达到 2000A，运用 3m×3m 的小线圈可以达到探测深度 300m。

表 4.2　式（4.40）中描述的参数的比较

L/m	$\eta_v/(\text{nV/m}^2)$	$s_1/(\text{W} \cdot \text{m})$	I/A	d/m
466	0.2	50	12	800
3	0.2	50	28937	800
5	0.2	50	10417	800
144	0.3	50	12	500
3	0.3	50	4139	500
5	0.3	50	1490	500
31	0.4	100	10	300
3	0.4	100	214.5	300
5	0.4	100	77.2	300
2	0.5	100	10	100
3	0.5	100	1.1	100
5	0.5	100	0.3	100

瞬变电磁法对地下良导体敏感而且可以用于探测煤矿的充水区。依据 Spies（1989）的观点，TEM 的探测深度主要取决于地电阻率，扩散时间，相对独立的发射线圈的尺寸。在实际勘探中，具有小线源（3m×3m），一个高电流（1000A）发射器和一个大的相同面积的接收线圈的中心回线装置就能应用于山区工作。

模拟结果表明：①早期，小回线模型的响应高于大回线模型的响应；②晚期，五个不同尺寸的线圈的响应是一致的，即从理论上说，其都具有相同的探测深度；③小线源对于浅层目标体更加敏感。

4.6　地面电性源瞬变电磁法

4.6.1　简介

电性源短偏移距瞬变电磁法（short-offset transient electromagnetic method，SOTEM），是在传统长偏移距瞬变电磁法（long-offset transient electromagnetic method，LOTEM）基础上提出的一种新型瞬变电磁工作装置。它利用长500~2000m的接地长导线为发射源，供以强度一般为10~40A的双极性矩形阶跃电流，并在小于2倍探测深度的偏移距范围内观测瞬变电磁场。与LOTEM采用连续波形激励、在大偏移距处（一般3~8倍探测深度）观测总场响应不同，SOTEM在小偏移距范围内观测纯二次场响应。这种工作方式一方面提高了观测信号的信噪比，另一方面减小了体积效应的影响，从而大大降低了数据处理的难度并提高了处理结果的准确度。实际工作中，一般观测垂直磁场分量随时间的导数（感应电压）和水平电场分量，布设一次发射源可以测量很大范围内的测点，特别在山区施工，接地导线源的布置较为方便（图4.13）。

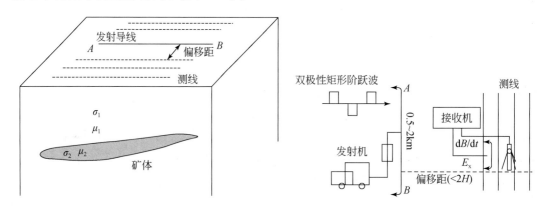

图4.13　SOTEM 施工布置图

根据瞬变电磁场理论，在一次场关断期间测量纯二次场，可以实现电性源瞬变电磁的近源大深度探测，并具有诸多优点。因此，SOTEM实现近源探测的先决条件是一次场和二次场在时间上的分离，这与发射源中使用的激发电流波形有关。时间域电磁法中的激励波形有三角连续波、梯形连续波，还有单脉冲的矩形、半正弦、三角形波等。连续波形在观测期间始终有一次场存在，如果采用单脉冲波形，脉冲关断后观测纯二次场，由此可将自有场和辐射场分离开来，获得短偏移距的深部探测能力。在对单脉冲频谱考查后，还可以知道阶跃脉冲的频谱中，幅度与频率呈反比，低频谐波占主导地位。因此为了实现一次场和二次场的分离，确保小偏移距观测具有大深度的测深能力。在实际应用中，为了抑制观测系统中的直流偏移和噪声干扰，往往采用周期性重复的双极性脉冲系列波形。现有地面瞬变电磁仪器，大都具有双极性阶跃波形供选择，采用该类波形作为激励源，并在正负供电关断的间隔观测纯二次场，可以实现近源大深度勘探。

4.6.2　电性源近源探测原理

时间域电磁勘探中，当一次场断开后，场源附近产生急剧变化的电磁场，称为二次场，并在地下形成涡流。二次场同样以上述两种途径进行传播扩散。以地面波传播的二次场以光速 c 从空气中直接传到地表各点，并将部分能量传入地下；以地层波传播的二次场，从场源直接传播到地下，它在地下空间所激发的感应电流似"烟圈"那样随时间推移逐步扩散到大地深处。在场传播的初期，地面波的传播是瞬时建立的，地层波因受到大地阻抗作用，建立时间相对较迟，因此这两种传播方式在时间上是分开的，随后这两种场相互叠加在一起；再后来，以地面波传播的场衰减至可忽略不计，此时地中的二次场主要来自地层波。可见在不同时期，不同位置测量点所接收到的信号中，两种传播方式所占比例不尽相同。这就引入了早期（远区）、中期（过渡区）、晚期（近区）的概念。

要详细研究时间域电磁场在不同场区的特性，需要将场的偏移距与瞬变过程的衰减时间相互结合起来，引入如"远区的早期阶段"和"远区的晚期阶段"等概念。在瞬变场远区的早期阶段，场具有波区性质，第一类激发起主导作用。这时，对于浅层部位，场具有很强的分层能力。在瞬变场远区的晚期阶段，对于收发距 r 来说，层状介质的总厚度相对来说很小，与其中的涡流范围比较，显得层间距离小，出现层状介质之间感应效应很强，所以，各层间的涡流效应平均化，即可把整个层状断面等效为具有总纵向电导 S 的一个层。由此可见，在远区的晚期阶段只能确定各层总纵向电导和总厚度，不具有分层能力。由于场的这一特点，一般远区方法用的很少，另外，由于远区方法存在体积效应，也影响着分层能力。在瞬变场近区的早期阶段，早期信号幅值大，变化剧烈，受探测仪器影响严重，准确检测早期信号技术难度大。在近区的晚期阶段，测量结果很好地给出了地电断面的分层信息，其物理过程如下：在上部导电层中晚期刚刚出现，即开始出现涡流的衰减过程，并以其纵向电导 S_1 来表征该地层存在时，在更深的导电层中，由于"烟圈效应"，涡流还处于产生和增强的早期阶段。但是，由于第一层中很强的衰减涡流的屏蔽作用，在地表观测中很难或很微弱地出现第二层的影响，随着时间的推移，在地表上可观测到第一层和第二层共同影响的瞬变结果，并以 S_1+S_2 来表征其综合影响。在更晚的时间上出现 $S_1+S_2+S_3$ 的综合影响，以此类推。这样随着时间推移，可以得到整个断面上所能测到的全部信息。

从上述分析可以看出，在频率域电磁法中，为了利用具有频测能力的辐射场和垂直入射的地面波，接收点距发射源的距离要在 $4\sim6$ 倍的探测深度。而在时间域电磁法中，若采取关断的阶跃波形电流激发，自有场和辐射场可以在时间上分开，测量辐射场时不受自有场的干扰，因此可在离发射源很近的范围内观测辐射场实现测深目的。另外，时间域电磁法主要利用的是地层波成分，所以在离发射源比较近的范围内观测，不仅分层能力强，还可以减小体积效应，更好地反映接收点下方地层的电性变化。

时间域瞬变场的场区划分是由偏移距和时间两个参数决定的。因此，即使距离发射源很近，场也不一定处于近区；反之，离发射源很远，场也不一定处于远区。但是，大多数情况下，近源区域仍能够表征近区场的大部分特性，远源区域同样可以表征远区场的大部分特性。正是基于这种假设，下面从不同场区的理论公式出发，分析不同偏移距情况下电磁场对地层的灵敏度。

根据朴化荣（1990），近区和远区条件成立时，水平电场 E_x 有以下形式的近似表达式：

$$E_x^L(t) = \frac{\mu_0^{3/2} I dx}{12\pi^{3/2}\rho_1^{1/2}t^{3/2}} \quad \text{近区（晚期）} \tag{4.41}$$

$$E_x^E(t) = \frac{\rho_1 I dx}{2\pi r^3}(3\cos^2\varphi - 2) \quad \text{远区（早期）} \tag{4.42}$$

式中，I 为发射电流；dx 为偶极源长度；ρ_1 为半空间电阻率；φ 为接收点与发射源的夹角。

从式（4.41）和式（4.42）可见，在其他参数固定时，近区 E_x 的场值正比于 $\rho_1^{-1/2}$，而远区 E_x 的场值正比于 ρ_1，这说明远区 E_x 的值对介质的电阻率依赖性更强，也就是对介质电阻率的变化更灵敏。

垂直磁场 H_z 的近、远区场有如下形式：

$$H_z^L(t) = \frac{\eta \mu_0^{3/2} I dx}{60(\pi t\rho_1)^{3/2}}\sin\varphi \quad \text{近区（晚期）} \tag{4.43}$$

$$H_z^E(t) = \frac{3t I dx}{2\pi\mu_0 r^4}\rho_1\sin\varphi \quad \text{远区（早期）} \tag{4.44}$$

可见，在其他参数固定时，近区 H_z 的场值正比于 $\rho_1^{-3/2}$，远区 H_z 的场值正比于 ρ_1，说明近区 H_z 的值对介质的电阻率依赖性更强，也就是对介质电阻率的变化更灵敏。

4.6.3　SOTEM 数据处理

目前，SOTEM 的主要数据处理流程包括预处理、视电阻率计算、一维反演三个步骤。

1. 预处理

野外数据采集完成后，首先是原始数据整理，包括数据格式的转换、数据质量的检查和验收、野外测点状况的编录、工作参数的记录、发射源和测点坐标信息的汇总、多测道剖面图的绘制等。通过对原始数据的整理，一方面做到对数据质量的严格把关，修正或剔除质量不合格的数据；另一方面对可能的明显的异常做到心中有数，为后续的反演解释做好准备。然后，对整理好的数据进行滤波、去噪等预处理工作，目前的瞬变电磁信号去噪方法常见的有三点滤波、四点滤波（Fraser）、六点滤波（Karous 和 Hielt 滤波）、Kalman 滤波、小波变换、人际交互式滤波及一些基于统计学的方法。总体上说，这些方法的应用解决了大部分情况下瞬变电磁信号噪声的压制或去除工作。由于瞬变电磁信号具有宽频带、动态范围大、晚期信号微弱的特点，而且易受地质噪声、电磁噪声、仪器噪声、环境噪声等多方面的干扰。因此，完全地去除各方面造成的干扰，仍是一项复杂且困难的工作。

2. 视电阻率计算

作为完整的电磁勘探系统组成部分，数据解释占有重要位置，采用视电阻率参数解释是主要手段之一。目前所有电磁法的处理与解释几乎都归结到介质的电阻率分布（Raiche and Gallagher，1985）。与直流电阻率法不同的是，时变电磁场与地下电阻率之间的关系十分复杂且非线性，所以计算视电阻率时不仅要将分层理论公式退化为均匀大地公式，还要进一步地取近区或远区渐进式求解视电阻率（朴化荣，1990）。由视电阻率的定义和上述算法可知，当大地为非均匀半空间或未满足场区条件时，视电阻率所反映的地层剖面与实际情况有较大的差距。各种视电阻率的改进工作，就是追求视电阻率曲线和真实大地电阻率剖面逼近的过程。为此，针对回线源瞬变电磁全区（全期）视电阻率的求取，出现了通过迭代法、利用时间平移伸缩性直接求解法、利用逆样条插值法等方面的研究（白登海等，2003；熊彬，2005；王华军，2008），针对 LOTEM，有采用二分搜索算法的全期视电阻率（李吉松和朴化荣，1993；陈清礼等，2009）。

3. 一维反演

视电阻率作为一种快速显示介质地电特性的参数，在理论研究和野外工作中都发挥了重要的作用。除此之外，还有定量的反演解释用于地电层位的推断。其中的一维反演是水平分层大地模型下，由响应推断各层电阻率和厚度的一种方法。目前针对瞬变电磁的反演方法种类繁多，其中常用的方法有改进的阻尼最小二乘法（朴化荣，1990）、烟圈法（Eaton and Hohmann，1989）、视纵向电导法（严良俊等，2003）、Occam 法（Constable and Parker，1987）、拟 MT 法（Meju，1998）和拟地震法（Zhdanov and Portniaguine，1997）等。这些方法具有各自的优缺点，有些简单、快速易实现，有些精度较高，实际工作中需要根据探测要求及对方法的掌握度合理选择反演方法。本书提出使用烟圈法反演的思路，并针对 SOTEM 的装置及数据特点对方法做出了改进。

烟圈反演理论认为，感应涡流场在地表引起的瞬变电磁响应为地下各个涡流层的总效应，这种效应可近似地用向地下传播的电流环等效。这些电流环好像是发射源吹出的"烟圈"，形状与发射源相同，随着采样时间加大而向下、向外延伸，地表瞬变电磁响应可以看作与某时刻电流环镜像等效，利用这种等效原理计算瞬变电磁法勘探深度和电阻率。对于电性源瞬变电磁来说，地面的垂直磁场响应可以看作在发射源正下方与发射源形状、尺寸都相同的镜像电流源产生。根据第 2 章中关于地下水平感应电流的分析，这种假设符合电性源电磁场的分布、扩散特性。并且垂直磁场的产生与发射源的接地项无关，仅由导线中流动的电流产生，这更确保了上述假设的合理性。

4.7　地空瞬变电磁法

4.7.1　地空瞬变电磁法简介

地空瞬变电磁法是由 Nabighian 和 Macnae（1991）在电性源工作方式的基础上提出。其采用置于地表的电性源或回线源发射大功率瞬变电磁场，在空中采用无人机携带探头进行信号采集工作，采用了全域、高密度、扫面性的三维测量方式。这种观测方式，与航空瞬变电磁法相比，采集信号的信噪比更高，且工作方式也相对安全，此外由于发射源位于地表，发射功率大，勘探深度较大，比较适合深部找矿的需要；与地面瞬变电磁法相比，由于测量装置位于空中，工作效率得到很大提高，在沼泽、山区等无法开展常规瞬变电磁法工作的地区，具有较大的发展潜力；与传统的电法工作方式相比，由于采用区域观测方式，信息采集量较大，对地下信息的反映也更全面。

4.7.2　地空瞬变电磁法原理

以电性源为例，发射机通过接地长导线发射双极性脉冲电流，当电流关断后，根据电磁感应理论，电场的瞬间变化会激发磁场，称为一次磁场。一次磁场向地下扩散的过程中，若遇到良导体时，导电体内部会因一次场激发而产生感应电流，称为二次电流或涡流。由于地质体为非线性的导电体，涡流不会立刻消失，而是一个逐渐衰减的瞬变过程。衰减的速度与地质体的电性参数有关，简单来说就是地质体的电阻率越小，二次电流的损耗越小，衰减过程越长。瞬变的涡流在空间中产生瞬变的磁场，称为二次磁场，通过装载于无人飞机或飞艇上的接收线圈测量二次磁场，对测量到的二次场进行分析解释，就可以确定地下导电地质体的电性结构和空间分布情况（图4.14）。

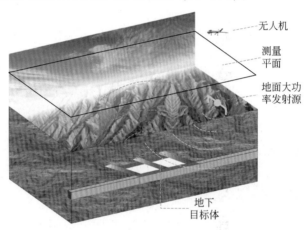

图4.14　地空瞬变电磁法探测原理示意图

4.7.3　系统组成

地空瞬变电磁系统由接收线圈，多通道接收机和通信系统组成。地空电磁接收系统需要搭载于航天器上，对电磁接收机提出了较高的要求：接收系统需要具有轻便化、小型化、低功耗的特点。地空接收机使用三分量连续采集技术，由搭载于空中的采集站和位于地面的控制站构成，在工作中，两者相距可达10km以上。接收系统需具备可靠的数据通信链路，使操作人员能在此范围内对接收机进行远程监控（图4.15）。

国外地空电磁探测系统多数以直升机为飞行载体，我国直升机和固定翼航空电磁系统发展缓慢，并且受直升机飞行控制、飞行安全等实际问题困扰，选用无人飞机和飞艇为载体已成为航空探测的发展趋势。

(a) 电源发射车　　　　　　　　　　(b) 六旋翼无人机

(c) 接收机　　　　　　　　　　　　(d) 接收小线圈

图 4.15　地空瞬变电磁系统（据吉林大学）

基于飞艇的地空瞬变电磁探测系统具有勘探深度大、空间分辨率高、探测效率高、易于控制飞行航线等优势。但也面临无人飞艇的抗风能力较弱，飞行稳定性较差，在探测时容易偏离测线，且在起飞、降落时不易操控等问题。而基于无人机的地空瞬变电磁探测系统往往面临着挂载能力和续航能力的问题，因此，需要对地空瞬变电磁探测系统的接收机和接收天线进行改进，研制出更小、更轻、接收效果更好的电磁信号接收系统。此外，无人机的选型也十分重要，应选择挂载重、续航能力强的无人机作为飞行平台以适应野外探测的需求。

4.7.4　全域视电阻率计算

在地空瞬变电磁探测系统中，全域视电阻率定义的问题十分重要。

当遇到良导目标体时，与 $B(t)$ 相比，$\partial B(t)/\partial t$ 会更快衰减到噪声水平之下，显然对于地空瞬变电磁法，使用 $\partial B(t)/\partial t$ 数据进行解释会限制地空瞬变电磁法的探测深度；另外，虽然 $B(t)$ 对浅部异常的分辨能力不如 $\partial B(t)/\partial t$，但 $B(t)$ 作为 $\partial B(t)/\partial t$ 关于 t 的积分，加之 $B(t)$ 的衰减更慢，在晚期仍有较大的幅值，因此在晚期，$B(t)$ 数据对深部异常有更高的分辨率。

由于 $B_p(t)(p=x,z)$ 是关于电阻率的单调函数，由反函数定理知，必然存在一个电阻率值唯一地对应着一个 $B_p(t)(p=x,z)$ 值，由此就可以定义全域视电阻率。

使用泰勒级数对频 ρ_0，经整理后得到电阻率的近似表达式为

$$\rho \approx \frac{B_z(\rho, r, t) - B_z(\rho_0, r, t)}{B_z^t(\rho_0, r, t)} + \rho_0 \qquad (4.45)$$

写成迭代形式，并辅以下标 τ 以表示为视电阻率，公式为

$$\rho_\tau^{(i+1)} \approx \Delta \rho_\tau^{(i)} + \rho_\tau^{(i)} \qquad (i = 0, 1, 2, \cdots, n) \qquad (4.46)$$

式中，

$$\Delta \rho_\tau^{(i)} = \frac{B_z(\rho^{(i)}, r, t) - B_z(\rho^{(i-1)}, r, t)}{B_z^t(\rho^{(i-1)}, r, t)} \qquad (\rho_\tau^{(0)} = \rho_0) \qquad (4.47)$$

反复迭代下去，直至满足条件为

$$\left| \frac{B_z(\rho, r, t) - B_z(\rho_\tau^{(i)}, r, t)}{B_z^t(\rho_0, r, t)} \right| < \varepsilon \qquad (4.48)$$

式中，$B_z(\rho, r, t)$ 为已知的某一位置某一时刻对应的时间域磁场垂直分量；$B_z(\rho_\tau^{(i)}, r, t)$ 为电阻率为 $\rho_\tau^{(i)}$ 的均匀半空间在该位置该时刻产生的时间域磁场垂直分量，取 $\varepsilon = 10^{-6} \sim 10^{-4}$。式（4.48）即电性源地空瞬变电磁探测系统的视电阻率迭代定义式。

4.7.5　地空瞬变电磁法数据的主要特征

地空瞬变电磁系统的接收线圈载在飞行器上，因此会产生与地面瞬变电磁法不同的噪声：在飞行器低空飞行测量过程中，受风向、大气气流、地形、地面局部温度场变化等影响，飞行高度、航迹、姿态等将发生变化，飞行器上的接收线圈发生运动切割大地磁场，引起接收线圈内磁通量变化而产生的感应电动势，为线圈运动噪声。噪声反映到电磁信号上是带来了严重的基线漂移相比较地面瞬变电磁法，地空瞬变电磁信号实测信号还具有以下特点。

（1）地空电磁信号动态范围大，在早期，信号幅值高，可达数百毫伏，观测道很少，呈指数规律衰减很快；在晚期信号很弱，一般为几毫伏，观测道较多，衰减缓慢。

（2）地空电磁实测信号中，中晚期信号是反演解释的有效信号，但中晚期信号幅值很小，几乎淹没在噪声里，这时各种天然磁场及人文设施干扰、噪声将会严重影响有用信号的质量。

（3）因地空瞬变系统采用地面发射、空中接收的工作方式，在飞行过程中，接收线圈抖动将会产生线圈运动噪声，并且幅值较大，分布范围广，是地空电磁信号的主要噪声。此外，50Hz 的工频干扰是另一个主要噪声源。

4.7.6　地空瞬变电磁、地面瞬变电磁、航空瞬变电磁对比

1997 年 12 月，Fugro 公司用 TerraAir 系统进行了实验，该系统为全波段数据接收，将地面发射机与航空接收机结合，发射与接收采用非同步方式，在后续的数据处理中，进行时间 0 点的定义和建立窗函数。峰值发射电流为 5.25A，关断时间为 278s。所得到的数据与航空瞬变电磁（GEOTEM）和地面瞬变电磁（PROTEM-37）进行实测对比，其结果见表 4.3。可见，相比较航空瞬变电磁，地空瞬变电磁的探测深度较大，峰值信号较强并有较高的信噪比，具有深部找矿的潜力。而对比地面瞬变电磁，地空瞬变电磁大大降低了勘探成

本，特别是在地形复杂的沼泽、山区等地区，地空瞬变电磁法可显著提高勘探效率。综合探测响应和探测效率等多因素角度看，半航瞬变空电磁可以实现以最低的成本、较快的速度、最高的数据质量完成探测任务，因此对快速有效的大面积矿产勘探具有重要意义。

表 4.3 三种探测方式的效果对比

类别	地空瞬变电磁	地面瞬变电磁	半航空瞬变电磁
峰值信号/(nT/s)	25	20000	500
晚期噪声包络/(nT/s)	1	0.4	1
信噪比	25∶1	50000∶1	500∶1
探测深度/m	150	500	400
平均每公里探测费用/美元	80	500	80

4.8 矿井瞬变电磁法

矿井瞬变电磁法勘探是在煤矿井下巷道内进行，采用多扎数、小回线组合装置进行探测，从理论上分析，不仅具有比地面瞬变电磁法分辨率高（回线边长为 2m 左右）、体积效应小、旁测影响小、测量快速和仪器轻便等优点，同时还可以用于测量井下直流电法勘探所不能测量的矿井地质问题（如巷道长度有限或短巷道内探测工作面顶底板含水构造、巷道超前探等）。

矿井瞬变电磁法与地面瞬变电磁法和矿井直流电法相比，具有以下几个方面的特点。

（1）井下测量环境与地表不同，无法采用地表测量时的大线圈（边长大于 50m）装置，只能采用边长小于 3m 的多匝小线框，因此矿井瞬变电磁法与地面瞬变电磁法相比具有数据采集工作量小、测量设备轻便、工作效率高、成本低等优点。

（2）由于采用小线圈测量，点距更密（一般为 2~20m），可降低体积效应的影响，提高勘探分辨率，特别是横向分辨率。

（3）井下测量装置距离异常体更近，将会大大提高异常体的感应信号强度。

（4）利用瞬变电磁法小线框发射电磁波的方向性，可分别用于探测巷道底板下一定深度内含水异常体垂向和横向发育规律、顶板一定范围内含水。

（5）由于瞬变电磁法关断时间的影响，与其他物探方法相比，无法探测到更浅部的异常体（浅部 20m 左右）。

（6）矿井瞬变电磁法受井下金属仪器设备的影响较大，需要在资料处理解释中进行校正或剔除。

目前，矿井瞬变电磁法主要用于解决煤层顶、底板岩层内部的富水异常区探测、巷道掘进迎头前方的突水构造预测、含水陷落柱勘查等水文地质问题。

4.8.1 矿井瞬变电磁法原理

矿井瞬变电磁法基本原理与地面瞬变电磁法原理基本一样，井下测量的各种装置形式和时间序列也相同。由于矿井瞬变电磁法勘探是在煤矿井下巷道内进行的，与地面比较，矿井瞬变电磁应为全空间。但对于瞬变电磁场均匀全空间的传播规律，目前我们感性地认为等效电流环以发射线圈为轴，在其两侧对称分布，呈双向性传播，即等价于两个均匀半空间的叠加，由此可以推导出全空间环境下中心回线晚期视电阻率公式：

$$\rho_{\tau} = C \times \frac{\mu_0}{4\pi t} \times \left(\frac{2\mu_0 SN}{5t(V/I)} \right)^{2/3} = C \times 6.32 \times 10^{-12} \times (S \times N)2/3 \times (V/I) - 2/3 \times t^{-5/3} \quad (4.49)$$

式中，C 为全空间系数，一般由在已知地质条件的矿井巷道现场实测试验获得。

　　根据一次场的分布，半空间情况下只有位于线圈下方的大地会产生感应场，而全空间状态下，线圈的上下、前后、左右等各个方位的大地介质均会产生感应场，这种线圈各方位感应的全空间场是否等效于两个半空间场的叠加有待于理论验证。

4.8.2　矿井瞬变电磁主要装置形式

　　矿井瞬变电磁法探测工作位于井下巷道内，巷道截面边长一般小于 5m，长度从几十米到数千米都有。如何将地面瞬变电磁法的工作装置应用到井下巷道内，是矿井瞬变电磁法勘探非常关键的技术。

　　线圈的组合大致取决于以下三个条件：①发射和接收回线相对目标体的耦合处于最佳状态；②异常的形状可能简单；③接收发射系统能适用于此组合，特别是接收范围要在接收机的范围之内。根据以上三个条件，对测量对象可以选择最佳组合。此类组合在观测过程中发射回线或线圈保持给定的间距，逐测点移动采集数据，下面主要介绍能够在矿井下使用的几种工作装置类型。

　　1. 重叠回线装置

　　图 4.16（a）展示了重叠回线装置。两条回线，一条用作发射，另一条作为接收，TEM 的供电和测量在时间上是互相分开的，它们铺在同一位置，因此称为重叠回线组合，实用中，并不需要相互完全重叠，有时候还需分开 1m 或更远，以降低可能存在的超顺磁效应。重叠回线装置是频率域方法无法实现的装置，它与地质探测对象有最佳耦合，重叠回线装置响应曲线形态简单，时间特性不发生变号现象，具有较高的接收电平、较好的穿透深度及异常便于分析解释等特点。由于重叠回线装置接收与发送线圈完全共面，不会造成由于发射和接收回线不在同一平面，接收线圈中混杂水平分量的影响。因为接收线圈和发射线圈重叠，互感大，一次场影响大，所以关断时间长、盲区大。

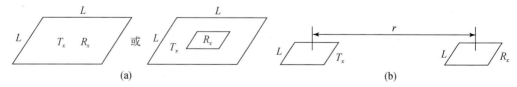

图 4.16　重叠回线装置或中心回线装置（a）、偶极装置（b）

　　2. 中心回线装置

　　将重叠回线中的接收回线用小型可视为偶极的接收线圈代替并且置于发射回线中心即

中心回线组合。因为接收回线轻便，又可以测量 3 个方向的分量，所以应用比较广泛。它具有和重叠回线装置相似的特点，但由于其线框边长较小，纵横向分辨率高，受外部人文噪声的干扰较小，对环境要求较低，适应面较宽。可观测水平分量，分辨率较高；接收回线可以避开管道等人为导体，在井下人为导体较多的位置，其数据质量优于重叠回线。巷道底板地质体的不均匀性影响较重叠回线大，此种装置互感大，一次场影响大，盲区大。

4.8.3 矿井瞬变电磁法施工技术

矿井瞬变电磁法在煤矿井下巷道内进行，根据多匝小线框发射电磁场的方向性，可认为线框平面法线方向即瞬变探测方向。井下测量环境与地表不同，无法采用地表测量时的大线圈（边长大于 50m）装置，只能采用边长小于 3m 的多匝小线框，因此与地面瞬变电磁法相比具有数据采集工作量小、测量设备轻便、工作效率高、成本低等优点；对于其他矿井物探方法无法施工的巷道（巷道长度有限或巷道掘进迎头超前探测等），可采用测量装置小、轻便的矿井瞬变电磁法探测。由于采用了小线圈测量，点距更密（一般为 2 ~ 20m），可降低体积效应，提高勘探的横向分辨率。同时井下测量装置靠目标体更近，将会大大提高异常体的感应信号强度。

目前，矿井瞬变电磁法主要用于解决煤层顶板（或底板）岩层内部的富水异常区探测、巷道掘进迎头前方的突水构造预测、含水陷落柱勘查等水文地质问题。

1. 工作面顶、底板探测

以顶板探测为例，在进行顶板探测时，测点布置在两侧巷道内，根据具体地质任务及探测深度要求，在每个测点上调整探测方向，达到对工作面底板的全覆盖，如图 4.17 所示。

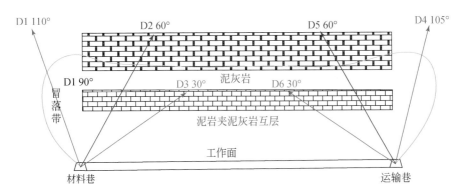

图 4.17 顶板探测方向布置示意图

根据煤层倾角变化情况调整天线的法线与巷道顶板的夹角，以探测巷道顶板、顺层和底板方向的围岩变化情况，即在多个角度采集数据，从而获得尽可能完整的前方空间信息。

2. 巷道掘进迎头超前探测

应用瞬变电磁法探测井下巷道迎头前方的含水构造，与其他矿井物探方法相比，具有施工空间小、方向性强、速度快、基本不耽误掘进施工等优点。每次的施工时间约 40 分钟，当天能够提供初步的探测成果。因此，可利用工人换班时间进行工作，不影响巷道掘进工作的正常进行。进行超前探时，要求掘进巷道掘进迎头断面整齐，巷道空间高度大于2m，距离巷道迎头5m范围内没有较大的金属体（如掘进机械等），以减少其对瞬变电磁场的影响。巷道瞬变电磁法工作装置一般采用多匝数、小重叠回线组合来进行超前探测。先将发射线圈和接受线圈固定在线框支架上，这样在探测过程中就可以快捷地移动线圈，提高工作效率。测点布置方法如图4.18所示，图中箭头方向即线框平面法线方向。为了便于对比，除在迎头方向布置测点外，还应在两侧帮布置若干测点。

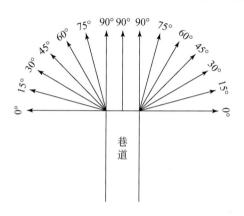

图4.18　瞬变电磁法超前探工作布置示意图

　　图4.19为井下巷道迎头超前探的视电阻率扇面图，该图反映了瞬变电磁法探测方向（线框平面法线方向）扫过范围内岩层电阻率分布情况，由此可以判断巷道掘进迎头前方是否存在含水异常区。

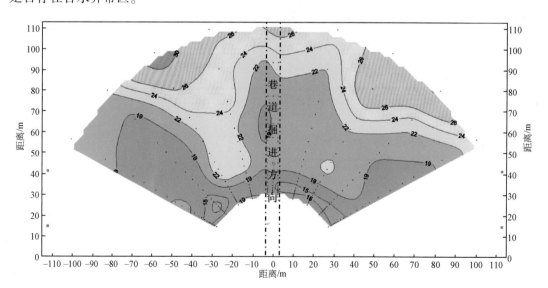

图4.19　瞬变电磁法超前探视电阻率扇面图

　　根据理论研究和物理模型实验结果，设计了矿井瞬变电磁探测方法与技术。如果探测目标体位于巷道顶板以上，同时巷道内有锚网、支护底板上有铁轨时，发射接收天线应置于巷道顶板；如果探测目标体位于工作面煤层，应将天线装置垂直巷道底板，并且靠近探测目标体所在巷道一侧，以获得探测目标体最大的响应信号；如果不能确定异常体的具体空间位置，应采用全方位探测技术。通过分析巷道掘进迎头多方位环形超前探测和工作面顶、底板探测数据体的分布情况，开发了矿井瞬变电磁法显示系统，实现了对矿井瞬变电磁数据读取、转换，并且对数据进行了空间差值，形成了三维数据体；实现了底板探测数据体的立体显示，能够同时显示一个或多个底板探测剖面，能够从不同的角度观察数据体分布情况，从而直观地看出地层的电性分布情况。

　　大量应用工作的实践表明，矿井瞬变电磁法在探测导含水构造方面能够克服巷道空间的局限性，且施工轻便、快捷，为矿井防治水工作提供一种更为可靠的探测技术手段，具有重要的理论和实际应用价值。

4.9　煤炭电法主要装备介绍

　　使用较广泛的有 PROTEM，V8，GDP-32 Ⅱ，TerraTEM 和 EH4，下面对这几种主流仪器进行详细的阐述。

4.9.1　PROTEM

　　PROTEM 瞬变电磁仪是由加拿大 Geonics 公司开发研制的时间域电磁仪，在世界范围内占据该类仪器的很大市场份额。自 PROTEM 产品问世以来，已经历多次更新换代，目前仍在使用的产品包括 PROTEM47，PROTEM47HP（井下探水系统），PROTEM57、PROTEM67 和 PROTEM67HP（加强型）。各仪器勘探能力如下。

　　PROTEM47：最大勘探深度 150m。

　　PROTEM47HP：井下探水，探测距离 100 ~ 150m。

　　PROTEM57：最大勘探深度 500m。

　　PROTEM67：勘探深度 1000 ~ 1200m。

　　PROTEM67HP：最大勘探深度 1500m。

　　1. PROTEM 接收机

　　PROTEM 系列仪器共用一款接收机，其技术指标如下。

　　观测值：三分量感应磁场的衰减比，nV/m^2。

　　电磁传感器：空心线圈。

　　道数：用单道接收线圈顺序测量或用三分量接收线圈同时测量。

　　时间门：在两个量级时间轴上 20 个门测量，或三个量级时间轴上 30 个门测量。

　　信号分辨率：24 位，包括 1 个符号位，系统分辨率 29 位。

　　基本频率：0.3Hz，0.75Hz，3Hz，7.0Hz，30Hz，75Hz，285Hz（60Hz 工频时）；0.25Hz，0.625Hz，2.5Hz，6.25Hz，25Hz，62.5Hz，237.5Hz（50Hz 工频时）。

　　积分时间：0.5 秒，2 秒，4 秒，8 秒，15 秒，30 秒，60 秒和 120 秒。

显示器：240×64 点液晶显示。

数据管理：固态存储 3300 套数据，RS232 输出。

同频：参考电缆同步或高稳定性石英钟同步。

工作温度：–40 ~ +60℃。

电源：12V 可充电电源，可连续工作 8 小时。

重量：15kg。

体积：34cm×38cm×27cm

2. PROTEM 发射机

1）TEM47 发射机

TEM47 发射机是最小、最轻便的发射系统，关断时间极短，可探测近地表异常。PROTEM47（PROTEM 接收机配以 TEM47 发射机）经常用于浅部几米到 150m 深的探测。在这种模式下，可用单匝 5m×5m 到 100m×100m 发射线圈，关断时间可短至 0.5μs，从而获得最高的浅表分辨率。也可采用多匝发射线圈。TEM47 采用参考电缆同步，可满足浅部探测对高精度同步的要求。无论在哪种情况下，PROTEM47 都使用高频接收线圈。该接收线圈的带宽足以捕捉最早期的瞬态衰减信号。当 PROTEM47 用于剖面测量时，采用 8 匝 5m×5m 移动式发射线圈，2.5A 发射电流时，发射磁矩为 500Am^2。在基频 75Hz、20 ~ 30 个测量门时，该模式便成为最佳的浅部勘探的斯陵格兰姆电磁系统。具体参数如下。

电流波型：偶极方波，正、负方波之间可设置 50% 占空系数。

基本频率：30Hz，75Hz，285Hz（60Hz 工频时）；25Hz，62.5Hz，237.5Hz（50Hz 工频时）。

关断时间：40m×40m 发射线圈，3A 发射电流时，2.5μs。

发射线圈尺寸：5m×5m（8 匝）到 100m×100m（单匝）。

输出电压：0 ~ 9V 连续变化，最大发射电流 3A。

同步：电缆同步。

工作温度：–40 ~ +60℃。

电源：12V 可充电电瓶，在 2A 输出时可连续工作 5 小时；加强型 TEM47HP 供电电源为 24V 或 36V，最大发射电流 10A。

重量：5.3kg。

尺寸：10.5cm×24cm×32cm。

2）TEM57-MK2 发射机

TEM57-MK2 是 TEM57 的升级型，与 PROTEM 数字接收机搭配使用，便构成 PROTEM57 瞬变电磁系统。TEM57-MK2 在内部电源供电时发射功率达 1500W，是一种非常轻便的中功率时间域电磁发射机。内部电源电压 18 ~ 60V 可变，可与发射线圈实现最佳匹配。若使用外部电源，发射功率可达 3800W，电压可达 160V。TEM57-MK2 是一种完美的中功率发射机，勘探深度达 500m。可自动显示关断时间。配备短参考电缆、轻便发射机和三维接收线圈的 TEM57-MK2，可圈定深 250 ~ 300m 的形态复杂的构造和矿体。如果采用晶体同步和大发射线圈，它可圈定埋深 500m 的矿体和目标体。通过反演解释，可给出矿体的电导率、倾角和延伸等参数。具体参数如下。

电流波型：偶极方波，占空系数 50%。

基本频率：3Hz，7.5Hz，30Hz（功率传输线为 60Hz 时）；2.5Hz，6.25Hz，25Hz（功率传输线为 50Hz 时），如果用电缆同步，可以达到 1Hz 以下的基频。

关断时间：20 ~ 115μs，依赖发射线圈尺寸，匝数和发射电流大小。

发射线圈尺寸：单匝可任意尺寸，但最小电阻不应低于 0.7Ω，最大发射线圈可到 300m×600m。

输出电压：18 ~ 60V 连续可调，当外接电源时可达 180V。

同步：电缆或高稳定性晶体同步。

输出电流：最大 28A。

工作温度：-40 ~ +60℃。

关断时间显示：自动显示关断时间。

电源：1800W，110/220V 单项发电机供电或 2 ~ 6 个 12V 电瓶直流供电。

重量：15kg。

尺寸：43cm×25cm×25cm。

3）TEM67 发射机

TEM67 发射机是大功率发射机，它是在 TEM57-MK2 发射机基础上加一个功率模块，构成 TEM67 发射机。这就是说，增加一个功率模块并配备一台 5000W 发电机，就可将 TEM57-MK2 升级为 TEM67。反之，如果对某些勘查任务而言不需要 TEM67 发射机，只用 TEM57-MK2 便可大大减轻重量。TEM67 的输出电压 18 ~ 150V 连续可调用，可自动显示关断时间。配备三维接收线圈的 PROTEM67，是一种理想的探测深部高导矿体，蕴矿构造，含水构造及其他地质目标体的最佳瞬变电磁法仪器，其勘探深度为 1000 ~ 1200m。具体参数如下。

电流波型：偶极方波，占空系数 50%。

基本频率：0.3Hz，0.75Hz，3Hz，7.5Hz，30Hz（功率传输线为 60Hz 时）；0.25Hz，0.625Hz，2.5Hz，25Hz（功率传输线为 50Hz 时）。

关断时间：20 ~ 750μs，依赖于发射线圈尺寸，匝数和发射电流大小。

输出电流：最大 28A。

输出电压：18 ~ 150V 连续可调。

同步：高稳定性晶体同步。

工作温度：-40 ~ +60℃。

电源：5000W，220V，50Hz，单项发电机。

4.9.2　V8

V8 网络化多功能电法仪是加拿大 Phoenix 地球物理公司自 1975 年以来研制开发的第八代多功能电法系统，在非常成熟的 V5 System 2000 和 V6A 的基础上，汇集当代最新科技成就于一身，成功地解决了很多用户过去在实际生产中所遇到的瓶颈问题。

V8 的出现，把电法探测带入一个新纪元，开创真正的电法三维或四维观察新阶段。

系统采用的是先进的模块化技术，包含天然场的远参考大地电磁（MT）和音频大地电磁（AMT）及人工场源的可控源声频大地电磁（CSAMT）、各种时间域和频率域电磁功能（TDEM，FDEM）、时间域和频率域的激发极化（TDIP，SIP）、各种 Resistivity 电阻率法（偶极法、斯伦贝谢法、温纳法）。

该系统被油田、煤田、铁路系统，国土资源部，国家地震局，有色系统，冶金系统，大专院校，工程部门及环境监测系统的用户广泛应用于油气勘探、地热勘查、地下水调查、地壳及地震研究、活断层研究，以及矿产调查、金伯利岩（钻石）开发、环境工程调查、连续性或长周期的监测等领域。

1. V8 接收机

V8 接收机包括 V8 网络化多功能数据采集单元，有 3 个电道和 3 个磁道；辅助采集站 RXU-3ER，有 3 个电道。一起使用可以形成多测站多道无线局域网络采集系统。具体参数如下。

道数：3 磁道，3 电道；若组成网络化采集系统，道数不受限制。

24 位模数转换器：TDEM 测量通道为 16 ~ 24 位。

同步方式：GPS 同步+晶振时钟，GPS 同步精度为±0.1μs。

无线通信：采集及发射单元之间使用无线实时数据传输及控制。

频率范围：0.00005 ~ 1000Hz；时间域最小采样间隔为 0.2μs。

自动扫频方式：频点可任意加密。

尺寸：20cm×40cm×55cm。

重量：约 12kg。

2. V8 发射机

1）TXU-30 发射机

TXU-30 可以应用于时间域方法（占空因数小于 100%）或频率域方法中（占空因数为 100%）。它的关断波形能满足长偏移距瞬变电磁法（LOTEM）要求。它也可以应用于激发极化法（包括 SIP 和 TDIP 或相位 IP）、标量、向量或张量的可控源音频大地电磁（CSAMT），以及所有的时间域和频率域电磁法（TDEM、FDEM）中。

TXU-30 可以使用接地电极（阻抗性质）或线圈（感应性质）来提供地球物理场源。它有一个配备微处理器的控制盒实现简单的操作，仅需要通过按钮和触发开关就可以进行快速的设置和调整。发射机的状态实时通过高亮的 LED 数字指示器显示。所有的发射和接收波形都通过 GPS 卫星高精度同步，在工作时 TXU-30 和接收机之间无需任何电缆连接。每日开始工作前发射机与接收机间也无需对钟，通过 GPS 卫星时间自动同步。具体参数如下。

电流范围：0.5 ~ 40A。

电压范围：25 ~ 1000V。

输入电压：200 ~ 240V，3 相 50/60Hz。

频率范围：0.0039 ~ 10000Hz（频率域）。

时间控制：GPS 时间同步 精度为±0.1μs。

异常保护：输入电压超限保护、输出电压超限保护、输出电流超限保护、高温保护。

尺寸：65cm×52cm×45cm。

重量：约 50kg。

2）T-4A 发射机

T-4A 为小功率瞬变电磁发射机，只能用做中心回线或大定源装置，适用于中小型瞬变电磁勘探。具体参数如下。

重量：8kg。

功率：2.8kW。

电流：38A。

电源：24 ~ 96V 电瓶。

关断时间：250m×250m-135μs；100m×100m-55μs；50m×50m-27μs；40m×40m-2.7μs

4.9.3 GDP-32 Ⅱ

1. GDP-32 Ⅱ 接收机

GDP-32 Ⅱ 属美国 Zonge 工程公司的第四代可控源和天然场源电法和电磁法探测多通道接收机。它几乎具有全部中、低频段的电测功能，其主要电测方法包括直流电阻率法（RES）、直流域激电法（TDIP）、交流激电法（FDIP）、复电阻率法（CR）、可控源音频大地电磁法（CSAMT）、谐波分析可控源音频大地电磁法（HACSAMT）、音频大地电磁法（AMT）、大地电磁法（MT）、瞬变电磁法（TEM）和毫微秒瞬变电磁法（NanoTEM）等。所以它可广泛用于固体矿产勘探、工程物探和油气勘探等方面。此外，今后还有望用于环境地质调查与监控。具体参数如下。

频率范围：0.15625 ~ 8kHz；MT 为 0.0007 ~ 8000Hz。

通道数：大箱子 1 ~ 16（用户任选）；小箱子 1 ~ 6（用户任选）。

尺寸：大箱子，43cm×41cm×23cm；小箱子，43cm×31cm×23cm。

重量（包括电池、表头和面板）：小箱子，13.7kg；大箱子，8 道 10A/h 电池，16.6kg，8 道 20A/h 电池，20.5kg，16 道（加硬盘），10A/h 电池，19.1kg。

外壳：耐压，密封铝外壳。

电源：可更换的 12V 可充电电池，8 通道单元的 20A/h 包装，工作温度为 20℃时，可连续工作 10 小时以上。冷天或超过 8 道时，可用外部电池输入用以延长工作时间和在环境温度较低时给液晶显示器加热。

温度范围：−40 ~ +45℃。

2. GDP-32 Ⅱ 发射机

1）GGT 系列

GGT 发射机具有不同的输出功率量级：GGT-3（3kW），GGT-10（10kW），GGT-30（30kW）。三种系列发射机均可用于接地和线圈发射。对各种 GGT 发射机来说，配用的发电机具有相适应的输出功率。具体参数如下。

发射电流稳流精度：5‰。

频率范围：DC-8Hz。

最大发射电压：1000V。

最大发射电流 15A（GGT-3），20A（GGT-10），45A（GGT-30）。

最小关断时间：125μs（300m×300m 线圈）。

2）电池供电的发射机

Zonge 生产四种直流电源（蓄电池）供电的发射机。其中两种（NT-20、ZT-30）专用于瞬变电磁法（TEM），NT-32 为 NanoTEM 发射机，另外一种（LDT-10）则为井中小极距电阻率/激电测量和岩心标本测试而设计。

（1）ZT-30 瞬变电磁法发射机具体参数如下。

供电电压：120V（TEM 模块），400V（IP 模块）。

发射电流：30A（TEM 模块），7.5A（IP 模块）。

供电电压：400V。

发射电流：7.5A。

阻尼电路：发射阻尼电阻，可选择 60Ω，120Ω 和 240Ω 三档。

尺寸：43cm×25cm×17cm。

重量：10kg。

（2）NT-20 超浅层瞬变电磁法发射机具有双功能瞬变电磁发射机，超浅层瞬变电磁测量，快速关断等特点。具体参数如下。

发射电流：小回线（5～10m）3A，常规大回线 20A。

发射电压：32V。

最小关断时间：1μs。

（3）NT-32 浅层瞬变收发一体机。发射机是 NT-20 发射机的 NanoTEM（快速断电瞬变电磁）部分，安装在 GDP-32Ⅱ接收机中。这种发射与接收组装在一起的 GDP 系统使 NanoTEM 装置更轻便，易移动，使单一的 NanoTEM 测量更快速经济，特别适用于巷道中应用。

（4）LDT-10 实验室用发射机。LDT-10 使用 12V 电源，取决于负载电阻，可以提供精确的标定电流频率域或时间域波形。发射电流振幅由 1μA 到 10mA。这种发射机对于岩心的电阻率、激电测量，以及与测井相关的应用是很理想的。

4.9.4　TerraTEM

TerraTEM 由澳大利亚 Monex Geosope 研发制造。1977 年研制成的 SIROTEM-Ⅱ仪器，具有多通道、发射和接收一体、4 种叠加可选、设天电抑制档等先进指标。1990 年推出 SIROTEM-Ⅲ型仪器，它是数字发射机和接收机装在一起的紧凑型轻便仪器，并可以与外接大功率发射机一起工作。继续完善更新推出了 TerraTEM 系列，采用了当前最为先进的计算机芯片及触摸屏显示器。2016 年最新推出 TerraTEM24 基于 24 bit ADCs 的 TerraTEM 瞬变电磁系统。TerraTEM24 可选多通道配置，各通道相互独立，可同时进行数据采集。通过自动增益功能，24 位分辨率可扩展到 32 位。可以设置使用内置发射机或外置发射机，扩大了 TerraTEM24 系统的应用范围，提高工作效率。

1. TerraTEM24 瞬变电磁仪

TerraTEM24 瞬变电磁仪特点如下。

简单直观的操作界面，触摸式操作；

配置灵活，可内置或外置 50A 发射机；

传感器齐全，可选地面、井中多种类型探头；

软件功能强大，实时数据质量控制，多种检测功能，环境噪声评价；

多通道设计，可根据用户需求选择；

全时段数据记录，可输出多种数据格式；

采样率高达 625kHz。

具体参数如下。

显示：彩色电容触摸屏，日光下可见。

存储：30GB 硬盘。

I/O 接口：USB 数据传输，工业标准 RS485 接口。

工作温度：−20～+50℃。

外壳：坚固的铝制外壳。

主机大小及重量：46cm×36cm×16cm，10kg。

输入通道数：可选 1，2，3，6，9 同步记录通道。

分辨率：24bit AD，最小可分辨电压为 23nV。

输入范围：+/−200V，可承受 700V 输入保护。

采样率：用户可选 78～625kHz。

时窗（gates）：最大 200 个窗口，可选预定义和用户自定义的时窗序列。

内置发射机：输出电，50 A，24～120V（6kW）。

发射波形：波形双极性方波，50% 占空比。

开/关时间：可选 10～2000ms（0.5～25Hz）发射/测量时间。

关断时间 22μs，50A，发射框 50m×50m。

电源电瓶或发电机（整流器）。

功率控制用户可选择整流器，可调节发射线框输入功率，比采用外部负载电阻效果更好。

2. TerraTX-50 外置大功率发射机

TerraTX-50 外置大功率发射机特点如下。

操作简单，触摸式操作；

可选 GPS 同步、线缆同步；

内置阻尼电阻调节器，可有效改善响应；

发射周期由 TerraTEM 控制 10～2000ms；

电源可选电瓶，或发电机供电，通过整流器可灵活控制功率。

具体参数如下。

输入电压：24～240V。

发射电流：50A。

发射波形：双极性方波，50%占空比。

关断时间：22μs（50A，线框50m×50m）。

工作温度：−20~+50℃；

主机尺寸：46cm×36cm×16cm；

重量：10kg。

4.9.5　EH4

EH4连续电导率剖面仪是由美国以研制大地电磁仪器而闻名的EMI公司和以制造高分辨率地震仪而著名的Geometrics公司联合研制的，是全新概念的电导率张量测量仪。它利用大地电磁的测量原理，还配置了特殊的人工电磁波发射源。这种发射源的天线是一对十字交叉的天线，组成X、Y两个方向的磁偶极子，轻便而且只用于普通汽车电瓶供电，发射频率为500~100000Hz，专门用来弥补大地电磁场的寂静区和几百赫兹附近的人文电磁干扰谐波。

1. EH4接收机

EH4接收机特点如下。

应用MT原理，但使用人工和天然两种场源；

既有有源法的稳定性，又有无源法的节能和轻便；

能同时接收和分析X、Y两个方向的电场和磁场，反演X-Y电导率张量剖面，对判断二维构造特别有利；

设备轻，观测时间短，易进行EMAP连续观察；

在EH4的采集控制主机中插入两块附加的地震采集板，就可使一台EH4兼作地震仪和电导率测量。

实时数据处理和显示，资料解释简单快捷，图像直观。

具体参数如下。

频率范围：高频10~92000Hz，低频0.1~1000Hz。

道数：4道（2电，2磁）。

模数转换：18位。

处理器：32位浮点。

带宽：DC-96kHz。

工作温度：0~50℃。

2. EH4发射机

发射机包括TxIM2型磁偶源张量发射机或GeoTXE3kW电偶源张量发射机，发射频率如下：磁偶源830~69000Hz，电偶源0.1~10000Hz。工作电源为12V，60A电瓶。

可用于煤田勘探的电法仪器有很多种，国外仪器有Digital Pem，PROTEM，V8，GDP-32Ⅱ，TerraTEM等，国内仪器有IGGETEM-20，MSD-1，ATEM-Ⅱ，EMRS-2，TEMS-3S，WTWM-1等。各仪器具体信息见表4.4和表4.5。

表 4.4　煤炭电法仪器（接收部分）

项目	国外仪器						国内仪器					
仪器名称	Digital Pem	PROTEM-67	V8	GDP-32 II	TerraTEM	EH4	IGGETEM-20	MSD-1	ATEM-II	EMRS-2	TEMS-3S	WTWM-1
生产单位	Crone	Geonics	Phoenix	Zonge	Monex Geoscope	EMI和Geometrics	中国地质科学院地球物理地球化学勘查研究所	长沙白云仪器厂	吉林大学工程中心	西安物探所	北京矿产地质研究院	重庆奔腾仪器厂
动态/db	150	175	144	190	156		160		156	160	>120	
A/D Bit	16	16	24	16	最大28	18	16		16	16	16	16
延时范围	52μs~120ms	6μs~800ms	6μs~80ms	6μs~4s	10ms或8.33ms		3μs~95ms	0.008~864ms	感应段、过渡段全域		10~2560ms	
延时窗口	有四种延时系列,脉宽不同终点不同点不同最多45个窗口,另可自编键人新窗口	20个延时窗口覆盖两个时间级次,30个延时窗口覆盖级次	对数等间隔窗口覆盖20个窗口每一个时间级次,或用户单采单输入	对数等间隔窗口最多32个,算数等间隔窗口1.2μs或1.6μs窗口可全部保留	具有100多个时间门供选择		对数等间隔每个时间级次10个、14个、20个、30个窗口任选	40	等间隔密集采样			最多50个
延时起点选定	固定方式48μs或由键盘输人	固定方式,起点时间与Tx发射频率有关,最早延时6.18μs	固定方式,点时间与写采样区间选择有关	对数等间隔窗口最早延时30.4μs,算数等间隔窗口最早延时6μs			菜单输入最小3μs			固定方式最小187.5μs		
采样率	4.0μs	20个或30个积分器	2.17μs	1.2μs、1.6μs、30.4μs三种	2μs		4.0μs		5.0μs	80μs	最高30μs	最高1.0μs
频带	30kHz	700kHz	0.001~10000Hz	8kHz	500kHz	92kHz	70kHz		13kHz	16kHz	50kHz	50kHz
同步	电缆、无线电、石英钟	电缆、石英钟	电缆、GPS	石英钟	GPS		电缆	电缆	电缆、GPS	电缆	电缆	电缆、石英钟、GPS
温度/°C	-40~50	-40~50	-40~50	-40~45	-10~40	0~50	-20~50	0~50		0~50	0~50	-10~50
探头频带/kHz	25	19,28,700		10		100	70	18,70	60			

表 4.5　煤炭电法仪器(发射部分)

项目	国外仪器						国内仪器					
仪器名称	Digital Pem	PROTEM-67	T4	ZT-30	TerraTX-50	TxIM2	IGGETEM-20	MSD-1	ATEM-II	EMRS-2	TEMS-3S	WTWM-1
生产单位	Crone	Geonic	Phoenix	Zonge	Monex Geosope	EMI 和 Geometrics	中国地质科学院地球物理地球化学勘查研究所	长沙白云仪器厂	吉林大学工程中心	西安物探所	北京矿产地质研究院	重庆奔腾仪器厂
电流波形	双极性梯形波,占空比为1	双极性梯形波,占空比为0.5,1	双极性梯形波,占空比为1	双极性梯形波,占空比为1或连续方波	占空比为0.5的双极性方波		双极性梯形波,占空比为1	双极性方波	双极性方波	单脉冲	单脉冲	双极性梯形波,占空比为1
基频	25Hz,12.5Hz,5Hz,2.5Hz,1.67Hz	0.12~25Hz	2~512Hz,一般默认32Hz	32Hz,16Hz,8Hz,4Hz,2Hz,1Hz,0.5Hz,0.25Hz	开关周期为10ms或8.33ms	磁偶源830~69000Hz,电偶源0.1~10000Hz	62.5Hz,25Hz,12.5Hz,6.25Hz,2.5Hz	225Hz,75Hz,2Hz,8.3Hz,2.5Hz,0.83Hz,0.25Hz	2.5kHz~1024s,共31个基频,按二倍关系变化	16Hz	16Hz	0.0625Hz,0.125Hz,0.25Hz,0.5Hz,1Hz,2Hz,4Hz,8Hz,16Hz,32Hz
关断时间	固定0.2ms,0.3ms,0.5ms,1.0ms,1.5ms,快速下降后沿	100m×100m回线,55μs,40m×40m,回线,2.7μs	20~150μs,T_x边长≤100m	回线100m×100m,<100μs	回线100m×100m,40A,电流时为30μs		固定0.2ms,0.3ms,0.5ms,1.0ms,分档可控					1~1000μs
输出电压	24~120V或48~240V	20~100V	24~72V	14~120V	24V,36V,72V,96V	12V	120V	12~48V	150V	600V	600V	200V
最大输出电流	20A/30A	40A	40A	30A	50A		20A	20A	80A	900A	200A	50A
电源	2.4kW或4.8kW发电机	电池组	2.8kW	多个12V电	电瓶或交流转换电源	电瓶	电池组	电池组	电池组	电池组	500W发电机	电池组
装置组合	重叠回线,中心大定源回线,偶极	中心回线,大定源回线,偶极	中心回线,大定源回线,偶极	中心回线,大定源回线,偶极	中心回线,大定源回线,偶极		中心回线,大定源回线,偶极	重叠回线,中心回线	重叠回线	重叠回线,中心回线	重叠回线	重叠回线

参 考 文 献

白登海，Maxwell A M，卢健，等 . 2003. 时间域瞬变电磁法中心方式全程视电阻率的数值计算 . 地球物理学报，46（5）：697-704.

陈明生，阎述 . 1998. 电偶源频率电磁测深中的 Ex 分量 . 煤田地质与勘探，26（6）：60-66.

陈清礼，严良俊，付志红 . 2009. 均匀半空间长偏移距 TEM 法全区视电阻率的数值计算方法 . 工程地球物理学报，6（4）：390-494.

李吉松，朴化荣 . 1993. 电偶源瞬变电磁测深一维正演及视电阻率响应研究 . 物探化探计算技术，15（2）：191-200.

李毓茂 . 2012. 电磁频率测深方法与电偶源电磁频率测深量板 . 徐州：中国矿业大学出版社 .

朴化荣 . 1990. 电磁测深法原理 . 北京：地质出版社 .

王华军 . 2008. 时间域瞬变电磁法全区视电阻率的平移算法 . 地球物理学报，51（6）：1936-1942.

熊彬 . 2005. 大回线瞬变电磁法全区视电阻率的逆样条插值计算 . 吉林大学学报（地球科学版），35（4）：515-519.

严良俊，徐世浙，胡文宝，等 . 2003. 中心回线瞬变电磁测深全区视纵向电导解释方法 . 浙江大学学报（理学版），30（2）：236-240.

Beard L P. 2011. Interpretation of out of loop data in large fixed- loop TEM surveys//SEG Technical Program Expanded Abstracts. Society of Exploration Geophysicists：1242-1246.

Constable S C，Parker R L. 1987. Constable C G. Occam's inversion：a practical algorithm for generating smooth models from electromagnetic sounding data. Geophysics，52（3）：289-300.

Eaton P A，Hohmann G W. 1989. A rapid inversion technique for transient electromagnetic soundings. Physics of the Earth and Planetary Interiors，53：384-404.

Guo W B，Xue G Q，Li X，et al. 2010. Study and application of the multiple small- aperture TEM system. Preview，（149）：17-22.

Kaufman A A，Keller G V. 1983. Frequency and transient soundings. New York：Elsevier.

Meju J M. 1998. A simple method of transient electromagnetic data analysis. Geophysics，63（2）：1-6.

Nabighian M N，Macnae J C. 1991. Time- domain electromagnetic prospecting methods. In：Nabighian M N（ed.）. Electromagnetic methods in applied geophysics-Theory volume II，Part A，Society of Exploration Geophysicists，Tulsa：427-520.

Oristaglio M L，Hohmann G W. 1984. Diffusion of electromagnetic fields into a two dimensional earth：a finite-difference approach. Geophysics，49（7）：870-894.

Raiche A P，Gallagher R G. 1985. Apparent resistivity and diffusion velocity. Geophysics，50（10）：1628-1633.

Singh N P，Utsugi M，Kagiyama T. 2009. TEM response of a large loop source over a homogeneous earth model：a generalized expression for arbitrary source- receiver offsets. Pure and applied geophysics，166（12）：2037-2058.

Spies B R. 1980. Interpretation and design of time domain EM surveys in areas of conductive overburden. Exploration Geophysics，11（4）：130-139.

Spies B R. 1989. Depth of investigation in electromagnetic sounding methods. Geophysics，54（7）：872-888.

Wang T，Hohmann G W. 1993. A finite- difference time- domain solution for three- dimensional electromagnetic modeling. Geophysics，58（6）：797-817.

Xue G Q，Qin K Z，Li X，et al. 2012a. Discovery of a large-scale porphyry molybdenum deposit in Tibet through a modified TEM exploration method. Journal of Environmental & Engineering Geophysics，17（1）：19-25.

Xue G Q, Bai C, Yan S, et al. 2012b. Deep sounding TEM investigation method based on a modified fixed central-loop system. Journal of Applied Geophysics, 76: 23-32.

Xue G Q, Li X, Quan H J, et al. 2012c. Physical simulation and application of a new TEM configuration. Environmental Earth Sciences, 67 (5): 1291-1298.

Yan S, Chen M S, Shi X X. 2009. Transient electromagnetic Sounding using a 5m square loop. Exploration Geophysics, 40 (2): 193-196.

Zhdanov M S, Portniaguine O. 1997. Time-domain electromagnetic migration in the solution of inverse problems. Geophysical Journal of the Royal Astronomical Society, 131: 293-309.

第5章 全空间瞬变电磁场数值计算及响应特征

5.1 全空间瞬变电磁场数学模型

全空间瞬变电磁场模拟方法主包括有限差分法、有限元法、边界单元法和积分方程法等。

有限差分法是一种较老的数值计算方法，但直到20世纪60年代后期才将其用于地球物理中电磁场的计算。在计算过程中，首先将求解区域剖分成许多正方形（体）、长方形（体）网格单元，以网格节点上的场参数值来表征场空间的分布；然后将场所满足的微分方程离散化，即用差商代替微商，得出相应的差分方程（谭捍东和余钦范，2003）。设每个单元内岩（矿）石的地球物理特性参数为常数，地球物理场呈线性变化，那么网格节点上场值可表示成为相邻节点上场值的线性函数。由此得一个方程数和节点数相同的、关于节点场参数的高阶线性方程组，解此方程组可以得出场空间的具体分布情况。有限差分法的计算原理和程序设计都比较简单，易于解决由二维过渡到三维地球物理问题，特别是适用于计算规则形状（如板状体、层状或近似层状体）的地球物理模型。

有限元法是20世纪50年代中期发展起来的一种数值计算方法。最初主要用于结构和应力分析。70年代初，J. H. Coggon首先将其用于电法勘探。他从电磁场总能量最小原理出发，建立了用有限单元法进行电（磁）场模拟的算法，并实际计算了二维地电条件下的直流点电源场和线电源场中的电磁法异常。后来，L R. Rijo进一步完善了这种数值计算方法，使之成为计算二维地电条件下（点源）电阻率法和激发极化法异常的有效方法（Rijo，1996）。我国从70年代中期开始在电法勘探中做有限元数值模拟，主要是研究轴对称空间二维问题。后来，又引进和发展了Coggon-Rijo的二维地电条件下点源场的有限元算法。有限元法是根据电场分布服从最小能量原理，将给定边界条件下求解电位的微分方程等价地转换成求解泛函的极值问题，再经过离散化，得到由空间各点未知电位值组成的高阶线性方程组，最后用计算机求解该方程组，可确定各点的电位分布。有限元法实质上是一种求解场的变分问题的数值方法。

积分方程法是近几十年发展起来的一种方法。用积分方程法进行数值模拟，是从点源三维问题所满足的泊松方程入手，应用Helmholtz理论，得出电位表达式，然后通过对两边求导，得出地质异常体表面关于电荷密度的积分方程，求此积分方程，可得出异常体表面的电荷密度，然后再代入电位表达式，从而求得各点电位值，再根据具体装置系数，即可求得对应的视电阻率值。用积分方程法进行数值模拟时，所得的积分方程是关于异常体表面的电荷密度方程，因此我们在进行方程离散时，只需剖分地质体的边界，这样剖分单元和节点的数目较少，形成的方程组的规模也较小，可以在微机上实现。同时，由于只对地质异常体的边界进行剖分，对边界的拟合精度较高，离散化误差只来源于边界，从而提高了计算的精度。该方法易于处理三维局部异常体问题。

边界单元法是一种较新的数值计算方法，主要用于工程计算。该方法的基本思想与积分方程法相似，它是把问题求解区域的边界划分成一系列小单元，通过边界积分表达式来建立代数方程，从而求得场值的近似解。该方法的优点为：将问题的维数降低一维，单元数目小，未知量限于边界，因而解算一个问题所需计算的方程组规模小，有利于节省内存和计算时间。其计算精度也较高，而且对场值变化大的问题也适于应用。但是，边界元法所建立最后待计算的代数方程组系数矩阵为满矩阵，并且还可能是非对称的，得到该矩阵元素需要计算奇异积分，计算较麻烦，而且不大适用于狭窄边界层的计算。在用边界元法解题的过程中，首先应将问题的偏微分方程形式，用分部积分或格林公式转化为边界积分方程的形式，即得出问题的边界积分方程，然后对边界进行单元剖分，离散边界积分方程，最后解离散代数方程得到问题的近似数值解。

从以上的分析可知，在处理复杂的几何形状，对连续场作离散处理、划分网格时的灵活性和适应性等方面，有限元法比有限差分法更为有利，同时有限差分法由于在理论上没有以变分原理为基础，其收敛性和数值稳定性往往都得不到保证。边界单元法使用了边界积分方程，将要求解问题的维数降低，输入数据比较简单，只是边界上的数值，对于三维场的计算特别有利。不仅适合有界区域问题，而且更适合研究无界区域问题，由于权函数是采用精确解的基本解或其他精确解，误差仅来源于边界的离散。相对边界单元法和有限差分法，有限元法更适用于模拟不规则的三维异常体，更接近于实际应用的需要。

理想状态下瞬变电磁场可分为两个部分：第一部分为关断电流前的稳定磁场，这部分可以根据稳定场源公式建立数学模型，求出各个结点的磁势；第二部分为瞬间断电后的涡流场，这个过程根据涡流场公式建立数学模型，求出每个时间各个结点的磁势。

为简化分析，对于瞬变电磁场中的有关问题作如下假设：

（1）介质是线性和均匀各向同性的，介质的电磁学性质与时间、温度和压强无关；

（2）介质的磁导率 μ 与自由空间磁导率 μ_0 相同，即 $\mu = \mu_0$；

（3）在导电介质中（介质电导率 $\sigma \neq 0$ 的介质中），由于体电荷不可能堆积在某一处，随时间的增加很快被介质导走而消失，即体电荷为0。

由电磁场理论可知，在各向同性均匀导电介质中，麦克斯韦方程组可写为

$$\nabla \times \boldsymbol{E} = -\frac{\partial \boldsymbol{B}}{\partial t} \tag{5.1}$$

$$\nabla \times \boldsymbol{H} = \frac{\partial \boldsymbol{D}}{\partial t} + \boldsymbol{J} \tag{5.2}$$

$$\nabla \cdot \boldsymbol{B} = 0 \tag{5.3}$$

$$\nabla \cdot \boldsymbol{D} = 0 \tag{5.4}$$

并且有下列关系式：

$$\boldsymbol{J} = \sigma \boldsymbol{E} \tag{5.5}$$

$$\boldsymbol{B} = \mu \boldsymbol{H} \tag{5.6}$$

$$\boldsymbol{D} = \varepsilon \boldsymbol{E} \tag{5.7}$$

式中，E 为电场强度，V/m；H 为磁场强度，A/m；B 为磁感应强度，Wb/m^2；D 为电位移矢量，C/m^2；J 为电流密度，A/m^2；ρ 为电荷密度，C/m^3；μ 为磁导率，H/m；ε 为介电常数，F/m；σ 为电导率，S/m。

为了便于求解电磁场问题，类似于稳定电流场中引入标量位一样，在电磁场理论中引入矢量位函数。由式（5.3）出发，引入电磁场矢量位 A，利用矢量的旋度的散度恒等于零，即 $\nabla \cdot \nabla \times A \equiv 0$，令

$$H = \nabla \times A \tag{5.8}$$

将式（5.8）代入式（5.1）得

$$\nabla \times E = -\mu \frac{\partial}{\partial t} \nabla \times A$$

$$\nabla \times \left(E + \mu \frac{\partial A}{\partial t} \right) = 0 \tag{5.9}$$

式（5.9）说明，括号内的矢量是无旋的，即可表示为任一标量函数中的负梯度，即

$$\begin{cases} E + \mu \dfrac{\partial A}{\partial t} = -\nabla \varphi \\[2mm] E = -\nabla \varphi - \mu \dfrac{\partial A}{\partial t} \end{cases} \tag{5.10}$$

式中，φ 为任一标量函数。

将式（5.10）和式（5.8）代入式（5.2），得

$$\nabla \times \nabla \times A = -\sigma \nabla \varphi - \sigma \mu \frac{\partial A}{\partial t} - \varepsilon \nabla \frac{\partial \varphi}{\partial t} - \varepsilon \mu \frac{\partial^2 A}{\partial t^2} \tag{5.11}$$

利用矢量恒等式：

$$\nabla \times \nabla \times A = -\nabla^2 A + \nabla(\nabla \cdot A) \tag{5.12}$$

和洛伦兹条件：

$$\nabla \cdot A + \sigma \varphi + \varepsilon \frac{\partial \varphi}{\partial t} = 0 \tag{5.13}$$

先将式（5.12）代入式（5.11）得

$$\nabla^2 A = \nabla(\nabla \cdot A) + \sigma \nabla \varphi + \varepsilon \nabla \frac{\partial \varphi}{\partial t} + \sigma \mu \frac{\partial A}{\partial t} + \varepsilon \mu \frac{\partial^2 A}{\partial t^2}$$

整理后：

$$\nabla^2 A = \nabla\left(\nabla \cdot A + \sigma \varphi + \varepsilon \frac{\partial \varphi}{\partial t}\right) + \sigma \mu \frac{\partial A}{\partial t} + \varepsilon \mu \frac{\partial^2 A}{\partial t^2} \tag{5.14}$$

再将式（5.13）代入式（5.14）得

$$\nabla^2 A = \mu \sigma \frac{\partial A}{\partial t} + \mu \varepsilon \frac{\partial^2 A}{\partial t^2} \tag{5.15}$$

式（5.15）为矢量位函数 A 的波动方程。

如果将式（5.10）代入式（5.4），可得

$$\nabla \cdot \nabla \varphi + \mu \frac{\partial}{\partial t} \nabla \cdot A = 0 \tag{5.16}$$

将式（5.13）代入式（5.16）得

$$\nabla \cdot \nabla \varphi = \mu \frac{\partial}{\partial t} \left(\sigma \varphi + \varepsilon \frac{\partial \varphi}{\partial t} \right)$$

整理后：

$$\nabla^2 \varphi = \mu \sigma \frac{\partial \varphi}{\partial t} + \mu \varepsilon \frac{\partial^2 \varphi}{\partial t^2} \tag{5.17}$$

式（5.17）为标量位函数 φ 的波动方程。

由相关理论可知，洛伦兹条件是加在任意矢量函数 $\boldsymbol{A}$ 和标量位函数 φ 的唯一限制条件，使得 $\boldsymbol{A}$ 和 φ 具有对称性，也使得这两个位函数满足同一形式的波动方程。

可以证明，在均匀各向同性介质中，$\boldsymbol{E}$、$\boldsymbol{H}$ 和 $\boldsymbol{j}$ 也满足式（5.15）和式（5.17）相同形式的波动方程。即

$$\nabla^2 \boldsymbol{E} = \mu \sigma \frac{\partial \boldsymbol{E}}{\partial t} + \mu \varepsilon \frac{\partial^2 \boldsymbol{E}}{\partial t^2} \tag{5.18}$$

$$\nabla^2 \boldsymbol{H} = \mu \sigma \frac{\partial \boldsymbol{H}}{\partial t} + \mu \varepsilon \frac{\partial^2 \boldsymbol{H}}{\partial t^2} \tag{5.19}$$

$$\nabla^2 \boldsymbol{j} = \mu \sigma \frac{\partial \boldsymbol{j}}{\partial t} + \mu \varepsilon \frac{\partial^2 \boldsymbol{j}}{\partial t^2} \tag{5.20}$$

另外，从式（5.4）出发，可定义一个由磁性源（不接地回线）所产生的电磁场矢量 $\boldsymbol{A}^*$，令 $\boldsymbol{E} = \nabla \times \boldsymbol{A}^*$，可证明 $\boldsymbol{A}^*$ 也满足相同形式的波动方程。通过以上分析可知，各种电磁场量及各种定义的矢量位与标量位的波动方程具有相同的形式。

5.2 瞬变电磁 1D 响应计算

在野外，大定源瞬变电磁法通常采用矩形回线作为激发源，矩形回线不能看作垂直磁偶极源，也不能简单地用圆形回线近似。

Podda（1983）根据电磁学中的互易原理和垂直磁偶极源激发的电磁场，推导出矩形发射回线在任意点激发的频率域电磁场表达式，而没有进一步推导时间域电磁场表达式。Raiche（1987）根据垂直磁偶极源激发的电磁场，采用嵌套插值的方法求出了多边形发射回线激发的频率域电磁场，然后利用样条函数拟合求出了时间域电磁场；由于直接对磁场脉冲响应垂直分量按回线面积积分，表达式中出现了三次积分，增大了计算量。李建平等（2007）将任意形状的回线看作由多个水平电偶源组成，由水平电偶源激发的电磁场表达式，通过余弦变换获得了任意形状回线激发的电磁场。

本书将矩形回线看作多个垂直磁偶源组成，试图通过垂直磁偶源激发的电磁场表达式，通过 G-S 算法得到矩形回线激发的瞬变电磁场。

5.2.1 矩形回线激发的频率域电场

位于均匀层状大地表面的垂直磁偶极源的电场表达式为

$$E_y = -\frac{\hat{z}_0 m}{4\pi} \int_0^\infty \frac{\lambda^2}{u_0} (1 + r_{TE}) \mathrm{e}^{-u_0 z} \frac{x}{\rho} J_1(\lambda \rho) \, \mathrm{d}\lambda \tag{5.21}$$

式中，λ 为积分变量；z_0 为表层阻抗；$u_0 = (\lambda + k_0^2)^{1/2}$；$k_0$ 为表层波数。

$$E_x = \frac{\hat{z}_0 m}{4\pi} \int_0^\infty \frac{\lambda^2}{u_0}(1 + r_{TE}) e^{-u_0 z} \frac{y}{\rho} J_1(\lambda\rho)\,d\lambda \tag{5.22}$$

式中，$\rho = (x^2 + y^2)^{1/2}$；m 为磁矩；r_{TE} 为反射系数，由式（5.23）确定：

$$r_{TE} = \frac{Y_0 - \hat{Y}_1}{Y_0 + \hat{Y}_1} \tag{5.23}$$

式中，$Y_0 = \dfrac{u_0}{i\omega\mu_0}$，$\hat{Y}_1 = Y_1 \dfrac{\hat{Y}_2 + Y_1 \tanh(u_1 h_1)}{Y_1 + \hat{Y}_2 \tanh(u_1 h_1)}$，$\hat{Y}_n = Y_n \dfrac{\hat{Y}_{n+1} + Y_n \tanh(u_n h_n)}{Y_n + \hat{Y}_{n+1} \tanh(u_n h_n)}$，$\hat{Y}_n = Y_n$，$Y_n = \dfrac{u_n}{\hat{z}_n}$；其中 $\hat{z}_n = i\omega\mu_n$，$u_n = (\lambda^2 + k_n^2)^{1/2}$，$k_n^2 = \omega^2 \mu_n \varepsilon_n - i\omega\mu_n \sigma_n$；$n$ 为序号，表示第 n 层。

　　矩形回线不能看成垂直磁偶极源，但是可以看成由无数个小的垂直磁偶极源组合而成；瞬变电场法通常在地表测量，故 $z = 0$。图 5.1 是矩形发射回线示意图，其中 (x, y, z) 表示测点坐标，$(x', y', 0)$ 表示小的垂直磁偶极源坐标；z 轴垂直向下，坐标原点位于矩形回线中心。此时有 $\rho = [(x' - x)^2 + (y' - y)^2]^{1/2}$。

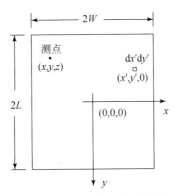

图 5.1　矩形发射回线示意图

　　在地表测量时，有 $z = 0$。在准静态条件下，将式（5.21）和式（5.22）中的磁矩 m 用 $dm = I dx' dy'$ 代替，按回线面积积分就可以求出矩形回线在点 (x, y, z) 处激发的频率域总电场 E_y 和 E_x：

$$E_y = \frac{\hat{z}_0 I}{4\pi} \int_{-W}^{W} \int_{-L}^{L} \frac{x' - x}{\rho} \int_0^\infty \lambda(1 + r_{TE}) J_1(\lambda\rho)\,d\lambda\,dy'\,dx' \tag{5.24}$$

$$E_x = -\frac{\hat{z}_0 I}{4\pi} \int_{-W}^{W} \int_{-L}^{L} \frac{y' - y}{\rho} \int_0^\infty \lambda(1 + r_{TE}) J_1(\lambda\rho)\,d\lambda\,dy'\,dx' \tag{5.25}$$

由于式（5.24）中积分彼此无关，可以先对 x' 积分，具体如下：

$$\frac{\partial J_0(\lambda\rho)}{\partial x'} = -\lambda \frac{x' - x}{\rho} J_1(\lambda\rho) \tag{5.26}$$

式（5.24）化为

$$E_y = -\frac{\hat{z}_0 I}{4\pi} \int_{-L}^{L} \int_{0}^{\infty} (1 + r_{TE}) \left[J_0(\lambda \rho_W) - J_0(\lambda \rho_{-W}) \right] \mathrm{d}\lambda \, \mathrm{d}y' \qquad (5.27)$$

同理，式（5.25）化为

$$E_x = \frac{\hat{z}_0 I}{4\pi} \int_{-W}^{W} \int_{0}^{\infty} (1 + r_{TE}) \left[J_0(\lambda \rho_L) - J_0(\lambda \rho_{-L}) \right] \mathrm{d}\lambda \, \mathrm{d}x' \qquad (5.28)$$

式（5.27）和式（5.28）中，$\rho_L = \left[(x'-x)^2 + (L-y)^2 \right]^{1/2}$，$\rho_{-L} = \left[(x'-x)^2 + (-L-y)^2 \right]^{1/2}$；
$\rho_W = \left[(W-x)^2 + (y'-y)^2 \right]^{1/2}$，$\rho_{-W} = \left[(-W-x)^2 + (y'-y)^2 \right]^{1/2}$。

5.2.2　矩形回线激发的时间域电场阶跃响应

根据 Gaver-Stehefest（G-S）理论，$P(t) = \dfrac{1}{2\pi i} \int_{0}^{\infty} P(s) \mathrm{e}^{st} \mathrm{d}s$（其中 $s = -i\omega$）的数值变换式可表示如下（Knight and Raiche，1982）：

$$P(t) = \frac{\ln 2}{t} \sum_{j=1}^{J} K_j P\left(\frac{\ln 2}{t} j\right) \qquad (5.29)$$

K_j 为 G-S 算法系数，由式（5.30）确定：

$$K_j = (-1)^{j+M} \sum_{k=m}^{\min(j,\,M)} \frac{k^M (2k)!}{(M-k)! \, k! \, (k-1)! \, (j-k)! \, (2k-j)!} \qquad (5.30)$$

式中，$M = J/2$，m 为 $(j+1)/2$ 的整数部分。在上阶跃电流激发情况下，将式（5.29）应用于式（5.27）和式（5.28）得到时间域电场的阶跃响应：

$$e_y(t) = \frac{\ln 2}{t} \cdot \frac{I}{4\pi} \sum_{j=1}^{J} K_j \cdot \hat{z}_0 \int_{-L}^{L} \int_{0}^{\infty} (1 + r_{TE}) \left[J_0(\lambda \rho_W) - J_0(\lambda \rho_{-W}) \right] \mathrm{d}\lambda \, \mathrm{d}y' \qquad (5.31)$$

$$e_x(t) = -\frac{\ln 2}{t} \cdot \frac{I}{4\pi} \sum_{j=1}^{J} K_j \cdot \hat{z}_0 \int_{-W}^{W} \int_{0}^{\infty} (1 + r_{TE}) \left[J_0(\lambda \rho_L) - J_0(\lambda \rho_{-L}) \right] \mathrm{d}\lambda \, \mathrm{d}x' \qquad (5.32)$$

式（5.31）和式（5.32）中的 $-i\omega$ 用 $j \cdot \ln 2/t$ 离散。

5.2.3　矩形回线激发的时间域磁场的脉冲响应

由于瞬变电磁法中，实测数据是感应电动势；而感应电动势是磁场脉冲响应的变形。因此求解磁场的脉冲响应有实际意义。

根据法拉第电磁感应定理，利用时间域电场强度阶跃响应可以求得磁场脉冲响应：

$$\frac{\partial b_z}{\partial t} = \frac{\partial e_x}{\partial y} - \frac{\partial e_y}{\partial x} \qquad (5.33)$$

将（5.31）和式（5.32）代入式（5.33），可得磁场脉冲响应的垂直分量：

$$\frac{\partial b_z}{\partial t} = R_1 + R_2 \qquad (5.34)$$

式中，

$$R_1 = -\frac{\ln 2}{t} \cdot \frac{I}{4\pi} \sum_{j=1}^{J} K_j \cdot \hat{z}_0 \int_{-W}^{W} \int_{0}^{\infty} \lambda (1 + r_{TE}) \left[\frac{L-y}{\rho_L} J_1(\lambda \rho_L) - \frac{-L-y}{\rho_{-L}} J_1(\lambda \rho_{-L}) \right] \mathrm{d}\lambda \, \mathrm{d}x'$$

$$R_2 = -\frac{\ln2}{t} \cdot \frac{I}{4\pi} \sum_{j=1}^{J} K_j \cdot \hat{z}_0 \int_{-L}^{L} \int_0^\infty \lambda (1 + r_{TE}) \left[\frac{W-x}{\rho_W} J_1(\lambda\rho_W) - \frac{-W-x}{\rho_{-W}} J_1(\lambda\rho_{-W}) \right] \mathrm{d}\lambda\,\mathrm{d}y'$$

式（5.34）是矩形发射回线激发的磁场脉冲响应的表达式，求解这些表达式需要使用 Hankel 变换。

5.2.4　算法精度验证

为了验证该算法的精度，将该算法的计算结果与张成范等（2009）的计算结果相比较。发射回线长和宽分别是 600m 和 200m；计算时间是 0.05 ~ 100ms 的 20 个时刻；测点位置是（260，20）。需要说明的是，张成范等（2009）将坐标原点设置于矩形回线的左下方顶点，而本书设置于矩形回线的几何中心。用于试算的地电模型详见表 5.1。

表 5.1　三层地电模型参数

模型	第一层电阻率	第二层电阻率	第三层电阻率	第一层厚度	第二层厚度
模型 1	$100\Omega \cdot m$	$10\Omega \cdot m$	$500\Omega \cdot m$	400m	50m

张成范等（2009）将矩形回线看作无数水平电偶源，通过余弦变换求得感应电动势。而本书则是将矩形回线看作无数垂直磁偶源，由 G-S 算法求得感应电动势。

图 5.2 是利用不同算法计算的感应电动势曲线，其中实线是张成范等（2009）的计算的感应电动势曲线，其他四条带不同节点符号的曲线是分别利用 $J = 10$，12，14，16 的 G-S 算法求得的感应电动势曲线。由图看出：$J = 14$ 的感应电动势与张成范等（2009）的计算的感应电动势最为接近，$J = 12$ 次之；而 $J = 10$ 和 $J = 16$ 的感应电动势偏差较大。利用不同系数的 G-S 算法求得的感应电动势早期精度相差不大，均在 1% 以内；晚期精度较低。

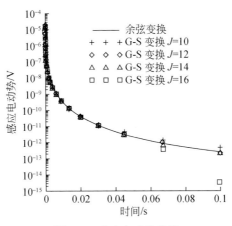

图 5.2　感应电动势曲线

图 5.3 是利用本书算法计算的感应电动势与张成范等（2009）计算的感应电动势的误差曲线。图中误差由公式：误差 $= 100 \times (\mathrm{emf}_{\mathrm{G-S}} - \mathrm{emf}_{\mathrm{张}}) / \mathrm{emf}_{\mathrm{张}}$ 算得，分别利用 $J = 10$，12，14，16 的 G-S 算法求得的感应电动势最大误差分别是 93.8%、23.4%、3.8% 和

98.6%，均对应最大时刻0.1s。

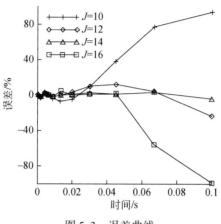

图5.3　误差曲线

从以上分析可知，$J = 14$的G-S算法求得的感应电动势精度最高。Villinger利用G-S算法求解一维地热扩散问题时，也得出了一致的结论。G-S算法计算精度与编程语言所提供的有效数字位数相关。15位有效数字的编程环境中，$J = 14$的G-S算法精度最高；当$J > 14$时，舍入误差增大使得算法变得不稳定；$J < 14$时，系数偏少导致计算结果精度较低。

将矩形发射回线看作无数垂直磁偶源，对磁矩按矩形发射回线面积积分，推导出了矩形回线激发的频率域电磁场；利用G-S算法求得了时间域电磁场。通过与已有计算结果比较，说明这种方法可以用于求解矩形回线在任意时刻、任意点激发的感应电动势。

5.3　瞬变电磁场有限差分法正演算法

三维瞬变电磁场数值计算在二维数值计算的基础上发展起来，本书从简单的二维数值模拟开始，分析瞬变电磁场数值模拟中源的设置、空间网格剖分、时间步长设置等技术问题。同时，通过二维瞬变电磁场模拟结果和三维全空间结果进行对比，分析全空间瞬变电磁响应特征与地面半空间瞬变电磁响应的异同。

5.3.1　二维差分格式

对于二维瞬变电场，其满足如下标量方程：

$$\frac{\partial^2 E_y(x,z,t)}{\partial x^2} + \frac{\partial^2 E_y(x,z,t)}{\partial z^2} - \sigma\mu_0 \frac{\partial E_y(x,z,t)}{\partial t} = \mu_0 \frac{\partial j}{\partial t} \tag{5.35}$$

对于源项，当采用解析解作为初始条件代入时可以省略，式（5.35）可以变为

$$\frac{\partial^2 E_y}{\partial x^2} + \frac{\partial^2 E_y}{\partial z^2} = \sigma\mu_0 \frac{\partial E_y}{\partial t} \tag{5.36}$$

对于二维数值模拟，只需要对求解区域在平面上进行剖分，采用非均匀正交网格对求解区域进行剖分（图5.4，图5.5），对于内部网格节点(i,j)其周围都有4个矩形面元。

对式（5.36）的两边在控制面元 $ABCD$ 上进行面积分。

$$\iint\limits_{ABCD}\left(\frac{\partial^2 E_y}{\partial x^2} + \frac{\partial^2 E_y}{\partial z^2}\right)\mathrm{d}x\mathrm{d}z = \iint\limits_{ABCD}\sigma\mu_0\frac{\partial E_y}{\partial t}\mathrm{d}x\mathrm{d}z \tag{5.37}$$

利用格林公式，方程左边的面积分化为线积分，下面将 E_y 均用 E 表示：

$$\iint\limits_{ABCD}\left(\frac{\partial^2 E}{\partial x^2} + \frac{\partial^2 E}{\partial z^2}\right)\mathrm{d}x\mathrm{d}z = \oint\limits_{ABCD}\frac{\partial E}{\partial z}\mathrm{d}x - \oint\limits_{ABCD}\frac{\partial E}{\partial x}\mathrm{d}z \tag{5.38}$$

$$\oint\limits_{ABCD}\frac{\partial E}{\partial z}\mathrm{d}x - \oint\limits_{ABCD}\frac{\partial E}{\partial x}\mathrm{d}z = \int\limits_{BC}\frac{\partial E}{\partial z}\mathrm{d}x - \int\limits_{AD}\frac{\partial E}{\partial z}\mathrm{d}x + \int\limits_{DC}\frac{\partial E}{\partial x}\mathrm{d}z - \int\limits_{AB}\frac{\partial E}{\partial x}\mathrm{d}z \tag{5.39}$$

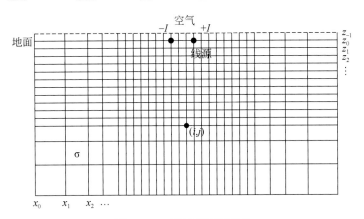

图 5.4　二维正交网格剖分

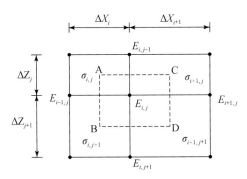

图 5.5　$E_{i,j}$ 的控制面元

对式（5.38）中的积分做近似处理，可得

$$\begin{aligned}\iint\limits_{ABCD}\left(\frac{\partial^2 E}{\partial x^2} + \frac{\partial^2 E}{\partial z^2}\right)\mathrm{d}x\mathrm{d}z \approx\ & \frac{E_{i,\,j+1} - E_{i,\,j}}{\Delta z_{j+1}}\cdot\frac{\Delta x_i + \Delta x_{i+1}}{2} - \frac{E_{i,\,j} - E_{i,\,j-1}}{\Delta z_j}\cdot\frac{\Delta x_i + \Delta x_{i+1}}{2} \\ & + \frac{E_{i+1,\,j} - E_{i,\,j}}{\Delta x_{i+1}}\cdot\frac{\Delta z_j + \Delta z_{j+1}}{2} - \frac{E_{i,\,j} - E_{i-1,\,j}}{\Delta x_i}\cdot\frac{\Delta z_j + \Delta z_{j+1}}{2}\end{aligned}$$

$$\tag{5.40}$$

对式（5.37）的右边作近似处理

$$\iint\limits_{ABCD} \sigma\mu_0 \frac{\partial E}{\partial t}\mathrm{d}x\mathrm{d}z \approx \mu_0 \frac{\partial E_{i,j}}{\partial t}\left[\frac{\Delta z_j}{2}\cdot\frac{\Delta x_i}{2}\sigma_{i,j} + \frac{\Delta z_j}{2}\cdot\frac{\Delta x_{i+1}}{2}\sigma_{i+1,j} + \frac{\Delta z_{j+1}}{2}\cdot\frac{\Delta x_i}{2}\sigma_{i,j+1} + \frac{\Delta z_{j+1}}{2}\cdot\frac{\Delta x_{i+1}}{2}\sigma_{i+1,j+1}\right]$$

$$(5.41)$$

将式（5.40）和式（5.41）代入式（5.37）的两端即可得到空间离散的扩散方程：

$$2\mu_0 \frac{\partial E_{i,j}}{\partial t}(\Delta x_i\Delta z_j\sigma_{i,j} + \Delta x_{i+1}\Delta z_j\sigma_{i+1,j} + \Delta x_i\Delta z_{j+1}\sigma_{i,j+1} + \Delta x_{i+1}\Delta z_{j+1}\sigma_{i+1,j+1}) =$$

$$E_{i,j+1}\frac{\Delta x_i + \Delta x_{i+1}}{\Delta z_{j+1}} + E_{i,j-1}\frac{\Delta x_i + \Delta x_{i+1}}{\Delta z_j} + E_{i+1,j}\frac{\Delta z_j + \Delta z_{j+1}}{\Delta x_{i+1}} + E_{i-1,j}\frac{\Delta z_j + \Delta z_{j+1}}{\Delta x_i}$$

$$- E_{i,j}\left(\frac{\Delta x_i + \Delta x_{i+1}}{\Delta z_{j+1}} + \frac{\Delta x_i + \Delta x_{i+1}}{\Delta z_j} + \frac{\Delta z_j + \Delta z_{j+1}}{\Delta x_{i+1}} + \frac{\Delta z_j + \Delta z_{j+1}}{\Delta x_i}\right) \qquad (5.42)$$

瞬变电磁法勘探是基于时间域的电磁场的扩散理论，在数值模拟时需要对式（5.42）中的时间项进行离散处理。前人对于解时间分步电磁扩散方程方面有很多的研究成果，有欧拉法、克兰科克–尼克尔森法、交替方向法等。其中 Oristaglio 和 Hohmann（1984）应用的 D-F 法是显式的、无条件稳定的。本书采用这种方法进行扩散方程离散。

对时间项采用中心差商近似：

$$\frac{E_{i,j}^n}{\partial t} \approx \frac{E_{i,j}^{n+1} - E_{i,j}^{n-1}}{2\Delta t_n} \qquad (5.43)$$

对式（5.42）中的 $E_{i,j}$ 作以下的近似，将方程变为显式迭代方程

$$E_{i,j}^n \approx \frac{E_{i,j}^{n+1} + E_{i,j}^{n-1}}{2} \qquad (5.44)$$

将式（5.43）和式（5.44）代入式（5.42），并作适当的变换，可得瞬变电场的显式离散、无条件稳定的离散公式：

$$E_{i,j}^{n+1} = \frac{1 - 4\overline{r_{i,j}}}{1 + 4\overline{r_{i,j}}}E_{i,j}^{n-1} + \frac{2r_{i,j}^z}{1 + 4\overline{r_{i,j}}}\left(\frac{\Delta z_j}{\Delta z_j}E_{i,j+1}^n + \frac{\Delta z_{j+1}}{\Delta z_j}E_{i,j-1}^n\right) + \frac{2r_{i,j}^x}{1 + 4\overline{r_{i,j}}}\left(\frac{\Delta x_i}{\Delta x_i}E_{i+1,j}^n + \frac{\Delta x_{i+1}}{\Delta x_i}E_{i-1,j}^n\right)$$

$$(5.45)$$

式中，

$$r_{i,j}^x = \frac{\Delta t}{\mu_0 \overline{\sigma_{i,j}}\Delta x_i\Delta x_{i+1}}$$

$$r_{i,j}^z = \frac{\Delta t}{\mu_0 \overline{\sigma_{i,j}}\Delta z_j\Delta z_{j+1}}$$

$$\overline{r_{i,j}} = \frac{r_{i,j}^x + r_{i,j}^z}{2}$$

$$\overline{\Delta x_i} = \frac{\Delta x_i + \Delta x_{i+1}}{2}$$

$$\overline{\Delta z_j} = \frac{\Delta z_j + \Delta z_{j+1}}{2}$$

$$\overline{\sigma_{i,j}} = \frac{\sigma_{i,j}\Delta x_i\Delta z_j + \sigma_{i+1,j}\Delta x_{i+1}\Delta z_j + \sigma_{i,j+1}\Delta x_i\Delta z_{j+1} + \sigma_{i+1,j+1}\Delta x_{i+1}\Delta z_{j+1}}{(\Delta x_i + \Delta x_{i+1})(\Delta z_j + \Delta z_{j+1})}$$

5.3.2　线源的设置和边界条件

时间域瞬变电磁场的数值求解过程中还需要初始条件和边界条件才能获得正确的解。对于电磁场的初始条件，也就是源的设置，通常的方法有直接在源点加激励函数，包括硬源和软源，还有一类就是用均匀介质的解析解作为初始值代入。

离散方程［式（5.45）］进行迭代运算时，需要先知道刚开始 $n=0$ 和 $n=1$ 时刻的电场值作为初始条件。电磁扩散场的传播速度较波动场的速度低很多，在初始时刻涡流场主要在源附近，通常在数值模拟时设置的异常体都远离源点。因此可以用源附近的很早时刻的均匀介质解析解作为初始条件代入迭代方程。Oristaglio 于 1982 年给出了均匀半空间地表线电流源产生的瞬变电场的解析公式。对于双线源模拟，只需要在两个源点分别设置电流为 $+I_0$ 和 $-I_0$ 即可（Oristaglio，1982）。

$$E(x,z,t) = \frac{I_0}{\sigma\pi} \cdot \frac{e^{-\frac{z^2}{4T}}}{x^2+z^2} \left\{ \left(\frac{z^2-x^2}{z^2+x^2} + \frac{z^2}{2T} \right) e^{-\frac{x^2}{4T}} - \frac{z}{\sqrt{\pi}} \left[\frac{1}{\sqrt{T}} - xF\left(\frac{x}{2\sqrt{T}} \right) \right.\right.$$
$$\left.\left. \left(\frac{1}{T} + \frac{4}{z^2+x^2} \right) \right] \right\} + \frac{I_0}{\sigma\pi} \frac{x^2-z^2}{(z^2+x^2)^2} \mathrm{erfc}\left(\frac{z}{2\sqrt{T}} \right) \tag{5.46}$$

式中，$T = t/\sigma\mu_0$；erfc（u）为余误差函数：

$$\mathrm{erfc}(u) = 1 - \frac{2}{\sqrt{\pi}} \int_0^u e^{-x^2} \mathrm{d}x \tag{5.47}$$

F（u）为道森积分，其近似公式为

$$F(u) = \frac{u + b_1 u^3 + b_2 u^5 + b_3 u^7}{1 + a_1 u^2 + a_2 u^4 + a_3 u^6 + a_4 u^8} \tag{5.48}$$

式中，$a_1 = 31/28$；$a_2 = 43/70$；$a_3 = 17/105$；$a_4 = 26/105$；$b_1 = 37/84$；$b_2 = 1/7$；$b_3 = 13/105$。

对于二维瞬变电磁场，在内部媒质分界面上的边界条件是自然满足的。利用数值方法求解微分方程时，其空间的求解区域不能是无限的，需要对空间边界进行截断。空间边界的截断会带来计算的误差，因此需要对截断边界进行必要的处理以减小误差。对于二维瞬变电磁场，当将剖分空间设置足够大的情况下，地下空间的截断边界可以应用狄里克莱（Dirichlet）边界条件，即设置地下空间边界为零或均匀介质解析解。由于上述的离散方法是无条件稳定的，在空间剖分时采用非均匀网格剖分可以避免设置足够大求解区域带来的计算量巨大问题。另外一个需要特别处理的就是地空边界条件。在准静态电磁场条件下，在自由空间中电场满足拉普拉斯方程 $\nabla^2 E = 0$。此时，空气中的电场 E（x，$z<0$，t）可以通过上延拓法由地空边界上的 E（x，$z=0$，t）求解。

$$E(x,z<0,t) = -\frac{z}{\pi} \int_{-\infty}^{+\infty} \frac{E(x',z=0,t)}{(x-x')^2+z^2} \mathrm{d}x' \tag{5.49}$$

Oristaglio 采用了快速傅里叶法在波数域和空间域进行变换的方法进行上延拓边界求解。该方法稍显复杂，在非均匀网格下变换过程中还要用到离散数据的插值，本书开始也使用了该方法，中间过程处理不好始终未得到理想结果。后改为直接求数值积分的方法，

得到了满意的效果。采用直接求积法求上延拓边界的步骤如下。

（1）首先，用均匀全空间解析解赋给 $n = 0\Delta t$ 时刻的地空边界的值 $E(x_i, z = 0, n = 0)$。

（2）利用 $n\Delta t$ 时刻的地空边界上各个节点的 $E(x_i, z = 0, n\Delta t)$ 离散值，采用切比雪夫法拟合电场 $E(y)$ 的函数：

$$E(y) = a_0 + a_1 y + a_2 y^2 + a_3 y^3 + a_4 y^4 + a_5 y^5 \tag{5.50}$$

（3）采用变步长梯形法求空气中延拓边界上各节点的 $E(x_i, z < 0, n\Delta t)$；

$$E(x_i, z < 0, n\Delta t) = -\frac{z}{\pi} \int_{x_0}^{x_N} \frac{E(x')}{(x_i - x')^2 + z^2} \mathrm{d}x' \tag{5.51}$$

其中积分核的电场函数用步骤（2）中的拟合函数 $E(y)$，N 为 x 方向的节点最大编号，z 为空气中上延拓的网格距离。

（4）求出 $E(x_i, z < 0, n\Delta t)$ 后，进行迭代计算，得到后一时刻 $(n+1)\Delta t$ 的场值 $E(x_i, z \geq 0, (n+1)\Delta t)$；将 $(n+1)\Delta t$ 时刻的地空边界值再代入步骤（2）循环计算，直到迭代过程结束。

5.3.3　离散方程推导

对于无源区，电场的扩散方程为

$$\nabla^2 E(r, t) = \mu_0 \sigma(r) \frac{\partial E(r, t)}{\partial t} \tag{5.52}$$

本书基于瞬变电场的扩散方程进行数值计算，计算方法采用正交六面体网格剖分的有限体积法（广义差分法）。在笛卡儿直角坐标系中，当磁偶极子位于原点，磁矩方向为 Z 轴负方向。对于瞬变电磁场，电场矢量只存在 E_x、E_y 两个分量，E_z 分量等于零。E_x、E_y 分量分别满足：

$$\nabla^2 E_x = \mu_0 \sigma(r) \frac{\partial E_x}{\partial t} \tag{5.53}$$

$$\nabla^2 E_y = \mu_0 \sigma(r) \frac{\partial E_y}{\partial t} \tag{5.54}$$

当采用数值方法求解微分方程的解时，首先要将连续的求解空间进行离散，并对无限的求解区间进行截断，以求在有限的离散节点上方程的解。如图 5.6 所示，对求解区域进行非均匀直角平行六面体网格剖分，这样就将求解区域离散为一系列的网格节点。

对于离散求解空间内部的任一节点，其相邻的节点有 6 个，周围被八个长方体包围。在节点 (i, j, k) 周围取一个控制体积元 $ABCD-EFGH$（图 5.7）。式（5.53）两边在这个长方体内进行体积分：

$$\iiint_{\Delta V_{i, j, k}} \nabla^2 E_x \mathrm{d}v = \iiint_{\Delta V_{i, j, k}} \sigma \mu_0 \frac{\partial E_x}{\partial t} \mathrm{d}v \tag{5.55}$$

根据散度定理，式（5.55）左端的体积分可以化为外表面的面积分：

$$\iiint_{\Delta V_{i, j, k}} \nabla^2 E_x \mathrm{d}v = \oiint_{S_{i, j, k}} \frac{\partial E_x}{\partial n} \mathrm{d}s \tag{5.56}$$

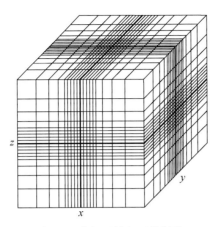

图 5.6　求解区域六面体剖分

式中，n 为包围体积元的封闭曲面 $s_{i,j,k}$ 的外法线方向，由于 E_x、E_y 分量的扩散方程是一样的，以下公式推导都只用 E 表示。

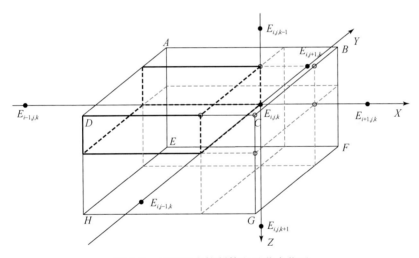

图 5.7　三维节点控制体积及节点位置

体积元 *ABCD-EFGH* 为长方体，封闭曲面积分是 6 个矩形上面积分的和。

$$\oiint\limits_{S_{i,j,k}} \frac{\partial E}{\partial n}\mathrm{d}s = \iint\limits_{ABCD} \frac{-\partial E}{\partial z}\mathrm{d}x\mathrm{d}y + \iint\limits_{EFGH} \frac{\partial E}{\partial z}\mathrm{d}x\mathrm{d}y + \iint\limits_{BCGF} \frac{\partial E}{\partial x}\mathrm{d}y\mathrm{d}z$$
$$- \iint\limits_{ADHE} \frac{\partial E}{\partial x}\mathrm{d}y\mathrm{d}z + \iint\limits_{ABEF} \frac{\partial E}{\partial y}\mathrm{d}x\mathrm{d}z - \iint\limits_{DCGH} \frac{\partial E}{\partial y}\mathrm{d}x\mathrm{d}z \tag{5.57}$$

对于正交六面体剖分，面积分 $\iint_{ABCD} \partial E/\partial z\mathrm{d}x\mathrm{d}y$ 中的导数 $\partial E/\partial z$ 用差商来近似，该面积分可以近似为

$$\iint\limits_{ABCD} \frac{\partial E}{\partial z}\mathrm{d}x\mathrm{d}y \approx \frac{E_{i,j,k}^n - E_{i,j,k-1}^n}{\Delta z_k}\left(\frac{\Delta x_i \cdot \Delta y_j}{4} + \frac{\Delta x_{i+1} \cdot \Delta y_j}{4} + \frac{\Delta x_i \cdot \Delta y_{j+1}}{4} + \frac{\Delta x_{i+1} \cdot \Delta y_{j+1}}{4} \right)$$

$$\tag{5.58}$$

同理，对另外 5 个面积分进行离散处理

$$\iint\limits_{EFGH} \frac{\partial E}{\partial z} \mathrm{d}x\mathrm{d}y \approx \frac{E_{i,j,k+1}^{n} - E_{i,j,k}^{n}}{\Delta z_{k+1}} \left(\frac{\Delta x_{i} \cdot \Delta y_{j}}{4} + \frac{\Delta x_{i+1} \cdot \Delta y_{j}}{4} + \frac{\Delta x_{i} \cdot \Delta y_{j+1}}{4} + \frac{\Delta x_{i+1} \cdot \Delta y_{j+1}}{4} \right)$$

$$(5.59)$$

$$\iint\limits_{DCGH} \frac{\partial E}{\partial y} \mathrm{d}x\mathrm{d}z \approx \frac{E_{i,j,k}^{n} - E_{i,j-1,k}^{n}}{\Delta y_{j}} \left(\frac{\Delta x_{i} \cdot \Delta z_{k}}{4} + \frac{\Delta x_{i+1} \cdot \Delta z_{k}}{4} + \frac{\Delta x_{i} \cdot \Delta z_{k+1}}{4} + \frac{\Delta x_{i+1} \cdot \Delta z_{k+1}}{4} \right)$$

$$(5.60)$$

$$\iint\limits_{ABEF} \frac{\partial E}{\partial y} \mathrm{d}x\mathrm{d}z \approx \frac{E_{i,j+1,k}^{n} - E_{i,j,k}^{n}}{\Delta y_{j+1}} \left(\frac{\Delta x_{i} \cdot \Delta z_{k}}{4} + \frac{\Delta x_{i+1} \cdot \Delta z_{k}}{4} + \frac{\Delta x_{i} \cdot \Delta z_{k+1}}{4} + \frac{\Delta x_{i+1} \cdot \Delta z_{k+1}}{4} \right)$$

$$(5.61)$$

$$\iint\limits_{ADHE} \frac{\partial E}{\partial x} \mathrm{d}y\mathrm{d}z \approx \frac{E_{i,j,k}^{n} - E_{i-1,j,k}^{n}}{\Delta x_{i}} \left(\frac{\Delta y_{j} \cdot \Delta z_{k}}{4} + \frac{\Delta y_{j+1} \cdot \Delta z_{k}}{4} + \frac{\Delta y_{j} \cdot \Delta z_{k+1}}{4} + \frac{\Delta y_{j+1} \cdot \Delta z_{k+1}}{4} \right)$$

$$(5.62)$$

$$\iint\limits_{BCGF} \frac{\partial E}{\partial x} \mathrm{d}y\mathrm{d}z \approx \frac{E_{i+1,j,k}^{n} - E_{i,j,k}^{n}}{\Delta x_{i+1}} \left(\frac{\Delta y_{j} \cdot \Delta z_{k}}{4} + \frac{\Delta y_{j+1} \cdot \Delta z_{k}}{4} + \frac{\Delta y_{j} \cdot \Delta z_{k+1}}{4} + \frac{\Delta y_{j+1} \cdot \Delta z_{k+1}}{4} \right)$$

$$(5.63)$$

方程（5.55）的右端可化为

$$\iiint\limits_{\Delta V_{i,j,k}} \sigma\mu_0 \frac{\partial E}{\partial t} \mathrm{d}v = \mu_0 \frac{\partial E_{i,j,k}^{n}}{\partial t} \iiint\limits_{\Delta V_{i,j,k}} \sigma \mathrm{d}v \tag{5.64}$$

对于电导率在长方体单元 $\Delta V_{i,j,k}$ 上的体积分，可以划分为 (i, j, k) 节点周围的 8 个小体积元的体积分之和。

$$\iiint\limits_{\Delta V_{i,j,k}} \sigma \mathrm{d}v = \sigma_{i,j,k} \frac{\Delta x_i \Delta y_j \Delta z_k}{8} + \sigma_{i+1,j,k} \frac{\Delta x_{i+1} \Delta y_j \Delta z_k}{8} + \sigma_{i,j+1,k} \frac{\Delta x_i \Delta y_{j+1} \Delta z_k}{8}$$

$$+ \sigma_{i,j,k+1} \frac{\Delta x_i \Delta y_j \Delta z_{k+1}}{8} + \sigma_{i,j+1,k+1} \frac{\Delta x_i \Delta y_{j+1} \Delta z_{k+1}}{8} + \sigma_{i+1,j+1,k} \frac{\Delta x_{i+1} \Delta y_{j+1} \Delta z_k}{8}$$

$$+ \sigma_{i+1,j,k+1} \frac{\Delta x_{i+1} \Delta y_j \Delta z_{k+1}}{8} + \sigma_{i+1,j+1,k+1} \frac{\Delta x_{i+1} \Delta y_{j+1} \Delta z_{k+1}}{8} \tag{5.65}$$

对 $\partial E_{i,j,k}^{n}/\partial t$ 采用差商近似

$$\frac{\partial E_{i,j,k}^{n}}{\partial t} \approx \frac{E_{i,j,k}^{n+1} - E_{i,j,k}^{n-1}}{2\Delta t_n} \tag{5.66}$$

并作如下近似

$$E_{i,j,k}^{n} \approx \frac{E_{i,j,k}^{n+1} + E_{i,j,k}^{n-1}}{2} \tag{5.67}$$

将式（5.58）~式（5.63）代入式（5.55）的左端；式（5.65）、式（5.66）代入式（5.55）的右端。n 时刻 (i, j, k) 节点的场值用 $n+1$ 和 $n-1$ 时刻的均值代替。经过多次代数变换，可以得到瞬变电磁法电场扩散方程的 D-F 差分格式，该格式是无条件稳定的。

$$
\begin{aligned}
E_{i,j,k}^{n+1} =& \frac{C8_{i,j,k}/\Delta t_n + C7_{i,j,k}}{C8_{i,j,k}/\Delta t_n - C7_{i,j,k}} E_{i,j,k}^{n-1} + \frac{2C1_{i,j,k}}{C8_{i,j,k}/\Delta t_n - C7_{i,j,k}} E_{i,j,k-1}^{n} \\
&+ \frac{2C2_{i,j,k}}{C8_{i,j,k}/\Delta t_n - C7_{i,j,k}} E_{i,j,k+1}^{n} + \frac{2C3_{i,j,k}}{C8_{i,j,k}/\Delta t_n - C7_{i,j,k}} E_{i,j-1,k}^{n} \\
&+ \frac{2C4_{i,j,k}}{C8_{i,j,k}/\Delta t_n - C7_{i,j,k}} E_{i,j+1,k}^{n} + \frac{2C5_{i,j,k}}{C8_{i,j,k}/\Delta t_n - C7_{i,j,k}} E_{i-1,j,k}^{n} \\
&+ \frac{2C6_{i,j,k}}{C8_{i,j,k}/\Delta t_n - C7_{i,j,k}} E_{i+1,j,k}^{n}
\end{aligned}
\tag{5.68}
$$

式中，

$$
C1_{i,j,k} = \frac{\Delta x_i \Delta y_j + \Delta x_{i+1} \Delta y_j + \Delta x_i \Delta y_{j+1} + \Delta x_{i+1} \Delta y_{j+1}}{\Delta z_k}
\tag{5.69}
$$

$$
C2_{i,j,k} = \frac{\Delta x_i \Delta y_j + \Delta x_{i+1} \Delta y_j + \Delta x_i \Delta y_{j+1} + \Delta x_{i+1} \Delta y_{j+1}}{\Delta z_{k+1}}
\tag{5.70}
$$

$$
C3_{i,j,k} = \frac{\Delta x_i \Delta z_k + \Delta x_{i+1} \Delta z_k + \Delta x_i \Delta z_{k+1} + \Delta x_{i+1} \Delta z_{k+1}}{\Delta y_j}
\tag{5.71}
$$

$$
C4_{i,j,k} = \frac{\Delta x_i \Delta z_k + \Delta x_{i+1} \Delta z_k + \Delta x_i \Delta z_{k+1} + \Delta x_{i+1} \Delta z_{k+1}}{\Delta y_{j+1}}
\tag{5.72}
$$

$$
C5_{i,j,k} = \frac{\Delta y_j \Delta z_k + \Delta y_{j+1} \Delta z_k + \Delta y_j \Delta z_{k+1} + \Delta y_{j+1} \Delta z_{k+1}}{\Delta x_i}
\tag{5.73}
$$

$$
C6_{i,j,k} = \frac{\Delta y_j \Delta z_k + \Delta y_{j+1} \Delta z_k + \Delta y_j \Delta z_{k+1} + \Delta y_{j+1} \Delta z_{k+1}}{\Delta x_{i+1}}
\tag{5.74}
$$

$$
C7_{i,j,k} = -(C1_{i,j,k} + C2_{i,j,k} + C3_{i,j,k} + C4_{i,j,k} + C5_{i,j,k} + C6_{i,j,k})
\tag{5.75}
$$

$$
\begin{aligned}
C8_{i,j,k} =& \frac{\mu}{2} (\sigma_{i,j,k} \Delta x_i \Delta y_j \Delta z_k + \sigma_{i+1,j,k} \Delta x_{i+1} \Delta y_j \Delta z_k + \sigma_{i,j+1,k} \Delta x_i \Delta y_{j+1} \Delta z_k \\
&+ \sigma_{i,j,k+1} \Delta x_i \Delta y_j \Delta z_{k+1} + \sigma_{i,j+1,k+1} \Delta x_i \Delta y_{j+1} \Delta z_{k+1} + \sigma_{i+1,j+1,k} \Delta x_{i+1} \Delta y_{j+1} \Delta z_k \\
&+ \sigma_{i+1,j,k+1} \Delta x_{i+1} \Delta y_j \Delta z_{k+1} + \sigma_{i+1,j+1,k+1} \Delta x_{i+1} \Delta y_{j+1} \Delta z_{k+1})
\end{aligned}
\tag{5.76}
$$

5.3.4　时间和空间步长

在数值计算时，为了减少边界截断带来的误差，传统的方法就是采用足够大的求解区域。若采用均匀剖分的方式，网格节点数目势必会很大，造成计算时间的急剧增加。而采用非均匀步长的空间离散可以在满足求解稳定性的条件下，减少计算时间，这对于 D-F 差分离散方程是适用的。

Oristaglio（1982）在分析二维瞬变电磁模拟时，指出二维的 D-F 法的最大的实用时间步长。Adhidjaja and Hohmann（1989）在此基础上，分析并提出了三维瞬变电磁模拟中 D-F 法的实用时间步长满足：

$$
\Delta t \leqslant \sqrt{\frac{\mu_0 \min(\sigma_{i,j,k}) t}{6}} \Delta s
\tag{5.77}
$$

式中，Δt 为时间步长；Δs 为均匀网格的空间步长；t 为计算时刻；$\min(\sigma_{i,j,k})$ 为网格单

元中最小电导率。

从式（5.77）看出，对于 D-F 离散格式，最大实用时间步长是随着计算时间递进逐渐增大的。因此在实际计算时可以采用非均匀的时间步长，在晚期可以适当增大时间步长，以减少总的计算时间。同时可以看出该式是基于均匀空间网格的，对于非均匀空间网格，其中的 Δs 取 $\min\{\Delta x_i;\ \Delta y_j;\ \Delta z_k\}$ 即可。

5.3.5　初始条件、边界条件

通过数值计算的方法了解瞬变电磁场的扩散过程，除了要确定控制方程外，还需要给定初始条件和边界条件这两个定解条件。对于电场的扩散过程，当发射线圈中电流完全关断后，外加激励源可以由初始条件代替，扩散方程退化为齐次方程。在早期，涡流电场集中在激励源附近。假定异常体都离源有一定的距离，早期涡流电场是在电导率均匀的地层中扩散的。因此，可以用均匀全空间瞬变电磁场值作为初始条件代入离散方程开始迭代计算。

Kaufman 和 Keller（1983）给出了球坐标系下均匀全空间阶跃电流断开时时间域电磁场的解析表达式。磁偶极子位于球坐标原点，磁偶极子矩指向 $\sin\theta=0$ 方向。各个分量的表达式为

$$H_r = \frac{2M}{4\pi R^3}\left[\Phi(u) - \sqrt{\frac{2}{\pi}}ue^{-u^2/2}\right]\cos\theta \tag{5.78}$$

$$H_\theta = \frac{M}{4\pi R^3}\left[\Phi(u) - \sqrt{\frac{2}{\pi}}u(1+u^2)e^{-u^2/2}\right]\sin\theta \tag{5.79}$$

$$E_\varphi = \sqrt{\frac{2}{\pi}}\frac{M\rho}{4\pi R^4}u^5e^{-u^2/2}\sin\theta \tag{5.80}$$

式中，$M=IS$ 为偶极矩；I 和 S 为发射电流和发射线圈面积；R 为到原点距离，由 $R=\sqrt{x^2+y^2+z^2}$ 确定；$u=2\pi R/\tau$，为辅助参数，$\tau=\sqrt{2\pi\rho t\times10^7}$，$\rho$ 为均匀介质电阻率；$\Phi(u)=\sqrt{2/\pi}\int_0^u e^{-(t^2/2)}dt$ 为概率积分，可以用数值方法求解。

在球坐标系下，电磁场的其余分量为零。由于数值计算时采用的是笛卡儿直角坐标系，需将球坐标系下的解析式转换为直角坐标系。利用球坐标系和直角坐标系的关系：

$$A = A_r e_r + A_\theta e_\theta + A_\varphi e_\varphi = A_x e_x + A_y e_y + A_z e_z \tag{5.81}$$

$$\begin{cases} A_x = A_r\sin\theta\cos\varphi + A_\theta\cos\theta\cos\varphi - A_\varphi\sin\varphi \\ A_y = A_r\sin\theta\sin\varphi + A_\theta\cos\theta\sin\varphi + A_\varphi\cos\varphi \\ A_z = A_r\cos\theta - A_\theta\sin\theta \end{cases} \tag{5.82}$$

可以得到直角坐标系下电场和磁场分量的标量解析式。

$$\begin{cases} E_x = -E_\varphi\sin\varphi = -\sqrt{\frac{2}{\pi}}\frac{M\rho}{4\pi R^4}u^5e^{-u^2/2}\sin\theta\sin\varphi \\ E_y = E_\varphi\cos\varphi = \sqrt{\frac{2}{\pi}}\frac{M\rho}{4\pi R^4}u^5e^{-u^2/2}\sin\theta\cos\varphi \end{cases} \tag{5.83}$$

$$H_x = H_r\sin\theta\cos\varphi + H_\theta\cos\theta\cos\varphi - H_\varphi\sin\varphi$$

$$= \frac{2M}{4\pi R^3}\left[\Phi(u) - \sqrt{\frac{2}{\pi}}u\mathrm{e}^{-u^2/2}\right]\cos\theta\sin\theta\cos\varphi$$

$$+ \frac{M}{4\pi R^3}\left[\Phi(u) - \sqrt{\frac{2}{\pi}}u(1 + u^2)\mathrm{e}^{-u^2/2}\right]\sin\theta\cos\theta\cos\varphi \tag{5.84}$$

$$H_y = H_r\sin\theta\sin\varphi + H_\theta\cos\theta\sin\varphi + H_\varphi\cos\varphi$$

$$= \frac{2M}{4\pi R^3}\left[\Phi(u) - \sqrt{\frac{2}{\pi}}u\mathrm{e}^{-u^2/2}\right]\cos\theta\sin\theta\sin\varphi$$

$$+ \frac{M}{4\pi R^3}\left[\Phi(u) - \sqrt{\frac{2}{\pi}}u(1 + u^2)\mathrm{e}^{-u^2/2}\right]\sin\theta\cos\theta\sin\varphi \tag{5.85}$$

$$H_z = H_r\cos\theta - H_\theta\sin\theta$$

$$= \frac{2M}{4\pi R^3}\left[\Phi(u) - \sqrt{\frac{2}{\pi}}u\mathrm{e}^{-u^2/2}\right]\cos\theta\cos\theta$$

$$- \frac{M}{4\pi R^3}\left[\Phi(u) - \sqrt{\frac{2}{\pi}}u(1 + u^2)\mathrm{e}^{-u^2/2}\right]\sin\theta\sin\theta \tag{5.86}$$

利用关系式：$x = r\sin\theta\cos\varphi$；$y = r\sin\theta\sin\varphi$；$z = r\cos\theta$，对式（5.83）～式（5.86）进行化简，得

$$\begin{cases} E_x = -\sqrt{\frac{2}{\pi}}\frac{M\rho y}{4\pi R^5}u^5\mathrm{e}^{-u^2/2} \\[2mm] E_y = \sqrt{\frac{2}{\pi}}\frac{M\rho x}{4\pi R^5}u^5\mathrm{e}^{-u^2/2} \\[2mm] H_x = \frac{Mxz}{4\pi R^5}\left\{3\left[\Phi(u) - \sqrt{\frac{2}{\pi}}u\mathrm{e}^{-u^2/2}\right] - \sqrt{\frac{2}{\pi}}u^3\mathrm{e}^{-u^2/2}\right\} \\[2mm] H_y = \frac{Myz}{4\pi R^5}\left\{3\left[\Phi(u) - \sqrt{\frac{2}{\pi}}u\mathrm{e}^{-u^2/2}\right] - \sqrt{\frac{2}{\pi}}u^3\mathrm{e}^{-u^2/2}\right\} \\[2mm] H_z = \frac{M}{4\pi R^5}\left\{(3z^2 - R^2)\left[\Phi(u) - \sqrt{\frac{2}{\pi}}u\mathrm{e}^{-u^2/2}\right] + (R^2 - z^2)\sqrt{\frac{2}{\pi}}u^3\mathrm{e}^{-u^2/2}\right\} \end{cases} \tag{5.87}$$

由于瞬变电磁勘探测量的是接收线圈中的感应电动势，求磁场对时间的导数更有意义。分别对（5.87）式中的三个磁场分量求时间 t 的导数，可得

$$\begin{cases} \dfrac{\partial H_x}{\partial t} = \dfrac{u^5 Mxz}{2(2\pi)^{3/2}R^5 t}\mathrm{e}^{-u^2/2} \\[3mm] \dfrac{\partial H_y}{\partial t} = \dfrac{u^5 Myz}{2(2\pi)^{3/2}R^5 t}\mathrm{e}^{-u^2/2} \\[3mm] \dfrac{\partial H_z}{\partial t} = \dfrac{-u^3 M}{2(2\pi)^{3/2}R^5 t}\mathrm{e}^{-u^2/2}(2R^2 - u^2 x^2 - u^2 y^2) \end{cases} \tag{5.88}$$

若采用 t_0 和 t_1 的电场或磁场分量的解析值为初始条件开始迭代计算，采用式（5.87）计算各分量在较早时刻的瞬变电磁场值。

采用计算机进行数值计算时，第一要求是离散计算，第二要求计算区域是有界的。因

此对物理场进行数值计算时，当计算区域是无界时，要求对其进行截断。在采用 YEE 氏提出的 FDTD 法对电磁辐射场模拟时，由于电磁波传播速度快，考虑到计算机容量问题，不能将计算区域设置得足够大。对截断边界的处理采用的是各种吸收边界条件，避免电磁波在边界的反射。时间域瞬变电磁研究的是电磁场的涡流扩散场，其研究区域在 2 倍波长以内，且涡流二次场的扩散速度较电磁波的速度低很多。国外众多学者在进行瞬变电磁场数值计算时，通常将求解区域设置相对足够大，在地下边界是采用 Dirichlet 边界条件（第一类边界条件）；模拟半空间瞬变电磁时地-空边界采用上延拓处理。在采用非均匀网格剖分时，这种截断边界处理方式简单、效果好且不会影响计算速度。在国内，近些年也有一些学者采用 Mur 吸收边界条件、廖氏吸收边界条件和完全匹配层吸收边界条件作为瞬变电磁场模拟的截断边界条件。这些改进的边界条件在研究三维问题时很复杂，在处理角点区域效果一般，在计算效率和计算精度上比通用的方法改进有限。本书采用传统的方法，在全空间模拟时将计算区域设置得相对足够大，将地下边界值设置为均匀全空间瞬变电磁场值。对于矿井全空间模拟，由于地-空边界离源和异常体也足够远，将其边界也设置成 Dirichlet 边界条件。

5.3.6　接收线框中感应电动势的计算

在利用瞬变电场分量进行数值模拟后，可以得到 E_x、E_y 两个分量的时间、空间响应值。瞬变电磁勘探中一般采用接收线圈测量感应电动势。根据法拉第电磁感应定律：

$$V = -n \frac{\mathrm{d}\Phi}{\mathrm{d}t} = -n \frac{\mathrm{d}(\iint \vec{B} \cdot \mathrm{d}\vec{s})}{\mathrm{d}t} = -n \iint \frac{\partial \vec{B}}{\partial t} \cdot \mathrm{d}\vec{s} \tag{5.89}$$

对于垂直磁偶极子，圆环接收线框中的感应电动势（EMF）：

$$V = -n\pi r^2 \mu_0 \frac{\partial H_z}{\partial t} \tag{5.90}$$

在数值计算后需要求取磁感应强度的变化率 $\partial B / \partial t$，由麦克斯韦电场旋度公式：

$$\nabla \times \vec{E} = -\frac{\partial \vec{B}}{\partial t} \tag{5.91}$$

在笛卡儿直角坐标系下：

$$\nabla \times \vec{E} = \left(\frac{\partial E_z}{\partial y} - \frac{\partial E_y}{\partial z}\right)\vec{i} + \left(\frac{\partial E_x}{\partial z} - \frac{\partial E_z}{\partial x}\right)\vec{j} + \left(\frac{\partial E_y}{\partial x} - \frac{\partial E_x}{\partial y}\right)\vec{k} \tag{5.92}$$

$$-\frac{\partial \vec{B}}{\partial t} = -\frac{\partial B_x}{\partial t}\vec{i} - \frac{\partial B_y}{\partial t}\vec{j} - \frac{\partial B_z}{\partial t}\vec{k} \tag{5.93}$$

可以得到 $\partial B_z / \partial t$ 的求解公式：

$$\frac{\partial B_z}{\partial t} = \frac{\partial E_x}{\partial y} - \frac{\partial E_y}{\partial x} \tag{5.94}$$

在通过数值计算求取各个节点的 E_x 和 E_y 分布后，分别用它们的向前差商、中心差商、向后差商的平均值代替导数就可以计算出 $\partial B_z / \partial t$ 值。

5.3.7　正演计算可靠性验证

为了验证算法的可靠性，采用均匀空间模型进行试算，计算的结果与解析解进行对比。模型电阻率为 $60\Omega\cdot m$，计算区域为 5000m×5000m×5000m 立体空间，计算区域剖分成 63×63×63 空间网格，x、y、z 三个方向设置相同，节点坐标分别为 2500m、2000m、1500m、1000m、750m、500m、400m、300m、250m、200m、190m、180m、170m、160m、150m、140m、130m、120m、110m、100m、90m、80m、70m、60m、50m、40m、30m、20m、10m、5m、2.5m、0m、−2.5m、−5m、−10m、−20m、−30m、−40m、−50m、−60m、−70m、−80m、−90m、−100m、−110m、−120m、−130m、−140m、−150m、−160m、−170m、−180m、−190m、−200m、−250m、−300m、−400m、−500m、−750m、−1000m、−1500m、−2000m、−2500m。线圈面积 400m^2，电流 1A，开始时刻 $3\mu s$。图 5.8 为数值解和解析解结果对比图，均匀全空间的数值计算结果与解析解二者的吻合度非常高，两者相对误差小于 11%，证明了程序的可靠性。

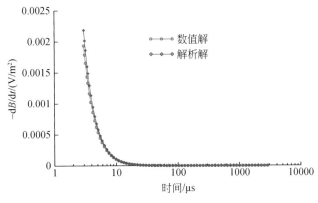

图 5.8　数值解和解析解对比图

5.4　瞬变电磁场有限元正演算法

有限元法是根据变分原理求解相应场源对应的微分方程的数值计算方法。首先从瞬变电磁场所满足的微分方程和边界条件出发，根据微分方程的边值问题与泛函极值问题的等价性，将微分方程转化为相应泛函的极值问题。然后将连续的求解区域离散成许多（有限的）小单元，设每个单元的电性为常数，电位在每个单元中为线性变化，在这种条件下，对应的泛函是各节点电位的二次函数。利用求极小值的必要条件导出以各节点感应电动势场值为未知量的线性方程组。最后解此线性方程组便可求得各节点的感应值。

5.4.1　泛函与变分

所谓变分法，就是研究泛函极值的方法，实际上它是函数概念的推广，变分是微分概念的推广。泛函定义如下：如果对于某一类函数（或函数集合 ϑ ）中的每一个函数 $U(x, y, z)$ ，都有一个变量 J 的值与其对应，则称变量 J 为依赖于函数 $U(x, y, z)$ 的泛函，记为 $J = J[U(x, y, z)]$ 。泛函可以理解为是函数的函数，最常见的是以积分形式出现的泛函。

自变函数的变分：泛函 $J[U(x, y, z)]$ 的"自变量" $U(x, y, z)$ 的变分 δU 是指两个函数间的差 $\delta U = U_1(x, y, z) - U(x, y, z)$ ，其中 $U_1(x, y, z)$ 是与 $U(x, y, z)$ 属于同一函数类的某一函数，即 $U, U_1 \in \vartheta$ 。可以理解为自变量 $U(x, y, z)$ 的增量 δU 称为它的变分。

泛函的变分：当泛函 $J(U)$ 的"自变量"由 U 变为 U_1 （变分 $\delta U = U_1 - U$ ）时，如果泛函的增量 $\Delta J(U) = J(U + \delta U) - J(U)$ 可表示成如下形式：

$$\Delta J(U) = L(U, \delta U) + \alpha \tag{5.95}$$

其中，$L(U, \delta U)$ 关于 δU 是齐次线性的，即

$$L(U, \delta U_1 + \delta U_2) = L(U, \delta U_1) + L(U, \delta U_2) \tag{5.96}$$

$$L(U, \lambda\delta U) = \lambda L(U, \delta U) \tag{5.97}$$

且当 δU 为无穷小时，α 为高阶无穷小，则称式（5.95）中的 $L(U, \delta U)$ 为泛函 $J(U)$ 在 U 处的变分，记作 $\delta J(U)$ ，即有

$$\Delta J(U) = \delta J(U) + \alpha \tag{5.98}$$

简单来说，泛函的变分是泛函增量的线性主部。泛函的变分 $\delta J(U)$ 是由函数的变分 $\delta U(x, y, z)$ 引起的，但 $\delta U(x, y, z)$ 并非由 (x, y, z) 变化所引起。在作变分计算时，(x, y, z) 视为常数。

泛函的极值：若泛函 $J[U(x, y, z)]$ 对于与 $U_0(x, y, z)$ 相接近的任一同类函数 $U(x, y, z)$ 的值，均不小于（或不大于）$J[U_0(x, y, z)]$ ，

即

$$J[U(x, y, z] \leq J[U_0(x, y, z)] \tag{5.99}$$

或

$$J[U(x, y, z] \geq J[U_0(x, y, z)] \tag{5.100}$$

则称泛函 $J(U)$ 在 $U_0(x, y, z)$ 取得极小值（或极大值）。

5.4.2　网格剖分设计

用有限元法求解三维电磁场的分布时，需将无限大场分布空间等效地限定在有限的求解区域内进行讨论，并将连续的求解区域离散化，即作网格单元剖分。将求解区域分割成有限个单元，单元的形状的选择有很大的灵活性，其大小主要根据计算精度的要求和计算时间确定。

二维平面问题常用的单元类型主要包括简单三角形单元、六节点三角形单元、轴对称三角形环单元、矩形单元和四节点任意四边形单元等，这些单元类型大多数都实现了网格的自动剖分，并且得到了较广泛的应用。而空间问题常用的单元类型有四面体单元、长方体单元、任意六面体单元及曲面六面体单元等，如图 5.9 所示。相对于二维平面的单元类

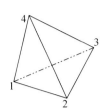 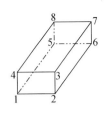 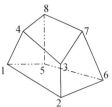

图 5.9　网格单元类型

型而言，空间网格单元的剖分及其节点的编号计算较为复杂。本书采用四面体单元的空间网格剖分方法，该方法的理论发展相对较为成熟，并且其节点的编号相对较为简单。

网格的大小就是所取泛函积分域 Ω 的大小，一般来说网格越大（即空间区域越大）越好。对于微分方程边值问题，只有给出正确的边界条件，才能求出区域中精确的函数值。但对于非均匀的地电模型，其边界条件，特别是地下部分，均无法直接求出。因此，经常采用第一或第二类边界条件进行处理，这时要求区域 Ω 要足够大，否则会影响计算的精度。但是，如果网格内单元的大小不变，网格太多，则其节点数将增加，从而需要更多的计算时间。网格内部单元越小，计算精度越高，这是因为我们假定 U 函数在每个单元内呈线性变化。如果单元太大，实际函数便可能不满足以上条件，从而增加计算误差，另外，还假定单元内电性是均匀的，即电性参数 σ 为常数，这也要求单元较小，特别是要拟合复杂的地电断面和地形剖面，网格单元需要更小，才能满足单元内电性均匀的条件。

为了克服网格和单元体大小选择中计算精度和工作量之间的矛盾，在程序中采用非均匀的单元体，网格中心部位单元体较小、节点密，边界处单元体大、节点稀，由中心到边缘单元逐渐放大，这样既保证了网格有足够的大小，又保证地电模型异常体位于网格中心，以满足单元体内电性参数不变、电位函数为线性变化的条件。因此，网格内的单元剖分应按以下原则：

（1）各单元节点（顶点）只能与相邻单元节点（顶点）重合，而不能成为其他单元内点；

（2）如果求解区域对称，那么单元剖分也应该对称；

（3）在场变化剧烈的区域网格剖分单元要密一些，在变化平缓的区域单元密度应小一些；

（4）网格单元体的大小变化应逐步过渡。

根据上述剖分原则，以 x、y、z 坐标轴原点 o 为中心，分别向 x、y、z 方向的两侧作对称变步长剖分，距 o 越远，步长应越大。常用的变步长方法有：

$$\Delta x_{i+1} - \Delta x_i = (i+1)c \tag{5.101}$$

$$\Delta x_{i+1}/\Delta x_i = c(i \neq 0) \tag{5.102}$$

$$\frac{1}{\Delta x_i} - \frac{1}{\Delta x_{i+1}} = c(i \neq 0) \tag{5.103}$$

式中，c 为常数，Δx_{i+1}、Δx_i 为同一坐标轴上相邻步长值。以 x 方向为例，可知，x 正方向与负方向对称。若令 $\Delta x_0 = 0$，只要给出距原点最近节点的坐标 Δx_1，由式（5.103）即可求出其他相应的步长 Δx_i。同理可求得 y、z 方向上的变步长 Δy_i、Δz_i。

　　由于有限元法解决实际问题的有效性，其理论日臻完善，应用也越来越广泛。而以网格剖分为主要特征的有限元前处理工作，长期停留在手工设置阶段，十分烦琐，费时、费工，而且容易出错，对于三维实体问题，手工剖分的难度更大，甚至难以实现。有限元网格生成技术发展至今，方法较多，其中八叉树法和节点连接法最有希望实现三维实体的自动剖分，八叉树法虽然具有单元易寻址，单元密度易控制等优点，但该方法的边界单元形状难以控制，其应用范围受到了限制。节点连接法是人们研究较多的一种方法，该方法的特点是节点生成和单元形成是两大彼此独立的步骤，在程序设计及其计算的过程中比较容易实现，由于该方法的单元形成是在节点生成基础上进行的，单元体的形成只能使已有节点生成最佳的连接关系，因此最终的单元质量很大程度上取决于已有节点的分布。

　　本书在程序编制过程中，采用结点连接法来实现网格单元的剖分，首先采用变步长方法来确定各坐标轴上的节点位置，然后再按一定的顺序将节点连接成四面体单元，其具体剖分方法如下。

　　令 x、y、z 方向上的节点分别为 L_x、L_y、L_z，节点间的间隔采用式（5.103）所示的变步长方法，该方法能够满足对数坐标系下的等间距变化规律，并且在电性突变处较小，其他处逐渐放大。考虑 Ω 空间的对称性，设 L_x、L_y、L_z 为奇数。其剖分结果为 x 方向上，向正、负两个方向上各划分为 $(L_x-1)/2$ 格，共有 L_x-1 格，同理在 y、z 方向也有同样规律的节点数。在实际计算的过程中应在 y 方向分层，则在 y 方向上有 L_y 个节点，即有 L_y 层。显然这样剖分后，每层的网格节点数为 $L_t=L_x\times L_z$，区域内总的节点数为 $L_{L_t}=L_x\times L_y\times L_z$。节点编号采用分层进行的方法，第 K 层的编号结果如图 5.10 所示，其中，$K=0$，1，2，…，L_x-1，这样所有节点的编号顺序 0，1，2，…，$L_{L_t}-1$。

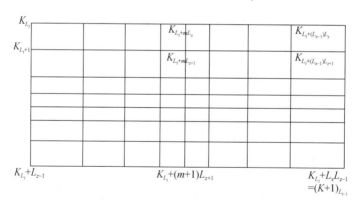

图 5.10　平面内节点编号示意图

　　连接相邻两层之间对应的节点，则将整个求解区域 Ω 剖分成许多小的长方体单元，可知每相邻两平面间有 $L\_n=(L_x-1)*(L_z-1)$ 个长方体单元，Ω 域内长方体单元的个数为 $L\_n*(L_y-1)$。在程序设计时为方便计算，对长方体单元也进行编号，第 K 层和第 $K+1$ 层之间单元体的编号如图 5.11 所示（$K=0$，1，2，…，L_y-2）。

　　在程序设计的过程中，将采用四面体单元对研究区域进行分析。因此对上面的长方体网格单元还需作进一步的处理。任取一编号为 m 的长方体单元，显然根据 m 的值可求出其 8 个节点的节点编号。为讨论方便，将长方体单元的各顶点的节点号，将其重新编号为

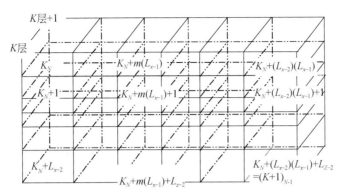

图 5.11　长方体单元编号示意图

0、1、2、3、4、5、6、7，如图 5.12 所示。

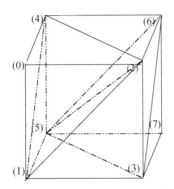

图 5.12　长方体单元节点编号示意图

可知长方体单元可划分为六个四面体单元，其方法为用 1、2、5、6 顶点组成的平面将长方体分成两个三棱柱体，每个三棱柱体又可分成三个四面体单元，其结果如下：（0，1，2，4）、（1，2，4，5）、（2，4，5，6）、（1，2，3，5）、（2，3，5，6）、（3，5，6，7）。其组合规律为 $(i+j, 1+i+j(j+1)/2, 2+i+j(5-j)/2, 4+i+j)$；$i=0, 1$；$j=0, 1, 2$。

在具体的计算过程中，按长方体网格编号逐一计算，在每个长方体单元内再按以上的组合规律依次对 6 个四面体计算。这样处理后四面体的总数为 $6*L\_n*(L_y-1)$。

5.4.3　线性插值分析

任取一四面体单元如图 5.13 所示，设其顶点相应的节点序号为 (i, j, l, m)，并设各节点电位为 u_k，$k=i, j, l, m$。对应坐标为 (x_i, y_i, z_i)，(x_j, y_j, z_j)，(x_l, y_l, z_l)，(x_m, y_m, z_m)，当单元足够小时，设四面体内部电导率为常数，其电位呈现线性变化，即

$$U = \alpha_1 + \alpha_2 x + \alpha_3 y + \alpha_4 z \tag{5.104}$$

对 i, j, l, m 四个节点有

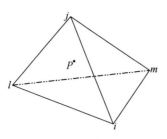

图 5.13　四面体单元示意图

$$\begin{cases} u_i = \alpha_1 + \alpha_2 x_i + \alpha_3 y_i + \alpha_4 z_i \\ u_j = \alpha_1 + \alpha_2 x_j + \alpha_3 y_j + \alpha_4 z_j \\ u_l = \alpha_1 + \alpha_2 x_l + \alpha_3 y_l + \alpha_4 z_l \\ u_m = \alpha_1 + \alpha_2 x_m + \alpha_3 y_m + \alpha_4 z_m \end{cases} \tag{5.105}$$

整理式（5.104）、式（5.105）得

$$U = N_i u_i + N_j u_j + N_l u_l + N_m u_m \tag{5.106}$$

式中，u 和 N_k 都是的 (x, y, z) 坐标函数，其中 N_k 的值为

$$N_k = \frac{1}{D}(a_k + b_k x + c_k y + d_k z), \quad k = i, j, l, m \tag{5.107}$$

式中，$D = 6V_e$，$V_e = \dfrac{1}{6}\begin{vmatrix} 1 & 1 & 1 & 1 \\ x_1 & x_2 & x_3 & x_4 \\ y_1 & y_2 & y_3 & y_4 \\ z_1 & z_2 & z_3 & z_4 \end{vmatrix}$；$a_k, b_k, c_k, d_k (1, 2, 3, 4)$ 为 $\begin{vmatrix} 1 & 1 & 1 & 1 \\ x_1 & x_2 & x_3 & x_4 \\ y_1 & y_2 & y_3 & y_4 \\ z_1 & z_2 & z_3 & z_4 \end{vmatrix}$ 中

第 k 行各元素的代数余子式，只与节点坐标有关。

为了分析式（5.107）所对应 N_k 的几何意义，现引入面积坐标和体积坐标的概念。如图 5.14 所示为 Δ_{ijl}，(x_i, y_i)、(x_j, y_j)、(x_l, y_l) 为其顶点坐标，则三角形 Δ_{ijl} 的面积为

$$\Delta_{ijl} = \frac{1}{2}\begin{vmatrix} 1 & x_i & y_i \\ 1 & x_j & y_j \\ 1 & x_l & y_l \end{vmatrix}$$

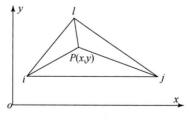

图 5.14　三角形平面图

设 $P(x, y)$ 点为三角形中任一点，则

$$a_i + b_i x + c_i z = \begin{vmatrix} x_j & y_j \\ x_l & y_l \end{vmatrix} - x \begin{vmatrix} 1 & y_j \\ 1 & y_l \end{vmatrix} + z \begin{vmatrix} 1 & x_j \\ 1 & x_l \end{vmatrix} = \begin{vmatrix} 1 & x & y \\ 1 & x_j & y_j \\ 1 & x_l & y_l \end{vmatrix} \tag{5.108}$$

式 (5.108) 的值为图 5.14 中三角形 Δ_{pjl} 面积的 2 倍，则

$$N_i(x, y) = \frac{(a_i + b_i x + c_i y)}{2\Delta_{ijl}} = \frac{\Delta_{Pjl}}{\Delta_{ijl}} \tag{5.109}$$

同理可得：$N_j(x, y) = \dfrac{\Delta_{Pil}}{\Delta_{ijl}}$，$N_l(x, y) = \dfrac{\Delta_{Pij}}{\Delta_{ijl}}$。定义 $N_i(x, y)$，$N_j(x, y)$，$N_l(x, y)$ 为 $P(x, y)$ 在三角形 Δ_{ijl} 内的面积坐标，其具有以下性质：

(1) $N_i(x, y) + N_j(x, y) + N_l(x, y) = 1$；

(2) $N_i(x, y) \leqslant 1$；

(3) $N_k(x_n, y_n) = \begin{cases} 1 & k = n \\ 0 & k \neq n \end{cases}$；

(4) 与节点 i 对边平行的直线上各点的 $N_i(x, y)$ 值不变。

利用面积坐标的定义，可以方便地确定三角单元中任一点的面积坐标，且可建立一个面积坐标网，如图 5.15 所示。因为面积坐标与通常使用的直角坐标系的选择无关，可利用该坐标网构造任意性线、非线性的插值函数。

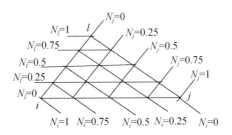

图 5.15　三角形面积坐标网

采用与上述相似的分析方法，可知 $N_k(x, y, z)$（$k = i, j, l, m$）为任一点 $P(x, y, z)$ 在四面体 $ijlm$ 内的体积坐标，具有与三角单元面积坐标相似的性质。

$$N_i(x, y, z) = \frac{D_{Pjlm}}{D_{ijlm}} \tag{5.110}$$

$$N_j(x, y, z) = \frac{D_{Pilm}}{D_{ijlm}} \tag{5.111}$$

$$N_l(x, y, z) = \frac{D_{Pijm}}{D_{ijlm}} \tag{5.112}$$

$$N_m(x, y, z) = \frac{D_{Pijl}}{D_{ijlm}} \tag{5.113}$$

式中，D_{ijlm} 为其对应节点所构成四面体的体积。

在式 (5.106) 假设四面体内磁位为线性变化，P 点的电位值是通过该点的体积坐标将各节点的磁位值线性化计算得出。如果四面体内的电位值为非线性变化，则只要改变相应点体积坐标的系数即可：

$$U = SN_i u_i + ON_j u_j + PN_l u_l + QN_m u_m \tag{5.114}$$

式中，S、O、P、Q 分别为 P 点体积坐标对应的系数。

5.4.4　时间步长设计

对瞬态初值问题进行时间域的离散，可采用加权余量法建立两点差分格式，考察如下的微分方程：

$$M\dot{u} + Ku = 0 \tag{5.115}$$

式 (5.115) 是一个常微分方程组。$\dot{u}$ 为 u 的一阶时间导数 $\partial u / \partial t$，u 为解向量。以时间 t 作为独立变量进行离散化。令场方程的余量在时间域 $t \sim \infty$ 上的加权积分为零，有

$$\int_0^\infty (M\dot{u} + Ku) W_n \mathrm{d}t = 0 \tag{5.116}$$

将连续的时间变量划分为一维的时间单元，每个单元 n 的长度为 Δt，共有两个节点，其对应的时间坐标为 t_n 和 t_{n+1}。设权函数 W_n 具有如下性质：

$$W_n = 0 \qquad (当 \ t < t_n \ 和 \ t > t_{n+1} \ 时) \tag{5.117}$$

则式 (5.116) 可改写成

$$\int_{t_n}^{t_{n+1}} (M\dot{u} + Ku) W_n \mathrm{d}t = 0 \quad (n = 0, \ 1, \ 2, \ \cdots) \tag{5.118}$$

式 (5.118) 表明，加权积分可仅在一个时间段（即单元 n）内进行。

设 u_i 为时间节点 i 上的一个解向量，即 u 在时刻 i 的一组节点值。在一个时间单元内

$$u = \sum_{t=n}^{n+1} N_t u_t = N_n u_n + N_{n+1} u_{n+1} \tag{5.119}$$

式中，N_n 为时间单元的插值基函数（图5.16），其表达式为

$$\begin{cases} N_n = 1 - \xi \\ N_{n+1} = \xi \end{cases} \tag{5.120}$$

$$\xi = \frac{t - t_n}{\Delta t} \qquad (0 \leqslant \xi \leqslant 1) \tag{5.121}$$

式中，ξ 为时间单元上的局部坐标。

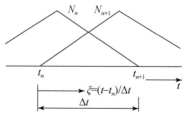

图5.16　时间单元及其插值基函数

由式 (5.120) 和式 (5.121) 可求出

$$
\begin{cases}
\dot{N}_n = -\dfrac{1}{\Delta t} \\[2mm]
\dot{N}_{n+1} = \dfrac{1}{\Delta t}
\end{cases}
\tag{5.122}
$$

将式 (5.119) 代入式 (5.118)，有

$$
\int_0^1 W_n \big[\boldsymbol{M}(\dot{N}_n \boldsymbol{u}_n + \dot{N}_{n+1}\boldsymbol{u}_{n+1}) + \boldsymbol{K}(N_n \boldsymbol{u}_n + N_{n+1}\boldsymbol{u}_{n+1}) + (N_n \boldsymbol{f}_n + N_{n+1}\boldsymbol{f}_{n+1}) \big] \mathrm{d}\xi = 0 \quad (n = 1, 2, \cdots)
\tag{5.123}
$$

式中，已知向量 $\boldsymbol{f}$ 也采用与未知解向量同样的方法插值。将式 (5.120) ~ 式 (5.122) 代入式 (5.123)，若矩阵 $\boldsymbol{M}$ 和 $\boldsymbol{K}$ 在时间段内为常数矩阵，则式 (5.123) 可进一步写成

$$
\left(\boldsymbol{K}\int_0^1 W_n \xi \mathrm{d}\xi + \boldsymbol{M}\int_0^1 W_n \mathrm{d}\xi / \Delta t \right) \boldsymbol{u}_{n+1} + \left(\boldsymbol{K}\int_0^1 W_n(1-\xi)\mathrm{d}\xi - \boldsymbol{M}\int_0^1 W_n \mathrm{d}\xi / \Delta t \right) \boldsymbol{u}_n
$$
$$
+ \left(\int_0^1 W_n(1-\xi)\mathrm{d}\xi \boldsymbol{f}_n \right) + \int_0^1 W_n \xi \mathrm{d}\xi \boldsymbol{f}_{n+1} = 0
\tag{5.124}
$$

取不同的权函数，将得到不同的离散化格式。用 $\int_0^1 W_n \mathrm{d}\xi$ 去除式 (5.124) 两边，可得

$$
\left(\frac{\boldsymbol{M}}{\Delta t} + \boldsymbol{K}\theta \right) \boldsymbol{u}_{n+1} + \left(-\frac{\boldsymbol{M}}{\Delta t} + \boldsymbol{K}(1-\theta) \right) \boldsymbol{u}_n + \boldsymbol{f}_{n+1}\theta + \boldsymbol{f}_n(1-\theta) = 0
\tag{5.125}
$$

式中，$\theta = \int_0^1 W_n \xi \mathrm{d}\xi / \int_0^1 W_n \mathrm{d}\xi$。

本书在计算时取 $\theta = \dfrac{2}{3}$，即伽辽金格式，断电后电流瞬间为零。因此，$\boldsymbol{f}$ 的各个元素为零，改写为

$$
\left(\frac{\boldsymbol{M}}{\Delta t} + \frac{2}{3}\boldsymbol{K} \right) \boldsymbol{u}_{n+1} + \left(-\frac{\boldsymbol{M}}{\Delta t} + \frac{1}{3}\boldsymbol{K} \right) \boldsymbol{u}_n = 0
\tag{5.126}
$$

5.5　瞬变电磁场边界单元法正演算法

从电磁场满足的麦克斯韦方程组和边界条件出发，给定规范条件，根据求解模型引入特定的位函数对，并寻找位函数对所对应的初始边界条件的充分条件，就得到要求解地电模型的电磁场边值问题。定义了洛伦兹规范和库伦规范下的两组位函数对，推导了其满足的控制方程和边界条件，作为正演数值模拟的理论基础。1D 水平层状介质模型的瞬变电磁场，用分离变量法推导了垂直和水平磁偶极子源的矢量位求解方法。瞬变电磁法中常用回线装置进行发射和接收，可以根据磁偶极子源的场做面积分得到。不管是分离装置还是重叠装置，除去早期个别点外，均匀全空间的场值均大于地下半空间的场值，且二者的衰减规律一致，同时采用混合元离散算法，避免了角点处法向导数不唯一的问题。

5.5.1　全空间瞬变电磁场边值问题

电磁场是有内在联系、相互依存的电场和磁场的统一体。随时间变化的电场产生磁

场，随时间变化的磁场产生电场，两者互为因果，形成电磁场。电磁场的性质、特征及其运动变化规律由麦克斯韦方程组确定。本节主要介绍全空间瞬变电磁场数值模拟中涉及的理论问题，从电磁场满足的麦克斯韦方程组和基本边界条件出发，结合模型计算中的各种假设和简化条件，分别引入洛伦兹规范和库伦规范下电磁场矢量位分量和标量位函数对，推导出其满足的控制方程和边界条件，得到全空间瞬变电磁场数值模拟的边值问题，作为正演数值模拟的数学理论基础。

对于矿井瞬变电磁法中的电磁场，它满足的地球物理场是全空间条件下的电磁场。层理构造是大多数沉积岩和变质岩的典型特征，如砂岩、泥岩、片岩、板岩及煤层等，它们均由很多薄层相互交替组成，因此研究符合实际地质条件的成层分布地电模型的电磁场分布特征具有很大的现实意义。本书研究的全空间瞬变电磁场的地电模型如图 5.17 所示，图中小圆圈表示发射源。作为 3D 边界元正演模拟的基础，图 5.17（a）显示了柱坐标系下 1D 水平层状介质模型，ρ、h 分别为各层的电阻率和层厚，可用解析法数值模拟 1D 水平层状介质模型得瞬变电磁场；图 5.17（b）显示了直角坐标系下含 3D 巷道的水平层状介质模型，与图 5.17（a）具有相同的层参数，可用边界元法数值模拟该模型下的瞬变电磁场，并与 1D 模拟的结果相比较得到巷道空间对全空间瞬变电磁场的影响特征。

为简化分析，对于瞬变电磁场中的有关问题作如下假设：

（1）介质是线性和均匀各向同性的，介质的电磁学性质与时间、温度和压强无关；

（2）介质的磁导率 μ 与自由空间磁导率 μ_0 相同，即 $\mu = \mu_0$，在后面的论述中磁导率统一用 μ 表示，单位为 H/m；

（3）在导电介质（即电导率不为零）中，体电荷不可能堆积在某一处，随时间的增加很快被介质导走而消失，即体电荷密度为零。

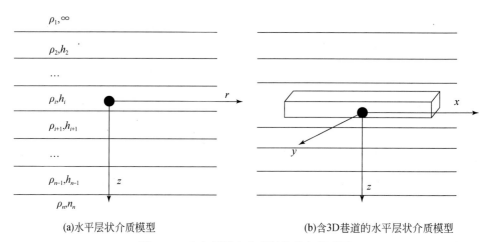

(a)水平层状介质模型　　　　　　　　　　(b)含3D巷道的水平层状介质模型

图 5.17　全空间瞬变电磁场的地电模型图

实际工作中，矿井瞬变电磁法多采用不接地多匝小回线为发射源和磁性源，引入磁流密度 $\boldsymbol{J}_m$ 和磁荷密度 ρ_m，考虑到一次场场源的影响，由麦克斯韦方程组，电磁场总场的控制方程可写为

$$\nabla \times \boldsymbol{E} = - \boldsymbol{J}_m - \frac{\partial \boldsymbol{B}}{\partial t}$$

$$\nabla \times \boldsymbol{H} = \sigma \boldsymbol{E} + \frac{\partial \boldsymbol{D}}{\partial t} \qquad (5.127)$$

$$\nabla \cdot \boldsymbol{B} = \rho_m$$

$$\nabla \cdot \boldsymbol{D} = 0$$

式中，$\boldsymbol{E}$ 为电场强度，V/m；$\boldsymbol{H}$ 为磁场强度，A/m；$\boldsymbol{B}$ 为磁感应强度，$\mathrm{Wb/m^2}$；$\boldsymbol{D}$ 为电位移矢量，$\mathrm{C/m^2}$；σ 为电导率，S/m。方程组（5.127）描述的电磁场定解问题是一个空间三维（x，y，z）加上时间（t）的四维矢量问题，数值计算相当复杂，为降维简化计算，消除时间变量，利用如下拉普拉斯变换：

$$\hat{F}(s) = L[F(t)] = \int_0^\infty F(t)\,\mathrm{e}^{-st}\mathrm{d}t$$

$$F(t) = L^{-1}[\hat{F}(s)] = \frac{1}{2\pi i}\int_{-i\infty}^{i\infty} \hat{F}(s)\,\mathrm{e}^{st}\mathrm{d}s \qquad (5.128)$$

对电磁场做拉普拉斯变换，将时间（t）域内的四维定解问题变换到拉氏（s）域中的定解问题，得到 s 域的表达式为

$$\nabla \times \hat{\boldsymbol{E}} = - \hat{\boldsymbol{J}}_m + s\mu\hat{\boldsymbol{H}}$$

$$\nabla \times \hat{\boldsymbol{H}} = (\sigma - s\varepsilon)\hat{\boldsymbol{E}} \qquad (5.129)$$

$$\nabla \cdot \hat{\boldsymbol{B}} = \hat{\rho}_m$$

$$\nabla \cdot \hat{\boldsymbol{D}} = 0$$

式中，$\hat{\boldsymbol{J}}_m = - s\mu\boldsymbol{P}_M$ 为源磁流密度；$\hat{\rho}_m = -\mu_0 P_M$ 为源磁荷密度，其中 P_M 为磁矩，$\mathrm{A \cdot m^2}$；ε 为介电常数，F/m；对给定的 s 值，就将四维问题转换为三维问题求解。

瞬变场中不同于静态场的一些现象，其显著程度都与频率的高低及发射或接收装置的尺寸紧密相关。按照实际需要，在容许的近似范围内，对瞬变场的部分过程可以当作恒定场处理，称为似稳电磁场或准静态场。在我们要研究的问题中，工作频率属于低频范围，即频率小于 10^5 时，在大地介质中位移电流远小于传导电流，因此忽略位移电流的影响，可作准静态场处理，对模型进行简化。瞬变电磁场中，当域内各处位移电流密度远小于传导电流密度时，为磁准静态场（MQS），磁场可按恒定场处理，忽略了电场随时间变化对磁场分布的影响，也就是忽略电位移随时间变化产生的磁场，在麦克斯韦方程组中表现为 $\partial \boldsymbol{D}/\partial t \approx 0$。则在准静态近似下方程组（5.127）中消去 $\partial \boldsymbol{D}/\partial t$ 项并变换到 s 域得

$$\nabla \times \hat{\boldsymbol{E}} = - \hat{\boldsymbol{J}}_m + s\mu\hat{\boldsymbol{H}}$$

$$\nabla \times \hat{\boldsymbol{H}} = \sigma\hat{\boldsymbol{E}} \qquad (5.130)$$

$$\nabla \cdot \hat{\boldsymbol{B}} = \hat{\rho}_m$$

$$\nabla \cdot \hat{\boldsymbol{D}} = 0$$

式（5.130）就是本书中要求解的瞬变电磁场问题所满足的状态方程组。

5.5.2　位函数及其边界条件

直接利用矢量场函数求解有源区域的电磁场边值问题需要求解的场分量个数多，且计算复杂，通常引入电磁场位函数来减少场的独立分量，以简化计算。根据不同的模型可以引入不同的位函数，采用磁性源时，通常引入矢量电位和标量磁位。

已知位函数对，则电场和磁场就可以完全确定，但反过来，已知电场和磁场，却可能存在很多组位函数。由于位函数不是唯一的，另外需要给定一个规范，常用的有洛伦兹规范和库伦规范，对位函数做不同的规范变换时，描述的是同一电磁场，即电磁场的规范不变性。这就给选择适当的规范变换带来很大的自由，即可以根据不同的情况，选择合适的位函数表达式，化简方程以方便求解。

由电磁场唯一性定理可知，在两种介质的交界面处，电场和磁场分量满足 $\boldsymbol{B}$ 和 $\boldsymbol{D}$ 的法向分量连续，$\boldsymbol{E}$ 和 $\boldsymbol{H}$ 的切向分量连续的边界条件，即

$$B_{n1} = B_{n2}, \quad D_{n1} = D_{n2}, \quad E_{t1} = E_{t2}, \quad H_{t1} = H_{t2} \tag{5.131}$$

而满足这些边界条件的电场和磁场分量都可以用位函数来表示，所以在理论上两种介质的交界面处一定存在与场分量连续条件相对应的用位函数表示的边界条件。而这个位函数表示的边界条件往往含有旋度和梯度运算，比较复杂，使用起来很不方便。根据电磁场唯一性定理，无论采用哪种方法（即使拼凑也可以）来获取解，只要所得的解满足给定的边值问题，那么此解就是唯一正确的解。在这个思想的指导下，本书在化简位函数的边界条件时，尽量做到形式简单、使用方便。

1. 洛伦兹规范下的位函数控制方程及边界条件

为了简化书写，以下的相关推导都是在 s 域中进行的，因此省略了变量上标。

引入矢量电位 $\boldsymbol{A}$ 和标量磁位 U，令 $\boldsymbol{E} = -\nabla \times \boldsymbol{A}$，因为 $\nabla \cdot \boldsymbol{D} = 0$，所以 $\nabla \cdot \boldsymbol{E} = -\nabla \cdot (\nabla \times \boldsymbol{A}) = 0$，麦克斯韦方程组仍能满足。将 $\boldsymbol{E} = -\nabla \times \boldsymbol{A}$ 代入 $\nabla \times \boldsymbol{H} = \sigma \boldsymbol{E}$ 中，可得 $\nabla \times (\boldsymbol{H} + \sigma \boldsymbol{A}) = 0$，由于旋度为零的向量可以表示唯一标量 U 的梯度，于是 $\boldsymbol{H} + \sigma \boldsymbol{A} = -\nabla U$，$\boldsymbol{H} = -\nabla U - \sigma \boldsymbol{A}$，$U$ 称为标量磁位。此式说明，总磁场强度由两部分组成，一部分是由电场变化产生的感应磁场，另一部分则是标量磁位所形成的梯度场。

引入洛伦兹规范 $\nabla \cdot \boldsymbol{A} = -i\omega\mu U$，$\omega$ 为频率，并有矢量恒等式 $\nabla(\nabla \cdot \boldsymbol{A}) - \nabla^2 \boldsymbol{A} = \nabla \times \nabla \times \boldsymbol{A}$，进一步可推导出准静态近似下位函数满足的控制方程：

$$\begin{cases} \nabla^2 \boldsymbol{A} + k^2 \boldsymbol{A} = -\boldsymbol{J}_m \\ \nabla^2 U + k^2 U = -\dfrac{\rho_m}{\mu} \end{cases} \tag{5.132}$$

式中，$k^2 = -i\omega\mu\sigma$ 为波数。可以看出，洛伦兹规范的特点是，矢量位与标量位完全解耦，且二者具有对称性。在层状介质的水平界面处，位函数满足如下的边界条件：

$$A_{z1} = A_{z2}, \quad \frac{\partial A_{z1}}{\partial z} = \frac{\partial A_{z2}}{\partial z}, \quad U_1 = U_2 \tag{5.133}$$

由于瞬变电磁场野外实测数据是感应电动势，在数值计算中需要求解的是垂直方向的磁场强度：

$$i\omega\mu H_z = -k^2 A_z + \frac{\partial^2 A_z}{\partial z^2} \tag{5.134}$$

相应的时间域中：

$$\frac{\partial B_z}{\partial t} = \mu_0 \frac{\partial H_z}{\partial t} \tag{5.135}$$

以上引入的洛伦兹规范下的位函数及其满足的边界条件可用于解析计算图 5.17（a）所示的水平层状介质的瞬变电磁场。

2. 库伦规范下的位函数控制方程及边界条件

引入矢量电位 $\boldsymbol{T}$ 和标量磁位 Ω，定义矢量电位使 $\nabla \times \boldsymbol{T} = \boldsymbol{J} = \sigma \boldsymbol{E}$，因为 $\nabla \times \boldsymbol{H} = \sigma \boldsymbol{E}$，对两边取散度得到 $\nabla \cdot \boldsymbol{E} = 0$，所以 $\sigma \nabla \cdot \boldsymbol{E} = \nabla \cdot (\nabla \times \boldsymbol{T}) = 0$，麦克斯韦方程组仍能满足。代入 $\nabla \times \boldsymbol{H} = \sigma \boldsymbol{E}$，得到 $\nabla \times (\boldsymbol{H} - \boldsymbol{T}) = 0$，引入标量磁位 Ω，于是 $\boldsymbol{H} = \boldsymbol{T} - \nabla\Omega$。此式说明，用 $\boldsymbol{T} - \Omega$ 表示磁场时，总磁场强度由两部分组成，一部分是由电流密度 $\boldsymbol{J}$ 产生的磁场强度，它是 $\boldsymbol{H}$ 中的有旋部分；另一部分则是标量磁位所形成的梯度场，它是 $\boldsymbol{H}$ 中的无旋部分。

引入库伦规范 $\nabla \cdot \boldsymbol{T} = 0$，进一步可以推导出准静态近似下此位函数对满足的控制方程：

$$\begin{cases} \nabla^2 \boldsymbol{T} + k^2 \boldsymbol{T} = \sigma \boldsymbol{J}_m + k^2 \nabla\Omega \\ \nabla^2 \Omega = -\dfrac{\rho_m}{\mu} \end{cases} \tag{5.136}$$

式中，$k^2 = -i\omega\mu\sigma$ 为波数。

图 5.17（b）所示的含 3D 巷道的水平层状介质模型，存在的内边界有层状介质的水平交界面，用 Γ 表示；巷道的 6 个边界面分别称为上面、下面、左面、右面、前面、后面，分别用 Γ_1、Γ_2、Γ_3、Γ_4、Γ_5、Γ_6 来表示。分别讨论各个边界面上位函数满足的边界条件如下。

1）Γ、Γ_1 和 Γ_2 处的边界条件

显然标量位具有静态场的性质，若切向为 x 和 y 方向，法向为 z 方向，分界面两侧的介质分别用下标 1 和 2 来表示（下同），则满足如下边界条件：

$$\Omega_1 = \Omega_2, \quad \frac{\partial \Omega_1}{\partial x} = \frac{\partial \Omega_2}{\partial x}, \quad \frac{\partial \Omega_1}{\partial y} = \frac{\partial \Omega_2}{\partial y} \tag{5.137}$$

由于 $\boldsymbol{H} = \boldsymbol{T} - \nabla\Omega$，根据磁场切向分量连续的条件

$$H_{x1} = H_{x2}, \quad H_{y1} = H_{y2} \tag{5.138}$$

和

$$H_x = T_x - \frac{\partial \Omega}{\partial x}, \quad H_y = T_y - \frac{\partial \Omega}{\partial y} \tag{5.139}$$

可以得到

$$T_{x1} = T_{x2}, \quad T_{y1} = T_{y2} \tag{5.140}$$

由库伦规范

$$\nabla \cdot \boldsymbol{T} = \frac{\partial T_x}{\partial x} + \frac{\partial T_y}{\partial y} + \frac{\partial T_z}{\partial z} = 0, \quad \int_V \nabla \cdot \boldsymbol{T} \mathrm{d}V = \oint_\Gamma \boldsymbol{T} \cdot n \mathrm{d}\Gamma = 0 \tag{5.141}$$

得到

$$T_{z1} = T_{z2}, \ \frac{\partial T_{z1}}{\partial z} = \frac{\partial T_{z2}}{\partial z} \tag{5.142}$$

且有

$$\boldsymbol{T}_1 = \boldsymbol{T}_2 \tag{5.143}$$

由于

$$H_z = T_z - \frac{\partial \Omega}{\partial z} \tag{5.144}$$

根据磁通量法向分量连续的条件 $\mu_1 H_{z1} = \mu_2 H_{z2}$ ，根据前述假设 $\mu_1 = \mu_2$ ，可以得到

$$\frac{\partial \Omega_1}{\partial z} = \frac{\partial \Omega_2}{\partial z} \tag{5.145}$$

2）在 Γ_5 和 Γ_6 处的边界条件

同样地，若切向为 x 和 z 方向，法向为 y 方向，则满足如下边界条件：

$$\Omega_1 = \Omega_2, \ \frac{\partial \Omega_1}{\partial x} = \frac{\partial \Omega_2}{\partial x}, \ \frac{\partial \Omega_1}{\partial z} = \frac{\partial \Omega_2}{\partial z} \tag{5.146}$$

由于 $\boldsymbol{H} = \boldsymbol{T} - \nabla \Omega$ ，根据磁场切向分量连续的条件

$$H_{x1} = H_{x2}, \ H_{z1} = H_{z2} \tag{5.147}$$

和

$$H_x = T_x - \frac{\partial \Omega}{\partial x}, \ H_z = T_z - \frac{\partial \Omega}{\partial z} \tag{5.148}$$

可以得到

$$T_{x1} = T_{x2}, \ T_{z1} = T_{z2} \tag{5.149}$$

由库伦规范

$$\int_V \nabla \cdot \boldsymbol{T} \mathrm{d}V = \oint_\Gamma \boldsymbol{T} \cdot n \mathrm{d}\Gamma = 0 \tag{5.150}$$

得到

$$T_{y1} = T_{y2} \tag{5.151}$$

且有

$$\boldsymbol{T}_1 = \boldsymbol{T}_2 \tag{5.152}$$

由于

$$H_y = T_y - \frac{\partial \Omega}{\partial y} \tag{5.153}$$

根据磁通量法向分量连续的条件 $\mu_1 H_{y1} = \mu_2 H_{y2}$ ，根据前述假设 $\mu_1 = \mu_2$ ，可以得到

$$\frac{\partial \Omega_1}{\partial y} = \frac{\partial \Omega_2}{\partial y} \tag{5.154}$$

由于巷道内充满空气介质，电导率为零，所以

$$J_{1n} = J_{2n} = 0 \tag{5.155}$$

即

$$\sigma_1 E_{1y} = \sigma_2 E_{2y} = 0 \tag{5.156}$$

由于 $\nabla \times \boldsymbol{T} = \boldsymbol{J} = \sigma \boldsymbol{E}$ ，得到

$$\left(\nabla \times \boldsymbol{T} \right)_x = \frac{\partial T_z}{\partial y} - \frac{\partial T_y}{\partial z} = \sigma E_x$$

$$\left(\nabla \times \boldsymbol{T} \right)_y = \frac{\partial T_x}{\partial z} - \frac{\partial T_z}{\partial x} = \sigma E_y \qquad (5.157)$$

$$\left(\nabla \times \boldsymbol{T} \right)_z = \frac{\partial T_y}{\partial x} - \frac{\partial T_x}{\partial y} = \sigma E_z$$

根据电场切向分量连续的条件 $E_{x1} = E_{x2}$ 得到

$$\frac{1}{\sigma_1}\left(\frac{\partial T_{z1}}{\partial y} - \frac{\partial T_{y1}}{\partial z} \right) = \frac{1}{\sigma_2}\left(\frac{\partial T_{z2}}{\partial y} - \frac{\partial T_{y2}}{\partial z} \right) \qquad (5.158)$$

即

$$\frac{1}{\sigma_1}\frac{\partial T_{z1}}{\partial y} - \frac{1}{\sigma_2}\frac{\partial T_{z2}}{\partial y} = \frac{1}{\sigma_1}\frac{\partial T_{y1}}{\partial z} - \frac{1}{\sigma_2}\frac{\partial T_{y2}}{\partial z} \qquad (5.159)$$

不妨取充分条件，令

$$\frac{1}{\sigma_1}\frac{\partial T_{z1}}{\partial y} = \frac{1}{\sigma_2}\frac{\partial T_{z2}}{\partial y} \qquad (5.160)$$

得到边界条件

$$\sigma_2 \frac{\partial T_{z1}}{\partial y} = \sigma_1 \frac{\partial T_{z2}}{\partial y} \qquad (5.161)$$

3）在 Γ_3 和 Γ_4 处的边界条件

同样，令切向为 y 和 z 方向，法向为 x 方向，则与同上可得位函数满足如下边界条件：

$$\Omega_1 = \Omega_2, \ \frac{\partial \Omega_1}{\partial y} = \frac{\partial \Omega_2}{\partial y}, \ \frac{\partial \Omega_1}{\partial z} = \frac{\partial \Omega_2}{\partial z}, \ \frac{\partial \Omega_1}{\partial x} = \frac{\partial \Omega_2}{\partial x} \qquad (5.162)$$

$$T_{x1} = T_{x2}, \ T_{y1} = T_{y2}, \ T_{z1} = T_{z2}, \ \boldsymbol{T}_1 = \boldsymbol{T}_2 \qquad (5.163)$$

$$\sigma_2 \frac{\partial T_{z1}}{\partial x} = \sigma_1 \frac{\partial T_{z2}}{\partial x} \qquad (5.164)$$

综上可以看出，引入库伦规范时，能够得到更方便的边界条件，但是需要先求出标量位，再代入求矢量位，求出 H_z 进而可求感应电动势。

5.5.3　全空间含巷道瞬变电磁场边界积分方程

以水平层状介质为背景的全空间含 3D 巷道的模型，即在 N 个水平电性层组成的地电断面中挖去巷道部分形成的 3D 地电模型，如图 5.17（b）所示，其边界为水平层状介质的交界面、巷道边界和无穷远边界。将整个求解区域 V 按照电性层分成 $N+1$ 个子域 V_1，V_2，$\cdots$，V_N，V_D，满足

$$\bigcup_{j=1}^{N} V_j = V, \ V_j \cap V_{j+1} = \Gamma_i, \ j = 1, \ 2, \ \cdots, \ N - 1$$
$$V_i \cap V_D = \Gamma_D \qquad (5.165)$$

巷道空间 V_D 位于第 i 层，边界为 Γ_D。假设源点位于巷道底板 P_0 点，P 为空间中任一点，选择库伦规范，根据第 2 章中的论述，可以得到标量位 Ω 和矢量位 z 分量 T_z 的边值问题

如下：

$$
\begin{cases}
\nabla^2 \Omega_j = -\dfrac{\rho_m}{\mu}\delta_j(P-P_0), \quad (j=1,2,\cdots,N) \\[2mm]
\Omega_j\big|_{\Gamma_j} = \Omega_{j+1}\big|_{\Gamma_j}, \quad \dfrac{\partial \Omega_j}{\partial n}\Big|_{\Gamma_j} = \dfrac{\partial \Omega_{j+1}}{\partial n}\Big|_{\Gamma_j}, \quad \Omega = 0\big|_{\Gamma_\infty} \\[2mm]
\nabla^2 \Omega_D = 0 \\[2mm]
\Omega_i\big|_{\Gamma_D} = \Omega_D\big|_{\Gamma_D}, \quad \dfrac{\partial \Omega_i}{\partial n}\Big|_{\Gamma_D} = \dfrac{\partial \Omega_D}{\partial n}\Big|_{\Gamma_D}
\end{cases}
\tag{5.166}
$$

$$
\begin{cases}
\nabla^2 T_{zj} + k^2 T_{zj} = \left(-\sigma J_z - k^2\dfrac{\partial \Omega}{\partial z}\right)\delta_j(P-P_0), \quad (j=1,2,\cdots,N) \\[2mm]
T_{zj}\big|_{\Gamma_j} = T_{zj+1}\big|_{\Gamma_j}, \quad \dfrac{\partial T_{zj}}{\partial n}\Big|_{\Gamma_j} = \dfrac{\partial T_{zj+1}}{\partial n}\Big|_{\Gamma_j}, \quad T_z = 0\big|_{\Gamma_\infty} \\[2mm]
\nabla^2 T_{zD} = 0 \\[2mm]
T_{zi}\big|_{\Gamma_D} = T_{zD}\big|_{\Gamma_D}, \quad \Gamma_D = \Gamma_1 \cup \Gamma_2 \cup \Gamma_3 \cup \Gamma_4 \cup \Gamma_5 \cup \Gamma_6 \\[2mm]
\dfrac{\partial T_{zi}}{\partial n}\Big|_{\Gamma_{1,2}} = \dfrac{\partial T_{zD}}{\partial n}\Big|_{\Gamma_{1,2}}, \quad \rho_i\dfrac{\partial T_{zi}}{\partial n}\Big|_{\Gamma_{5,6}} = \rho_D\dfrac{\partial T_{zD}}{\partial n}\Big|_{\Gamma_{5,6}}, \quad \rho_i\dfrac{\partial T_{zi}}{\partial n}\Big|_{\Gamma_{3,4}} = \rho_D\dfrac{\partial T_{zD}}{\partial n}\Big|_{\Gamma_{3,4}}
\end{cases}
\tag{5.167}
$$

求解上述边值问题，得到 Ω 和 T_z，进而可求 H_z 和 $\partial B_z/\partial t$。

1. 基本解

基本解代表的是集中分布物质所产生的场分布，也就是磁偶极子源在均匀全空间产生的位函数。本着根据模型选择基本解使其满足控制方程的同时满足一定边界条件的思想，对于水平层状介质含 3D 巷道模型，选择库仑规范下水平层状介质中电磁场位函数作为基本解，其算法在第 3 章已有详细推导，令标量位 Ω 的基本解为 φ_Ω，T_z 的基本解为 φ_T，满足的控制方程和边界条件如下：

$$
\begin{cases}
\nabla^2 \varphi_{\Omega j} = -c(P)\delta_j(P), \quad (j=1,2,\cdots,N) \\[2mm]
\varphi_{\Omega j}\big|_{\Gamma_j} = \varphi_{\Omega j+1}\big|_{\Gamma_j}, \quad \dfrac{\partial \varphi_{\Omega j}}{\partial n}\Big|_{\Gamma_j} = \dfrac{\partial \varphi_{\Omega j+1}}{\partial n}\Big|_{\Gamma_j}, \quad \varphi_\Omega = 0\big|_{\Gamma_\infty} \\[2mm]
\nabla^2 \varphi_{Tj} + k^2\varphi_{Tj} = -c(P)\delta_j(P), \quad (j=1,2,\cdots,N) \\[2mm]
\varphi_{Tj}\big|_{\Gamma_j} = \varphi_{Tj+1}\big|_{\Gamma_j}, \quad \dfrac{\partial \varphi_{Tj}}{\partial n}\Big|_{\Gamma_j} = \dfrac{\partial \varphi_{Tj+1}}{\partial n}\Big|_{\Gamma_j}, \quad \varphi_T = 0\big|_{\Gamma_\infty}
\end{cases}
\tag{5.168}
$$

式中，$c(P)$ 为磁偶极子源常数，其值为

$$
c(P) = \begin{cases}
1, & P \text{ 在 } V \text{ 内部} \\[2mm]
\dfrac{1}{2}, & P \in \Gamma_D \\[2mm]
0, & \text{其他}
\end{cases}
\tag{5.169}
$$

对于巷道空间，充满的是电阻率无穷大的空气介质，其中的基本解满足拉普拉斯方程，令巷道空间标量位 Ω 的基本解为 $\varphi_{\Omega D}$，T_z 的基本解为 φ_{TD}，得到

$$
\varphi_{\Omega D} = \varphi_{TD} = \frac{1}{4\pi}\int_0^\infty e^{-\lambda|z|}J_0(\lambda r)\,d\lambda
\tag{5.170}
$$

2. 边界积分方程

由格林第二公式

$$\int_V (u\Delta v - v\Delta u)\,\mathrm{d}V = \oint_\Gamma \left(u\,\frac{\partial v}{\partial n} - v\,\frac{\partial u}{\partial n} \right)\mathrm{d}\Gamma \tag{5.171}$$

并且无穷远处的位函数及其一阶偏导数均趋于零，所以格林公式中无穷远处的面积分项可以忽略不计，得到各层介质中任意一点 P 处标量位 Ω 所满足的边界积分方程为

$$
\begin{cases}
\dfrac{\omega_{P1}}{4\pi}\Omega_1(P) = -\oint_{\Gamma_1}\left(\Omega_1\,\dfrac{\partial\varphi_1}{\partial n_1} - \varphi_1\,\dfrac{\partial\Omega_1}{\partial n_1} \right)\mathrm{d}\Gamma,\ P\in V_1 \\[3mm]
\dfrac{\omega_{P2}}{4\pi}\Omega_2(P) = -\oint_{\Gamma_1+\Gamma_2}\left(\Omega_2\,\dfrac{\partial\varphi_2}{\partial n_2} - \varphi_2\,\dfrac{\partial\Omega_2}{\partial n_2} \right)\mathrm{d}\Gamma,\ P\in V_2 \\[3mm]
\cdots \\[2mm]
\dfrac{\omega_{Pi}}{4\pi}\Omega_i(P) = \varphi_{\Omega i}\,\dfrac{\rho_m}{\mu} - \oint_{\Gamma_{i-1}+\Gamma_i}\left(\Omega_i\,\dfrac{\partial\varphi_i}{\partial n_i} - \varphi_i\,\dfrac{\partial\Omega_i}{\partial n_i} \right)\mathrm{d}\Gamma - \oint_{\Gamma_D}\left(\Omega_i\,\dfrac{\partial\varphi_i}{\partial n_D} - \varphi_i\,\dfrac{\partial\Omega_i}{\partial n_D} \right)\mathrm{d}\Gamma,\ P\in V_i \\[3mm]
\dfrac{\omega_{Pi}}{4\pi}\Omega_D(P) = -\oint_{\Gamma_D}\left(\Omega_D\,\dfrac{\partial\varphi_{\Omega D}}{\partial n_D} - \varphi_{\Omega D}\,\dfrac{\partial\Omega_D}{\partial n_D} \right)\mathrm{d}\Gamma,\ P\in V_D \\[3mm]
\dfrac{\omega_{Pi+1}}{4\pi}\Omega_{i+1}(P) = -\oint_{\Gamma_i+\Gamma_{i+1}}\left(\Omega_{i+1}\,\dfrac{\partial\varphi_{i+1}}{\partial n_{i+1}} - \varphi_{i+1}\,\dfrac{\partial\Omega_{i+1}}{\partial n_{i+1}} \right)\mathrm{d}\Gamma,\ P\in V_{i+1} \\[3mm]
\cdots \\[2mm]
\dfrac{\omega_{PN}}{4\pi}\Omega_N(P) = -\oint_{\Gamma_{N-1}}\left(\Omega_N\,\dfrac{\partial\varphi_N}{\partial n_N} - \varphi_N\,\dfrac{\partial\Omega_N}{\partial n_N} \right)\mathrm{d}\Gamma,\ P\in V_N
\end{cases}
\tag{5.172}
$$

式中，n_1，n_2，$\cdots$，n_N 分别为子域 V_1，V_2，$\cdots$，V_N 的外法线方向；n_D 为巷道边界的外法线方向；ω_{P1}，ω_{P2}，$\cdots$，ω_{PN} 分别为 P 点对子域 V_1，V_2，$\cdots$，V_N 所张立体角。将上面 N 个方程相加，根据水平分界面上的连续性条件，可将水平分界面上的面积分消去，从而得到 P 点位于巷道边界上（$\omega_P = 2\pi$）时的标量位 Ω 所满足的边界积分方程为

$$
\begin{cases}
\dfrac{1}{2}\Omega_i(P) = \varphi_{\Omega i}\,\dfrac{\rho_m}{\mu} - \oint_{\Gamma_D}\left(\Omega_i\,\dfrac{\partial\varphi_{\Omega i}}{\partial n_D} - \varphi_{\Omega i}\,\dfrac{\partial\Omega_i}{\partial n_D} \right)\mathrm{d}\Gamma \\[3mm]
\dfrac{1}{2}\Omega_D(P) = -\oint_{\Gamma_D}\left(\Omega_D\,\dfrac{\partial\varphi_{\Omega D}}{\partial n_D} - \varphi_{\Omega D}\,\dfrac{\partial\Omega_D}{\partial n_D} \right)\mathrm{d}\Gamma
\end{cases}
\tag{5.173}
$$

同理，可以得到矢量电位的 z 分量 T_z 的边界积分方程为

$$
\begin{cases}
\dfrac{1}{2}T_{zi}(P) = \left(\sigma J_z + k^2\,\dfrac{\partial\Omega}{\partial z} \right)\varphi_{Ti} - \oint_{\Gamma_D}\left(T_{zi}\,\dfrac{\partial\varphi_{Ti}}{\partial n_D} - \varphi_{Ti}\,\dfrac{\partial T_{zi}}{\partial n_D} \right)\mathrm{d}\Gamma \\[3mm]
\dfrac{1}{2}T_{zD}(P) = -\oint_{\Gamma_D}\left(T_{zD}\,\dfrac{\partial\varphi_{TD}}{\partial n_D} - \varphi_{TD}\,\dfrac{\partial T_{zD}}{\partial n_D} \right)\mathrm{d}\Gamma
\end{cases}
\tag{5.174}
$$

且满足式（5.166）和式（5.167）中的边界条件。

为便于表示，将式（5.173）中待求的未知量用 u 表示，法向偏导数用 q 表示，基本解用 φ_1（层状介质中的基本解）和 φ_2（巷道空间中的基本解）表示，巷道边界的外法线

方向用 n 表示，并结合式（5.166）的边界条件可以将式（5.173）中的第一式写为

$$\frac{1}{2}u(P) + \oint_{\Gamma_D} u\frac{\partial\varphi_1}{\partial n}\mathrm{d}\Gamma = \varphi_1\frac{\rho_m}{\mu} + \oint_{\Gamma_D}\varphi_1 q\mathrm{d}\Gamma \tag{5.175}$$

因为巷道边界上定义的外法线方向指向巷道内部，所以式（5.173）中的第二式右侧积分号前需加一负号，考虑了外法线的方向后，以下关于法向偏导数的表示均用不加粗的 n，得到

$$\frac{1}{2}u(P) + \oint_{\Gamma_D}\varphi_1 q\mathrm{d}\Gamma = \oint_{\Gamma_D} u\frac{\partial\varphi_1}{\partial n}\mathrm{d}\Gamma \tag{5.176}$$

这样就得到标量位 Ω 的边界积分方程式［式（5.175）和式（5.176）］。

对于矢量电位的 z 分量 T_z 的边界积分方程，使用上述同样的表达方法，得

$$\begin{cases}\dfrac{1}{2}u(P) + \oint_{\Gamma_D} u\dfrac{\partial\varphi_1}{\partial n}\mathrm{d}\Gamma = \left(\sigma J_z + k^2\dfrac{\partial\Omega}{\partial z}\right)\varphi_1 + \oint_{\Gamma_D}\varphi_1\dfrac{\partial u}{\partial n}\mathrm{d}\Gamma \\[2mm] \dfrac{1}{2}u(P) - \oint_{\Gamma_D} u\dfrac{\partial\varphi_2}{\partial n}\mathrm{d}\Gamma = -\oint_{\Gamma_D}\varphi_2\dfrac{\partial u}{\partial n}\mathrm{d}\Gamma\end{cases} \tag{5.177}$$

根据（5.167）中的边界条件，需要将巷道的 6 个表面分开处理，即

$$\begin{cases}\dfrac{1}{2}u(P) + \oint_{\Gamma_D} u\dfrac{\partial\varphi_1}{\partial n}\mathrm{d}\Gamma = \left(\sigma J_z + k^2\dfrac{\partial\Omega}{\partial z}\right)\varphi_1 + \oint_{\Gamma_{1,2}}\varphi_1\dfrac{\partial u}{\partial n}\mathrm{d}\Gamma + \oint_{\Gamma_{3,4}}\varphi_1\dfrac{\partial u}{\partial n}\mathrm{d}\Gamma + \oint_{\Gamma_{5,6}}\varphi_1\dfrac{\partial u}{\partial n}\mathrm{d}\Gamma \\[2mm] \dfrac{1}{2}u(P) - \oint_{\Gamma_D} u\dfrac{\partial\varphi_2}{\partial n}\mathrm{d}\Gamma = -\oint_{\Gamma_{1,2}}\varphi_2\dfrac{\partial u}{\partial n}\mathrm{d}\Gamma - \dfrac{\rho_i}{\rho_D}\oint_{\Gamma_{3,4}}\varphi_2\dfrac{\partial u}{\partial n}\mathrm{d}\Gamma - \dfrac{\rho_i}{\rho_D}\oint_{\Gamma_{5,6}}\varphi_2\dfrac{\partial u}{\partial n}\mathrm{d}\Gamma\end{cases} \tag{5.178}$$

又因为巷道中介质为空气，电阻率趋于无穷大，所以式（5.178）可化简为

$$\begin{cases}\dfrac{1}{2}u(P) + \oint_{\Gamma_D} u\dfrac{\partial\varphi_1}{\partial n}\mathrm{d}\Gamma = \left(\sigma J_z + k^2\dfrac{\partial\Omega}{\partial z}\right)\varphi_1 + \oint_{\Gamma_{1,2}}\varphi_1\dfrac{\partial u}{\partial n}\mathrm{d}\Gamma + \oint_{\Gamma_{3,4}}\varphi_1\dfrac{\partial u}{\partial n}\mathrm{d}\Gamma + \oint_{\Gamma_{5,6}}\varphi_1\dfrac{\partial u}{\partial n}\mathrm{d}\Gamma \\[2mm] \dfrac{1}{2}u(P) - \oint_{\Gamma_D} u\dfrac{\partial\varphi_2}{\partial n}\mathrm{d}\Gamma = -\oint_{\Gamma_{1,2}}\varphi_2\dfrac{\partial u}{\partial n}\mathrm{d}\Gamma\end{cases} \tag{5.179}$$

5.6　全空间瞬变电磁场数值模拟

正确认识全空间瞬变电磁场的扩散与响应规律是矿井瞬变电磁超前探测技术合理应用的前提。本章基于全空间解析公式，研究了均匀全空间瞬变电磁场的扩散规律，应用有限差分程序，对层状全空间中磁偶源垂直层理与平行层理两种激发方式下瞬变电磁场的扩散规律进行了数值模拟，动态再现了层状全空间瞬变电磁场的扩散过程，给出了典型地电断面的瞬变磁场响应特征曲线。

5.6.1　全空间瞬变电磁场分布规律

设置一个均匀介质全空间物理模型，介质电阻率为 $\rho_e = 100\Omega\cdot\mathrm{m}$，采用磁偶源发射装

置，发射源的磁矩为 $M = 50\text{A} \cdot \text{m}^2$。首先将重叠回线装置和分离回线装置形式对感应电磁信号的接收能力进行对比分析。图 5.18 为在均匀全空间介质中分别采用重叠回线和分离回线两种装置形式计算得到的瞬变电磁响应曲线。上边为利用重叠回线装置接收的瞬变电磁场感应信号，下边为利用分离回线装置接收到的瞬变电磁感应信号。从图 5.18 可知，两种天线装置形式所接收到的感应电磁信号在形态上基本一致，即其衰减规律相同，但分离回线接收到的信号值小于重叠回线所接收到的信号值，说明在相同地质条件下重叠回线装置的探测能力高于分离回线装置的探测能力。因此，本书所有计算结果均是采用重叠回线装置形式，发射源位于模型的几何中心。

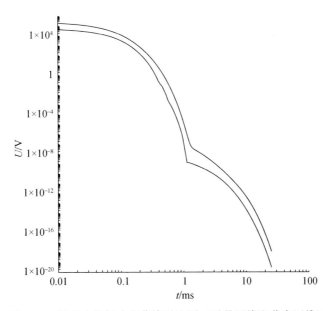

图 5.18　瞬变电磁场响应曲线对比图（重叠回线和分离回线）

　　图 5.19 为利用所设计三维有限元程序计算所得到 $t = 0$ 时刻瞬变电磁场分布示意图，其中图 5.19（a）～（d）分别表示到发射源所在平面的距离为 2m、10m、20m 和 30m 时所在平面内感应瞬变电磁场强度。由图 5.20 可知，在均匀介质中距离发射源越近瞬变电磁感应信号越强，随着距离的增大瞬变电磁感应信号迅速衰减，但同时对应平面内瞬变电磁场的感应影响范围也逐渐扩大，这与第 2 章中所提到的"烟圈效应"较为一致。

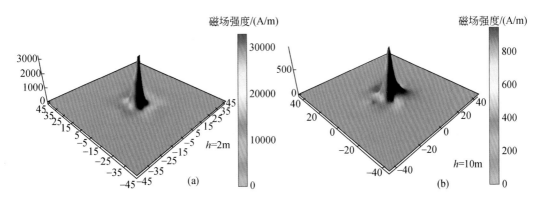

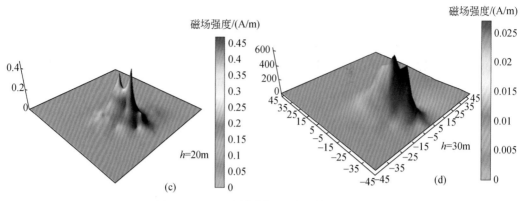

图 5.19　$t=0$ 时刻瞬变电磁场分布示意图

图 5.20 为距离发射源 $h=30\text{m}$ 的平面内不同时刻瞬变电磁场示意图。从图上可以看出某一固定平面内不同时刻瞬变电磁场的响应范围大致相同，但其感应极大值衰减较快，$t=0$ 时极大值为 0.027 个单位，$t=0.1\text{ms}$ 时极大值为 0.0019 个单位，而 $t=0.3\text{ms}$ 时极大值为 6.5×10^{-5} 个单位。

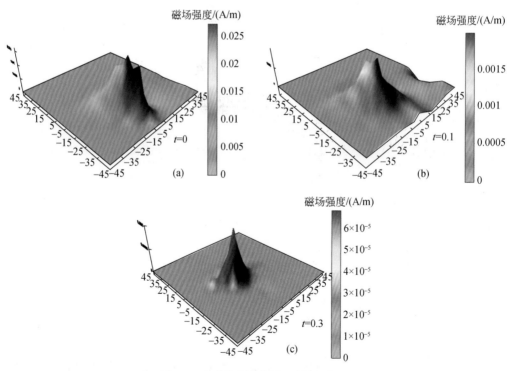

图 5.20　不同时刻瞬变电磁场示意图

图 5.21 为均匀全空间瞬变电磁响应曲线，可知瞬变电磁感应电动势随时间衰减较快。从图上可知，在横轴 1.3ms 处曲线出现一次异常扰动。在均匀介质中瞬变电磁场的响应曲线理论上应该是逐渐变化。由瞬变电磁场传播理论分析可知，瞬变电磁场是以两种方式向

地层介质中传播：第一种方式是激发的电磁波直接向地层中传播；第二种方式是激发的电磁场从场源传到地层介质中，在均匀介质中再次激发感应电流，电流的变化又激发出感应电动势，这样像"烟圈"那样随时间的推移逐步扩散传播到远处。在采样时间序列的早期阶段第一种方式传播能量较强，在采样时间序列的后期阶段感应电动势占主要成分，即电磁波以第二种传播方式为主，因此瞬变电磁场分为早期场和晚期场。由图 5.21 可知，在发射源电流关断时间为零的条件下，关断层流瞬间产生的感应电位非常大，接近 10^6 V，但其衰减速度较快，1.3ms 处曲线的扰动部分可解释为第一种传播方式和第二种传播方式的过渡阶段，即由于瞬变电磁早期场和晚期场相互影响的结果。

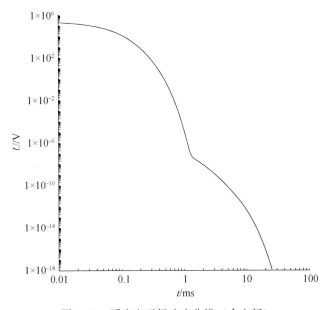

图 5.21　瞬变电磁场响应曲线（全空间）

　　为了对比分析巷道空间对瞬变电磁场分布规律的影响，现设计异常体物理模型，首先分析研究在无巷道空间影响下异常体的响应规律。

　　模型参数：全空间均匀介质电阻率 $\rho_e = 100\Omega\cdot m$ ，异常体电阻率为 ρ_a（其值可变化），异常体的尺寸 5m×5m×10m，异常体顶部到发射源所在平面的距离 d，其剖面图如图 5.22 所示。

　　图 5.23 为异常体顶部到发射源所在平面的距离 $d=12m$、异常体电阻率值 $\rho_a = 0.1\Omega\cdot m$ 时对应的瞬变电磁场响应曲线与均匀全空间瞬变电磁场响应曲线对比图，下面的曲线为均匀介质中全空间瞬变电磁场响应曲线。由于瞬变电磁场早期与晚期的相互作用（即早期与晚期的过渡期），在 $t=1.3ms$ 处曲线出现一次异常扰动。上面为有低阻异常体时对应的响应曲线，可知低阻异常体的存在使瞬变电磁场的感应信号大大增强，在 $t=0.2ms$ 处两支曲线开始分离，说明在该时间感应瞬变电磁场的分布开始受低阻异常体的影响。

　　图 5.24 为低阻异常体电阻率值 $\rho_a = 0.1\Omega\cdot m$ 、d 取不同值时感应瞬变电磁场响应曲线与均匀全空间瞬变电磁场响应曲线对比图。从图中可知，低阻异常体顶部距离发射源越

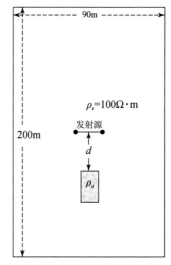

图 5.22　模型剖面示意图（全空间）

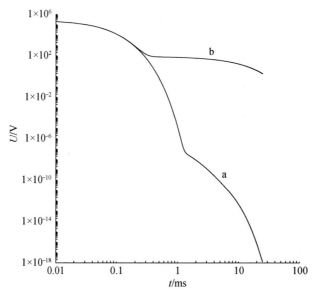

图 5.23　瞬变电磁场响应曲线（$d=12\mathrm{m}$）

a. 均匀全空间响应曲线；b. 低阻异常体响应曲线

近，观测到的感应值就越强，其对应的响应曲线与均匀全空间中的响应曲线分离时间越早。当 $d=2\mathrm{m}$ 时，分离时间 $t=0.06\mathrm{ms}$；当 $d=12\mathrm{m}$ 时，分离时间 $t=0.2\mathrm{ms}$；当 $d=20\mathrm{m}$ 时，分离时间 $t=0.6\mathrm{ms}$。同时随着距离 d 的增大，所接收到的瞬变电磁感应信号也相应的减小，但感应值仍大于均匀介质全空间内的响应值。

图 5.25 为异常体顶部到发射源的距离 $d=12\mathrm{m}$，其电阻率值 ρ_a 分别取 $0.1\Omega\cdot\mathrm{m}$、$1.0\Omega\cdot\mathrm{m}$、$10.0\Omega\cdot\mathrm{m}$ 和 $100.0\Omega\cdot\mathrm{m}$ 时瞬变电磁场响应曲线与均匀全空间瞬变电磁场响应曲线对比图。从图中可知，各曲线与均匀全空间响应曲线均在 $t=0.2\mathrm{ms}$ 时分离，但同时随着距离 ρ_a 值的增大，所接收到的瞬变电磁感应信号相应减小，向均匀全空间介质中的

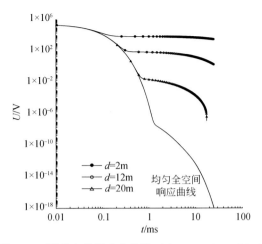

图 5.24　瞬变电磁场响应曲线（$d=2$m, 12m, 20m）

特征响应曲线逼近。当异常体的电阻率值与均匀介质的电阻率值越接近时，其响应曲线的形态越相近。当异常体的电阻率值相对围岩介质为高阻体时，特征响应曲线位于均匀全空间对应曲线的下方。可知异常体电阻率值较大接收到的感应场值就越小，异常体与周围介质电阻率值差异较大，异常响应特征就越明显。

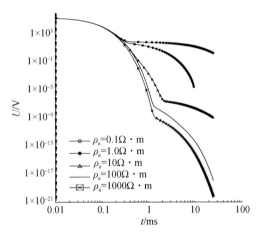

图 5.25　$d=12$m 时异常体电阻率变化

5.6.2　全空间瞬变电磁场传播机理

1. 垂直层理激发层状全空间瞬变电场传播机理

　　矿井瞬变电磁法将发射接收装置置于井下巷道中，由于煤系地层的成层分布，其相应的地电断面也成层分布，因而激发源与地层的几何关系会改变瞬变电磁场的感应与扩散方式。当把矿井瞬变电磁法应用于顶板、底板测深时，线圈平面与岩层面平行，线圈法线方向（即探测方向）与岩层垂直，受全空间效应影响，瞬变电磁场的感应扩散方式与地表半空间垂直层理激发有所不同。地电断面各电性层的厚度、电性特征与源的位置决定着瞬变电磁场的时空分布。结合煤系地层的特点，对典型的三层与五层地电断面进行了模拟。本书的瞬变电场等值线图，如无特别说明，横轴为 x 方向，纵轴为 z 方向，1 个单位代表 10m，激发源位于（0，0），虚线为电性交界面。

　　图 5.26 为激发源位于第二层中间垂直层理激发时三层地电断面各时刻瞬变电场等值线的分布图。如图 5.27 所示由上至下第一层为高阻层，电阻率为 500Ω·m；第二层电阻率为 100Ω·m，厚度 80m；第三层为低阻层，电阻率为 10Ω·m。激发源距第一层与第二层分界面、第二层与第三层分界面均为 40m。由图 5.26 易知各时刻等效电流环所在平面均与层理面平行，最初时刻，感应电场主要分布在源附近，即第二层中，随着时间的推移，感应电场分别向上、向下扩散，在第一层高阻层中的扩散速度要高于第三层低阻层，而等效电流环逐渐由最初位置向第三层低阻层中移动，与此同时顺层等速向外扩散，等效电流环的直径越来越大。由此可以看出，三层地电断面，对于垂直层理激发而言，垂直层理方向上电性的不均一性改变了感应电场垂向上的扩散速度，致使等效电流环更倾向于低阻层之中，在等效电流环进入低阻层之前感应场主要反映高阻层信息，而在等效电流环进入低阻层后感应场主要反映低阻层信息。

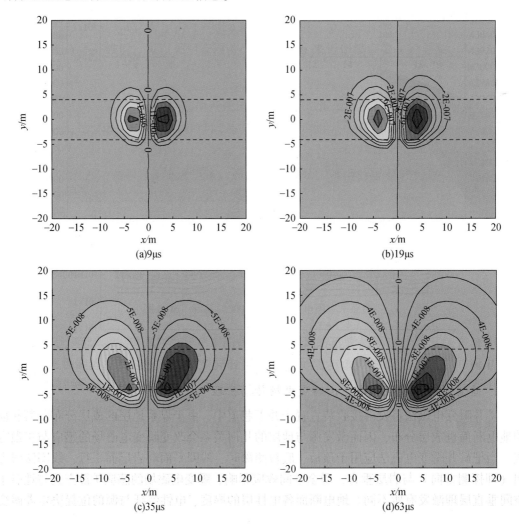

(a)9μs　　　　　　　　　　　　　　(b)19μs

(c)35μs　　　　　　　　　　　　　　(d)63μs

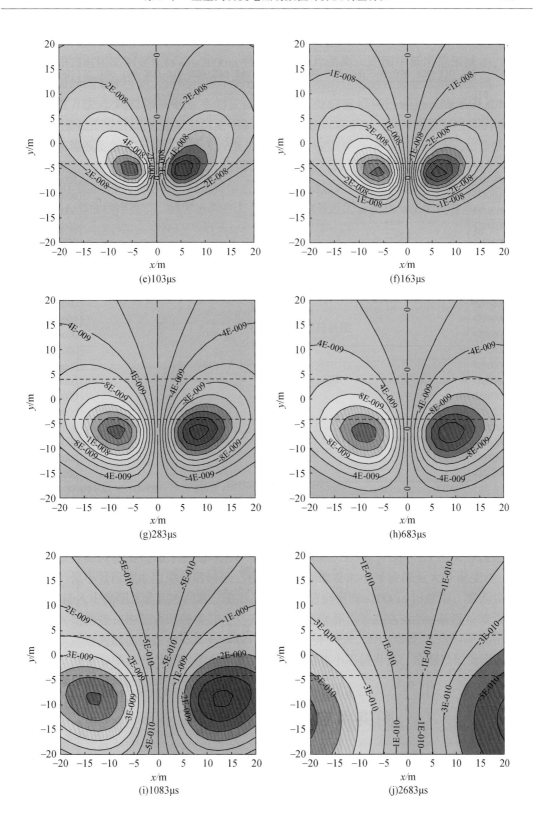

(e)103μs

(f)163μs

(g)283μs

(h)683μs

(i)1083μs

(j)2683μs

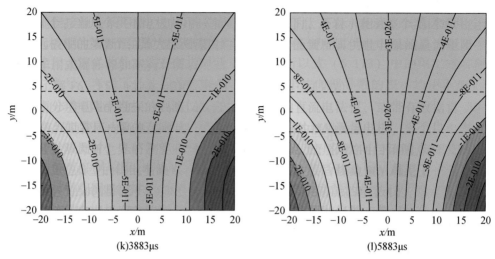

(k)3883μs　　　　　　　　　　　　　(l)5883μs

图 5.26　三层地电断面垂直层理激发瞬变电场扩散图

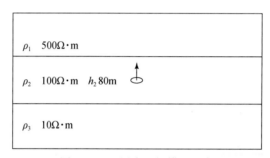

图 5.27　三层全空间模型示意

由垂直层理激发下瞬变电场的扩散过程可知，低阻电性层对瞬变电磁场衰减扩散速度的影响是改变瞬变电磁场时空分布的根本原因。瞬变电磁场在低阻层中衰减较慢，使得涡旋电流密度中心逐渐向低阻层靠拢，并最终停留于低阻层中，直至衰减殆尽。

由于井下巷道空间限制，目前矿井瞬变电磁法主要采用偶极–偶极与重叠小回线两种装置形式，均以观测磁场强度随时间的变化率（即感应电动势）来推断解释空间地电信息。

2. 平行层理激发层状全空间瞬变电场传播机理

矿井瞬变电磁法用于采煤工作面内隐伏导含水构造、巷道掘进工作面前方导含水构造探测时，发射线圈平面垂直于层理面，线圈法线方向（即探测方向）平行层理，激发方向由原来的垂直层理改变为平行层理。激发方式的改变势必带来瞬变电磁场扩散方式的改变，场的扩散方式决定着瞬变电磁超前探测技术的可行性。与研究垂直层理激发瞬变电磁场的扩散规律一样，在研究平行层理激发瞬变电磁场的扩散规律时同样选取了三层与五层两种典型的地电断面。

如图 5.28 所示，由上至下第一层为高阻层，电阻率为 500Ω·m；第二层电阻率为 100Ω·m，厚度 80m；第三层为低阻层，电阻率为 10Ω·m。激发源距第一层与第二层分界面、第二层与第三层分界面均为 40m。图 5.29 为激发源位于第二层中间平行层理激发时三层地电断面各时刻瞬变电场等值线的分布图。由图 5.29 可知，该三层地电断面平行层理激发与垂直层理激发瞬变电场的扩散衰减完全不同。在整个扩散衰减过程中，最强感应电流密度中心始终位于激发源所在平面上，由于电性断面的非对称性，上下两个感应电流密度中心向外扩散速度不一致，高阻层一侧的电流密度中心扩散速度较快，很快扩散至高阻层中；而低阻层一侧的电流密度中心扩散速度较慢，衰减过程中，逐渐扩散至整个空间中，并最终占据主导地位。

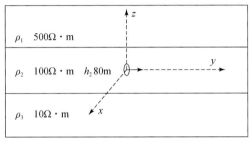

图 5.28　三层全空间模型示意

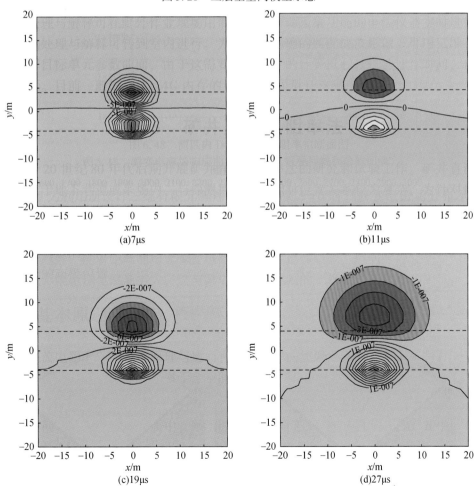

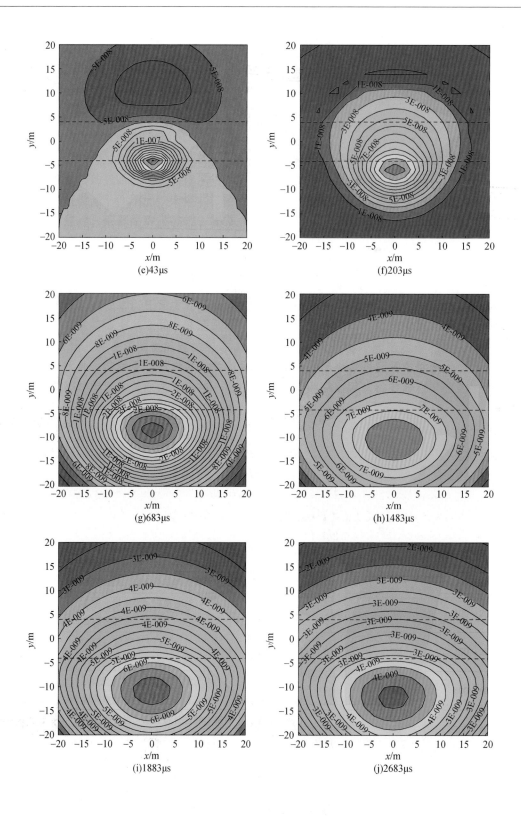

(e)43μs

(f)203μs

(g)683μs

(h)1483μs

(i)1883μs

(j)2683μs

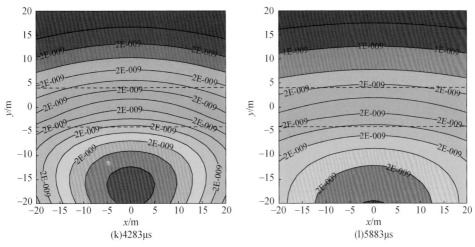

图 5.29　平行层理激发三层地电断面瞬变电场扩散图

平行层理激发条件下，最初时期瞬变电磁场仅分布于激发源所在层，低阻层对瞬变电磁场的分布尚未产生影响，随着时间的推移，瞬变电磁场开始扩散到低阻层，低阻层中感应的涡旋电流逐渐升高而后衰减，低阻层的衰减信息开始占据主导地位，源点处瞬变磁场响应曲线出现符号翻转现象，这种表现跟激发源所在层厚度及所在层与低阻层的电性差异有关，所在层厚度越小，电性差异越大，表现越明显；早期瞬变电磁场的分布与低阻层厚度无关，当瞬变电磁场扩散至低阻层后，晚期阶段源点处瞬变磁场时间变化率的响应强度随低阻层厚度的增加而略微减小；源点处瞬变磁场的响应强度受地电断面成层分布的影响随激发源所在层厚度的增大而减小。瞬变电磁超前探测结果与激发源所在层的厚度、电阻率、源所在层外侧电性层厚度、电阻率有关，激发源所在层厚度与超前探测距离的比值越大，其探测效果越接近于传统的垂直层理激发方式的探测效果，进而采用垂直层理激发方式下数据处理与解释方法，结果与真实情况越贴切。

平行层理激发过程中，感应电流密度中心分布倾向于低阻层，当感应电流密度中心移动到低阻层内部时，瞬变电场开始扩散到低阻层外侧电性层，并很快扩散至整个外层空间，与此同时，各电性层内瞬变电场分别沿层理方向上扩散衰减，电流密度中心拉伸逐渐变长，激发源前后介质逐渐影响瞬变电场的扩散，进而实现超前探测。

5.6.3　巷道空间条件下瞬变电磁场分布规律

图 5.30 为巷道空间条件下地电模型剖面示意图，巷道空间位于所设置模型的中心，巷道顶、底板介质电阻率值均为 $\rho_e = 100\Omega \cdot m$，异常体电阻率为 ρ_a（其值可变化），异常体的尺寸 5m×5m×10m，异常体顶部到发射源所在平面的距离 d。

图 5.31 为巷道空间影响下的瞬变电磁响应曲线与均匀全空间瞬变电磁场响应曲线对比图，上边的曲线为均匀全空间条件下的响应曲线，下边是巷道条件下的响应曲线（$\rho_a = \rho_e = 100\Omega \cdot m$），可知在 $t = 0.1\text{ms}$ 时巷道影响下的曲线出现异常扰动，随后又回归正常的

衰减趋势。该扰动异常可解释为巷道边界处的反应。对比分析可知，巷道空间的存在使瞬变电磁响应值减小，但其整体上的衰减规律没有受到明显的影响。

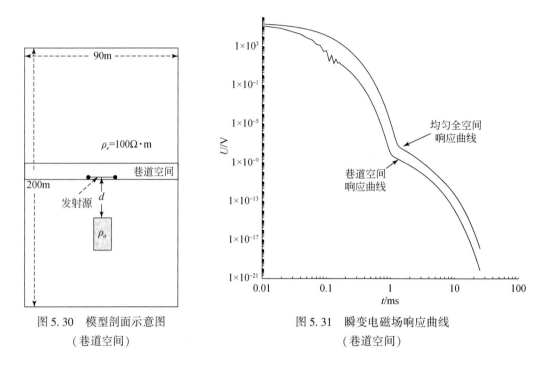

图 5.30　模型剖面示意图　　　　　　图 5.31　瞬变电磁场响应曲线
（巷道空间）　　　　　　　　　　　　（巷道空间）

　　图 5.32 为在巷道空间条件影响下，异常体视电阻率值 $\rho_a = 0.1\Omega \cdot m$、$d$ 取不同值时瞬变电磁场响应曲线与无异常体时瞬变电磁场响应曲线对比图。从图中可知，异常体顶部距离发射源越近，响应曲线与均匀全空间响应曲线分离时间越早。当 $d = 2m$ 时，分离时间 $t = 0.06ms$；当 $d = 12m$ 时，分离时间 $t = 0.13ms$；当 $d = 20m$ 时，分离时间 $t = 0.35ms$。同时随着距离 d 的增大，所接收到的瞬变电磁感应信号也相应的减小，与图 5.25 具有相同的变化规律。

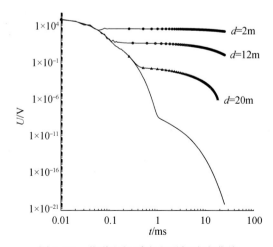

图 5.32　巷道空间瞬变电磁场响应曲线

图 5.33 为模型中 $d = 20\text{m}$，$\rho_a = 0.1\Omega \cdot \text{m}$ 时全空间瞬变电磁场与巷道空间瞬变电磁场对比图。从图中可知，两支曲线在 $t = 0.8\text{ms}$ 以后基本重合一起，而在 $t = 0.8\text{ms}$ 之前巷道空间条件下的观测到的感应场值小于全空间条件下所观测到的感应场值。因此，巷道空间对低阻异常体响应曲线的影响主要在采样时间序列的早期阶段，而对于采样时间序列晚期阶段无影响，即说明巷道空间对浅层低阻异常体的探测有明显的影响，使其在采样早期阶段的响应值变小。

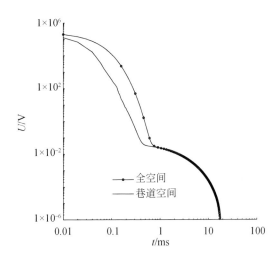

图 5.33　瞬变电磁场响应曲线（巷道空间，$d = 20\text{m}$，$\rho_a = 0.1\Omega \cdot \text{m}$）

5.7　典型地质异常体瞬变电磁响应特征

5.7.1　断层构造瞬变电磁场响应特征

突水事故大多发生在掘进工作面，大多是由隐伏的断层、陷落柱等导（含）水构造造成的。因而查明断层、陷落柱的导含水特性，查明其与强富水区的水力联系情况成为瞬变电磁超前探测的根本任务。本章建立了断层、陷落柱地质异常体的物理模型，对超前探测方式下全空间瞬变电磁场的响应特征进行了模拟，揭示了层状全空间存在断层、陷落柱等地质异常体瞬变电磁场的传播规律与瞬变电磁超前探测的物理机制。

巷道掘进过程中，断层引发的突水大多是断层错动导致巷道与含水层顶界面距离减小甚至对接造成的。图 5.34 为巷道掘进过程中遭遇突水断层的模型图，上覆地层电阻率为 $500\Omega \cdot \text{m}$，第二层电阻率为 $50\Omega \cdot \text{m}$，厚度 40m，煤系地层电阻率为 $100\Omega \cdot \text{m}$，厚度 140m，强含水层电阻率为 $1\Omega \cdot \text{m}$，厚度 40m，下伏高阻基底层，电阻率为 $500\Omega \cdot \text{m}$，激发源距强含水层顶界面距离 100m。

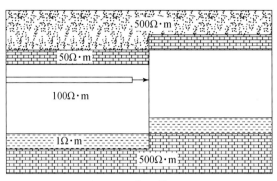

图 5.34　断层模型图

　　图 5.35 为不存在断层响应曲线与源点距断层面 40m 时断距 40m、60m、80m、100m 时源点处瞬变磁场的响应曲线簇对比图。由图可知，源点处瞬变磁场的响应随断距的增大变化相当复杂，断距 40m、60m 的响应幅值均小于不存在断层时的响应，断距 80m 时，在 0.08ms 出现符号翻转，断距 100m 时，强含水层与巷道对接，此时响应幅值最强，远高于其他情况的响应。

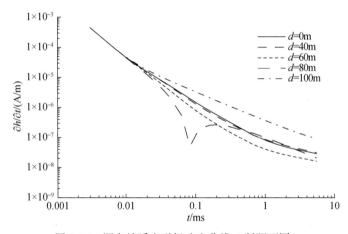

图 5.35　源点处瞬变磁场响应曲线（断距不同）

　　图 5.36 为不存在断层与强含水层跟巷道对接时激发源距断层面 40m、60m、80m、100m 时源点处瞬变磁场的响应曲线。由图可知，源点与断层面相距 40m 时响应最强且远高于其他距离，断距 60m、80m、100m 与不含断层情况下的响应幅值差别甚微，响应曲线基本重合。图 5.36 表明，在特定地电断面下，断层面离开源点一定距离时，源点处瞬变磁场的响应受断层面离开源点距离的影响很小，此时探测结果无法确定断层面的具体位置。

5.7.2　陷落柱瞬变电磁场响应数值模拟

　　由上到下第一层电阻率为 500Ω·m，第二层电阻率为 50Ω·m，厚 80m，第三层电阻率为 100Ω·m，厚 80m，第四层电阻率为 50Ω·m，第五层电阻率为 500Ω·m，陷落柱高

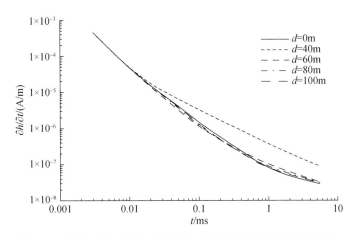

图 5.36   源点处瞬变磁场响应曲线（激发源距断层面距离不同）

240m，直径 40m，电阻率为 $1\Omega\cdot m$，距激发源的垂直距离 40m。激发源置于第三层中，位于模型几何中心，平行层理激发（图 5.37）。

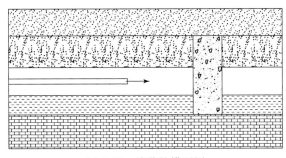

图 5.37   陷落柱模型图

图 5.38~图 5.42 均为含陷落柱 5 层地电断面下平行层理激发瞬变磁场源点处响应曲线，该 5 层地电断面中第一层与第五层为高阻层，电阻率为 $500\Omega\cdot m$；第二层与第四层为相对低阻层，电阻率为 $50\Omega\cdot m$；第三层为激发源所在层，电阻率为 $100\Omega\cdot m$。

图 5.38 为陷落柱电阻率分别为 $1\Omega\cdot m$、$5\Omega\cdot m$、$10\Omega\cdot m$、$50\Omega\cdot m$、$100\Omega\cdot m$、$200\Omega\cdot m$ 时源点处瞬变磁场时间变化率的响应曲线。由图可知，在 0.01ms 以前，瞬变电磁场未扩散至陷落柱，此时陷落柱不会对源点处响应产生影响，因而源点处瞬变磁场响应完全重合。随着瞬变电磁场的扩散，陷落柱开始对瞬变电场的时空分布产生影响，当陷落柱与激发源所在层电性差异越大时（图中激发源所在层电阻率大于陷落柱电阻率 10 倍），电阻率越小，响应越强，随着陷落柱与激发源所在层电性差异的减小（图中激发源所在层电阻率小于陷落柱电阻率的 2 倍），源点处响应幅值差别微小，曲线近乎重合。图 5.38 说明，采用瞬变电磁法在井下巷道中超前探测陷落柱时，陷落柱与激发源所在层应达到一定的电性差异，就上述模型中的低阻陷落柱而言，激发源所在层电阻率至少应为陷落柱的 2 倍。

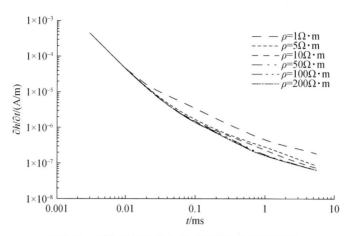

图 5.38　瞬变磁场响应曲线（陷落柱电阻率不同）

　　图 5.39 为电阻率为 10Ω·m 的陷落柱距源点不同距离时瞬变磁场时间变化率的响应曲线。图上三条曲线在 0.01ms 前完全重合，陷落柱距源点 40m 的响应曲线首先分离，响应幅值远大于另外两个距离，陷落柱距源点 80m 与 120m 的响应曲线在 0.02～1ms 分离，其间 120m 的响应幅值略高于 80m，1ms 后 80m 与 120m 的响应曲线又基本重合在一起。图 5.39 表明，源点处瞬变磁场的响应随陷落柱距源点距离的增加而减小，当距源点的距离大于激发源所在层厚时，陷落柱对瞬变电磁场时空分布的影响不再明显。这说明，激发源所在层层厚跟陷落柱距激发源距离的大小关系对陷落柱的超前探测结果产生影响，当所在层层厚小于陷落柱距激发源的距离时，陷落柱对瞬变电磁场的影响较小，超前探测结果不明显，当所在层层厚大于陷落柱距源的距离时，陷落柱对瞬变电磁场的影响较大，超前探测能取得明显的效果。

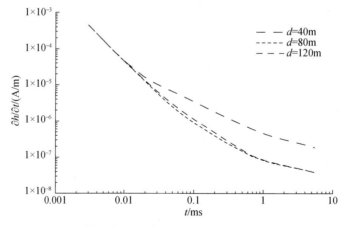

图 5.39　瞬变磁场响应曲线（激发源距陷落柱距离不同）

　　图 5.40 为电阻率 10Ω·m 的陷落柱直径分别为 40m、60m、80m、100m 时源点处瞬变磁场时间变化率的响应曲线。图上，不同直径陷落柱的响应曲线在 0.6ms 前完全重合，

0.6ms 后不同直径的响应曲线开始分离，直径越小响应幅值越大，但总体来说，响应幅值差别不大。图 5.40 说明，陷落柱直径对源点处瞬变磁场的响应影响甚微，对瞬变电磁超前探测结果不起决定性作用。

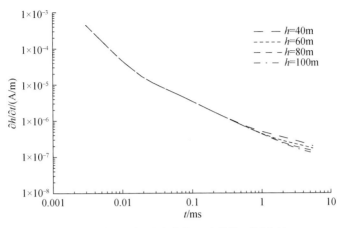

图 5.40　瞬变磁场响应曲线（陷落柱不同直径）

从以上分析可知，低阻陷落柱可改变层状空间中平行层理激发瞬变电磁场扩散方式，在感应电流密度中心完全移动到陷落柱内部时，陷落柱变成为一个"二次源"向空间辐射电磁场，观测到的信号主要反映瞬变电磁场在陷落柱影响下的衰减信息。高阻陷落柱的层状全空间瞬变电场的时空分布与含低阻陷落柱的完全不同，受高阻陷落柱的影响，激发源右半空间感应电流衰减较快，而不含陷落柱的左半空间，相对而言，平均电阻率比右半空间小，感应电流衰减较慢，致使感应电流密度中心向远离陷落柱的方向移动。

5.7.3　巷道迎头前方异常体响应特征

图 5.41 为超前探测模型剖面示意图，模型中各参数与图 5.22 所对应的参数一致。图 5.42 为异常体电阻率值与周围介质电阻率一样时（$\rho_a = \rho_e = 100\Omega \cdot m$），即巷道空间周围为均匀介质，瞬变电磁场响应特征曲线对比图。

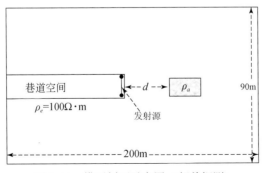

图 5.41　模型剖面示意图（超前探测）

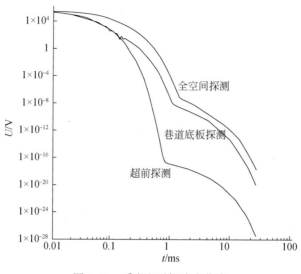

图 5.42 瞬变电磁场响应曲线

　　如图 5.42 所示，最上边是均匀全空间（无巷道空间影响）条件下瞬变电磁场响应曲线，中间为如图 5.41 所示巷道影响空间影响条件下瞬变电磁响应曲线，这两者之间的对比结果与图 5.31 显示结果相同，最下边的曲线为超前探测方式下瞬变电磁场响应曲线。从图 5.42 可知，超前探测方式下瞬变电磁场的响应值最小，但响应曲线的衰减规律与上面两曲线基本一致。综合对比分析可知，发射天线附近巷道空间使接收到的感应场值变小，而且空间越大，接收到的瞬变电磁场响应值就越小，但其总体衰减规律不变。

　　图 5.43 为相同异常体不同巷道空间条件下瞬变电磁场响应曲线对比图。模型中 $d = 20\text{m}$，$\rho_a = 0.1\Omega \cdot \text{m}$，图中最上边为均匀全空间条件下瞬变电磁场响应曲线，中间为如图 5.37 中巷道影响下瞬变电磁场响应曲线，最下边为如图 5.39 中超前探测方式巷道影响下

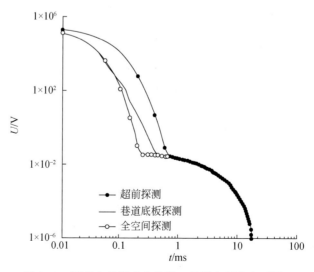

图 5.43 瞬变电磁场响应曲线（巷道空间大小不同）

瞬变电磁场响应曲线。从图中可知，两支曲线在 $t = 0.8\text{ms}$ 以后基本重合一起，而在 $t = 0.8\text{ms}$ 之前巷道空间影响下的响应值小与全空间条件下的响应值，且超前探测方式下的瞬变电磁响应值小于底板探测方式下的瞬变电磁响应值。对比图 5.42 分析可知，当巷道空间周围均匀介质中存在低阻异常体时，巷道空间对响应曲线的影响主要在采样时间序列的早期阶段，而对于采样时间序列晚期阶段无影响，即说明巷道空间对浅层异常体的探测有影响，而且巷道空间越大，对探测结果影响越大。

5.8　电磁数据反演方法

电磁数据反演问题是典型的数学物理反问题，其基本特征是不适定性。不适定问题的数值算法包括奇异值分解法、正则化方法和动力系统方法等，其中，最具普适性、在理论上最完备而且行之有效的方法，就是由著名的学者 Tikhonov 以第一类算子（特别是积分算子）为基本数学框架，于 20 世纪 60 年代初创造性地提出、后来得到深入发展的正则化方法（或策略）。基本思想如下：以最小二乘法为基础用一组与原问题相邻近的适定问题的解去逼近原问题的解。从而，如何构造"邻近问题"而获得所谓的正则算子和正则解，如何控制与原问题的"邻近程度"而决定与原始资料的误差水平相匹配的正则参数，以及上述工作的快速数值实现，就成为正则化理论和方法的三大核心问题。近些年发展起来的动力系统方法、模型求解与范例学习相结合等方法也是处理反问题的行之有效的方法。

5.8.1　求解线性反问题的奇异值分解法

1. 矩阵的奇异值分解及广义反演解

SVD（singular value decomposition）分解法可用于求解病态方程组的最小二乘问题。在 SVD 分解中，一个 $m \times n$ 的矩阵 $\boldsymbol{G}$ 可以分解为

$$\boldsymbol{G} = \boldsymbol{U}\boldsymbol{S}\boldsymbol{V}^{\mathrm{T}} \tag{5.180}$$

式中，$\boldsymbol{U}$ 为 $m \times m$ 的正交矩阵，其列向量为数据空间 R^m 的单位基向量；$\boldsymbol{V}$ 为 $n \times n$ 的正交矩阵，其列向量时模型空间 R^n 的单位基向量；$\boldsymbol{S}$ 为 $m \times n$ 的对角矩阵，其对角线上的元素称为奇异值。

通常，矩阵 $\boldsymbol{S}$ 对角线上的奇异值按照降序 $s_1 \geqslant s_2 \geqslant \cdots \geqslant s_{\min(m,n)} \geqslant 0$ 排列。对角线上的奇异值可能为零。假设非零奇异值的个数为 p，可将 $\boldsymbol{S}$ 写成分块矩阵的形式：

$$\boldsymbol{S} = \begin{bmatrix} \boldsymbol{S}_p & \boldsymbol{0} \\ \boldsymbol{0} & \boldsymbol{0} \end{bmatrix} \tag{5.181}$$

式中，$\boldsymbol{S}_p$ 为由正奇异值所组成的 $p \times p$ 的对角矩阵。将 SVD 分解的 $\boldsymbol{U}$ 和 $\boldsymbol{V}$ 矩阵展开成列向量的形式：

$$\boldsymbol{U}_p\boldsymbol{G} = \begin{bmatrix} \boldsymbol{U}_1, & \boldsymbol{U}_2, & \cdots, & \boldsymbol{U}_m \end{bmatrix} \begin{bmatrix} \boldsymbol{S}_p & \boldsymbol{0} \\ \boldsymbol{0} & \boldsymbol{0} \end{bmatrix} \begin{bmatrix} \boldsymbol{V}_1, & \boldsymbol{V}_2, & \cdots, & \boldsymbol{V}_n \end{bmatrix}^{\mathrm{T}} \tag{5.182}$$

$$= \begin{bmatrix} \boldsymbol{U}_p, & \boldsymbol{U}_0 \end{bmatrix} \begin{bmatrix} \boldsymbol{S}_p & \boldsymbol{0} \\ \boldsymbol{0} & \boldsymbol{0} \end{bmatrix} \begin{bmatrix} \boldsymbol{V}_p, & \boldsymbol{V}_0 \end{bmatrix}^{\mathrm{T}} \tag{5.183}$$

式中，U_p 由矩阵 U 的前 p 列组成，U_0 由矩阵 U 的后 $m-p$ 列组成；V_p 由矩阵 V 的前 p 列组成，V_0 由矩阵 V 的后 $m-p$ 列组成。由于矩阵 U 和矩阵 V 的后 $m-p$ 列与矩阵 S 中的零元素相乘，可以将 SVD 分解写成压缩形式：

$$G = U_p S_p V_p^{\mathrm{T}} \tag{5.184}$$

SVD 分解可以用于求解矩阵 G 的广义逆，也称 Moore-Penrose 伪逆，因为其满足 Moore（1920）和 Penrose（1955）最初所定义的逆矩阵条件。G 的广义逆定义为

$$G^{\dagger} = V_p S_p^{-1} U_p^{\mathrm{T}} \tag{5.185}$$

采用式（5.185）所定义的广义逆，得到广义反演解：

$$m^{\dagger} = G^{\dagger} d = V_p S_p^{-1} U_p^{\mathrm{T}} d \tag{5.186}$$

在传统的线性回归中，当系数矩阵非满秩时，其反演解是不存在的。广义逆矩阵［式（5.185）］最大的优点在于 $G^{\dagger}$ 总是存在，从而广义反演解 $m^{\dagger}$ 必然存在。

2. 广义反演解的稳定性分析

在分析广义反演解时，通常分析其奇异值谱，也就是奇异值的范围。极小的奇异值对数据中非常小的噪声也会非常灵敏。当数据中包含随机噪声时，广义反演解仅成为一个噪声放大器，得到的解毫无意义。

衡量解的稳定性的一个标准是矩阵的条件数，矩阵条件数越大，解的稳定性越差，与模型与数据分辨率矩阵一样，条件数是矩阵 G 的一个性质，在应用于计算反演解时，可以首先采用条件数对矩阵 G 进行分析。当满足离散 Picard 条件，可认为获得的解是稳定的。衡量解的稳定性的一个标准是 Picard 条件，当满足离散 Picard 条件，可认为获得的解是稳定的。

5.8.2　求解病态线性问题的正则化方法

1. 正则化基本理论及 SVD 实现

对于奇异值分解法，当出现很小奇异值时，得到的广义反演解不稳定。采用 TSVD（Tikhonov SVD）法截断与极小奇异值相关的奇异向量进行求解是解决该问题的方法之一。这种稳定化或者正则化方法使得反演结果对噪声的灵敏度下降。然而，得到的正则化解的分辨率下降且存在人为因素的干扰。本节将介绍一种被广泛采用的且易于实现的求解离散病态问题的正则化方法——Tikhonov 正则化。

一般最小二乘问题可能存在无数个最小二乘解。若假设数据包含噪声，准确拟合含噪数据是没有意义的。显然，能够满足 $\| Gm - d \|$ 足够小的解有无数个。在零阶 Tikhonov 正则化中，假设 $\| Gm - d \| \leqslant \delta$，选择使得 m 的二范数最小的解：

$$\min \| m \|_2 \\ \| Gm - d \| \leqslant \delta \tag{5.187}$$

注意到当 δ 增大时，满足式（5.187）中不等式的解增多，从而使得 $\min \| m \|_2$ 的值变大。

类似，当考虑如下问题时，

$$\min \| Gm - d \| \\ \| m \|_2 \leqslant \varepsilon \tag{5.188}$$

当 ε 减小时，满足式（5.188）中不等式的解减少。

考虑如下阻尼最小二乘问题，

$$\min \| \boldsymbol{Gm} - \boldsymbol{d} \| + \alpha^2 \| \boldsymbol{m} \|_2 \tag{5.189}$$

式中，α 为正则化参数。当选择合适的 δ、ε、α 时，式（5.187）~式（5.189）所得到的解是一样的。因此，接下来仅考虑式（5.189）所描述的阻尼最小二乘问题，式（5.187）和式（5.188）的解可以通过在式（5.189）选择合适的正则化参数 α 得到。

通过对最小二乘问题 $\boldsymbol{Gm}=\boldsymbol{d}$ 的对应矩阵和向量进行增广，式（5.189）所表示的阻尼最小二乘问题可以转换为常规最小二乘问题：

$$\min \left\| \begin{bmatrix} \boldsymbol{G} \\ \alpha\boldsymbol{I} \end{bmatrix} \boldsymbol{m} - \begin{bmatrix} \boldsymbol{d} \\ \boldsymbol{0} \end{bmatrix} \right\| \tag{5.190}$$

只要 α 不为零，式（5.190）中增广矩阵的最后 n 行为线性无关的。因此方程组（5.190）是满秩矩阵的最小二乘问题，可以采用法方程进行求解：

$$\begin{bmatrix} \boldsymbol{G}^{\mathrm{T}} & \alpha\boldsymbol{I} \end{bmatrix} \begin{bmatrix} \boldsymbol{G} \\ \alpha\boldsymbol{I} \end{bmatrix} \boldsymbol{m} = \begin{bmatrix} \boldsymbol{G}^{\mathrm{T}} & \alpha\boldsymbol{I} \end{bmatrix} \begin{bmatrix} \boldsymbol{d} \\ \boldsymbol{0} \end{bmatrix} \tag{5.191}$$

式（5.191）可以简化为

$$\boldsymbol{G}^{\mathrm{T}}\boldsymbol{G} + \alpha\boldsymbol{I} = \boldsymbol{G}^{\mathrm{T}}\boldsymbol{d} \tag{5.192}$$

式（5.191）即方程组 $\boldsymbol{Gm}=\boldsymbol{d}$ 的零阶 Tikhonov 正则化解的约束方程组。对矩阵 $\boldsymbol{G}$ 进行 SVD 分解，从而式（5.192）可以写为

$$(\boldsymbol{VS}^{\mathrm{T}}\boldsymbol{SV}^{\mathrm{T}} + \alpha^2\boldsymbol{I})\boldsymbol{m} = \boldsymbol{VS}^{\mathrm{T}}\boldsymbol{U}^{\mathrm{T}}\boldsymbol{d}, \quad \boldsymbol{m}_\alpha = \sum_{i=1}^{k} \frac{s_i^2}{s_i^2 + \alpha^2} \frac{\boldsymbol{U}_i^{\mathrm{T}}\boldsymbol{d}}{s_i} \boldsymbol{V}_i \tag{5.193}$$

令 $\boldsymbol{x}=\boldsymbol{V}^{\mathrm{T}}\boldsymbol{m}$，则 $\boldsymbol{m}=\boldsymbol{Vx}$，由于 $\boldsymbol{VV}^{\mathrm{T}}=\boldsymbol{I}$，可以将式（5.192）写为

$$(\boldsymbol{S}^{\mathrm{T}}\boldsymbol{S} + \alpha^2)\boldsymbol{x} = \boldsymbol{S}^{\mathrm{T}}\boldsymbol{U}^{\mathrm{T}}\boldsymbol{d} \tag{5.194}$$

由于等式左端的系数矩阵为对角矩阵，很容易得到该方程组的解：

$$x_i = \frac{s_i \boldsymbol{U}_i^{\mathrm{T}}\boldsymbol{d}}{s_i^2 + \alpha^2} \tag{5.195}$$

由于 $\boldsymbol{m}=\boldsymbol{Vx}$，可得

$$\boldsymbol{m}_\alpha = \sum_{i=1}^{k} \frac{s_i \boldsymbol{U}_i^{\mathrm{T}}\boldsymbol{d}}{s_i^2 + \alpha^2} \boldsymbol{V}_i \tag{5.196}$$

式中，$k=\min(m, n)$，因此所有的奇异值和奇异向量均参与计算。

将式（5.196）写成如下形式：

$$\boldsymbol{m}_\alpha = \sum_{i=1}^{k} \frac{s_i^2}{s_i^2 + \alpha^2} \frac{\boldsymbol{U}_i^{\mathrm{T}}\boldsymbol{d}}{s_i} \boldsymbol{V}_i \tag{5.197}$$

或者，

$$\boldsymbol{m}_\alpha = \sum_{i=1}^{k} f_i \frac{\boldsymbol{U}_i^{\mathrm{T}}\boldsymbol{d}}{s_i} \boldsymbol{V}_i \tag{5.198}$$

其中，

$$f_i = \frac{s_i^2}{s_i^2 + \alpha^2} \tag{5.199}$$

式中，f_i 为滤波因子，它控制不同求和项的对总和的贡献。对于 $s_i \gg 1$，$f_i \approx 1$，而对于 $s_i \ll 1$，$f_i \approx 0$。对于位于两个极端之间的奇异值，当 s_i 减小时，f_i 为单调递减的，因此其对应的模型空间向量 V_i 的贡献程度也是单调递减的。

另一个相关的方法称为阻尼 SVD（damped SVD，DSVD）法，采用如下滤波因子：

$$f_i = \frac{s_i}{s_i + \alpha} \tag{5.200}$$

它的滤波效果与式（5.199）类似，但 f_i 其随 s_i 的转换速率更小。

2. 高阶 Tikhonov 正则化

在零阶 Tikhonov 正则化中，在目标函数中引入了模型二范数 $\| \boldsymbol{m} \|_2$。在许多情况下，更希望最小化模型 $\boldsymbol{m}$ 的其他一些度量，其形式为 $\boldsymbol{Lm}$，如模型 $\boldsymbol{m}$ 的一阶或者二阶导数，其意义为获得"平坦"或者"光滑"模型。此时，所求解的正则化最小二乘问题为

$$\min \| \boldsymbol{Gm} - \boldsymbol{d} \| + \alpha^2 \| \boldsymbol{Lm} \|_2 \tag{5.201}$$

将式（5.201）写为标准的最小二乘问题的形式：

$$\min \left\| \begin{bmatrix} \boldsymbol{G} \\ \alpha \boldsymbol{L} \end{bmatrix} \boldsymbol{m} - \begin{bmatrix} \boldsymbol{d} \\ \boldsymbol{0} \end{bmatrix} \right\|_2^2 \tag{5.202}$$

当模型 $\boldsymbol{m}$ 是一维的，可以采用有限差分算子 $\boldsymbol{L}_1 \boldsymbol{m}$ 来近似模型的一阶导数：

$$\boldsymbol{L}_1 = \begin{bmatrix} -1 & 1 & & & \\ & -1 & 1 & & \\ & & \ddots & \ddots & \\ & & & -1 & 1 \\ & & & & -1 & 1 \end{bmatrix} \tag{5.203}$$

矩阵（5.203）被称为粗糙度矩阵。通过算子 $\boldsymbol{L}_1 \boldsymbol{m}$，所得的解是较为平坦的。注意到 $\| \boldsymbol{L}_1 \boldsymbol{m} \|_2$ 是半范数，因为其对常数模型的值为零。

二阶 Tikhonov 正则化采用如下的粗糙度矩阵：

$$\boldsymbol{L}_2 = \begin{bmatrix} 1 & -2 & 1 & & \\ & 1 & -2 & 1 & \\ & & \ddots & \ddots & \ddots \\ & & & 1 & -2 & 1 \\ & & & & 1 & -2 & 1 \end{bmatrix} \tag{5.204}$$

这里 $\boldsymbol{L}_2 \boldsymbol{m}$ 是模型 $\boldsymbol{m}$ 的有限差分近似。将采用 $\boldsymbol{L}_1$ 和 $\boldsymbol{L}_2$ 的正则化策略分别称为一阶和二阶 Tikhonov 正则化。

如果模型是高阶的（二阶或者三阶），这里所定义的粗糙度矩阵将不适用。在这种情况下，二阶正则化通常采用合适维度的拉普拉斯算子的有限差分近似来进行正则化处理。

为了确保最小二乘问题（5.201）有唯一解，我们要求矩阵

$$\boldsymbol{A} = \begin{bmatrix} \boldsymbol{G} \\ \alpha \boldsymbol{L} \end{bmatrix} \tag{5.205}$$

为满秩矩阵，或者 $N(\boldsymbol{G}) \cap N(\boldsymbol{L}) = \{\boldsymbol{0}\}$。

3. 正则化因子选取规则

在前面的讨论中可知，正则化因子的选取是离散病态问题的正则化求解的关键。以下将采用两种方法选择正则化因子：L 型曲线法和 GCV（generalized cross validation）法。

在前述病态问题的正则化求解讨论中，将 $\|\boldsymbol{Gm-d}\|$ 与 $\|\boldsymbol{Lm}\|_2$ 的关系图绘制到双对数坐标系时，其形态类似于 L 型曲线，如图 5.44 所示。这是由于 $\|\boldsymbol{Lm}\|_2$ 随正则化参数 α 是严格的单调递减函数，而 $\|\boldsymbol{Gm-d}\|$ 随正则化参数 α 是严格的单调递增函数。曲线的转角的形态随反演问题的不同而不同，但是转角通常是非常明显的。因此，这条曲线被称为"L 型曲线"。在 L 型曲线准则下，通常选取离 L 型曲线转角最近的 α 值作为正则化参数值。

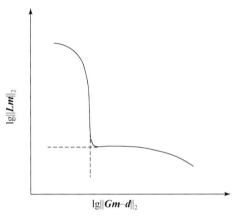

图 5.44　L 型曲线示意图

GCV 方法是基于：当数据向量 $\boldsymbol{d}$ 中的任意数据项 d_i 不参与计算时，所得到的正则化解能够预测得到 d_i 的缺失，且正则化参数的选择应与 $\boldsymbol{d}$ 正交变换无关。最终正则化参数的选择问题转换为下述求 GCV 函数的最小值的问题：

$$g(\alpha) = \frac{m \|\boldsymbol{Gm}_{a,L} - \boldsymbol{d}\|_2^2}{\text{trace}(\boldsymbol{I} - \boldsymbol{GG}^{\#})^2} \qquad (5.206)$$

式中，$\boldsymbol{G}^{\#}$ 为一个矩阵，当其与数据向量相乘可得到正则化解，如 $\boldsymbol{m}_{\text{reg}} = \boldsymbol{G}^{\#}\boldsymbol{d}$。CGV 方法所得到的正则化参数与 L 型曲线拐角附近的正则化参数相关，都是为了在拟合残差和正则化项之间找到一个最好的平衡。

5.8.3　求解线性反问题的动力系统方法

动力系统方法具体讨论一类形如 $\boldsymbol{F}(u) = 0$ 的算子方程，构造一个动力系统，使得该动力系统的稳态解为原算子方程的解，且当时间 $t \to +\infty$ 时，该动力系统的任意解趋于稳态解。与正则化方法比较，动力系统方法优于正则化方法。

许多数学物理反问题最终归结为求解第一类算子方程

$$\boldsymbol{Au} = \boldsymbol{f} \qquad (5.207)$$

式中，A 为线性算子，$A: U \to F$，U 是实 Hilbert 空间，$f \in F$ 是已知向量。

求解不适定问题［式（5.207）］的动力系统方法，其思想是求解与式（5.207）相对应的正则化的动力系统：

$$u'(t) = -A^*(Au(t) - f),\ u(0) = u_0,\ u_0 \perp N,\ u' := \frac{\mathrm{d}u}{\mathrm{d}t} \tag{5.208}$$

式中，$N := N(A) := \{u : Au = 0\}$，$A^*$ 为 A 的伴随算子。

此时 A^*A 为一个正自伴算子，且可生成半群，从而式（5.208）的解可用半群表示如下：

$$u(t) = \mathrm{e}^{-tT}u_0 + \mathrm{e}^{-tT}\int_0^t \mathrm{e}^{sT}\mathrm{d}s A^*f$$

然后，再证明式（5.208）的解趋于无穷大时，稳态解存在，即 $\lim\limits_{t\to\infty} u(t) = u(\infty)$ 存在，且 $u(\infty) = y$，即

$$\lim_{t\to\infty} \|u(t) - y\| = 0 \tag{5.209}$$

从而得到式（5.207）的动力系统正则化解。

通常，在实际情况下，方程（5.207）的右端是观测数据，带有误差，即方程（5.207）的右端为带扰动的项 f^δ，此时要解决的问题为

$$u'_\delta(t) = -A^*(Au_\delta(t) - f_\delta),\ u_\delta(0) = u_0 \tag{5.210}$$

并要证明，对于一个合适的停止时间 t_δ，定义 $u_\delta := u_\delta(t_\delta)$，有

$$\lim_{t\to\infty} \|u_\delta - y\| = 0 \tag{5.211}$$

然而对一般的算子方程 $Au = f$ 而言，A 可能为无界算子。例如，当 A 是微分算子时，算子 A 是无界的。因此，研究方程（5.207）的主算子 A 在无界的这种情况下非常必要的。

主要结果：设 $A: H \to H$ 为实 Hilbert 上的线性闭稠定的无界算子。假设方程（5.207）有解，但解不一定是唯一的。定义 y 唯一的最小范数解，即 $y \perp N := N(A) := \{u : Au = 0\}$。利用动力系统方法，可以构造与式（5.207）相对应的正则化的动力系统：

$$u'(t) = -A^*(Au(t) - f),\ u(0) = u_0 \tag{5.212}$$

式中，$u_0 \perp N$，u_0 任意。定义 $P := A^*A$，$Q := AA^*$，$T_1(t) = \mathrm{e}^{-tP}$，$S_1(t) = \mathrm{e}^{-tQ}$，$T_2(t) = \mathrm{e}^{tP}$，$S_2(t) = \mathrm{e}^{tQ}$。

根据半群的定义及性质，易知 T_1，T_2，S_1，S_2 均为压缩半群。此时，式（5.212）的唯一解为

$$u(t) = T_1(t)u_0 + T_1(t)\int_0^t T_2(s)\mathrm{d}s A^*f$$

下面证明当 $t \to \infty$ 时，式（5.212）的正则化形式解趋于式（5.207）的解。同时考虑式（5.212）的右端项带有误差，并证明误差趋于零时，带误差的正则化解趋于精确解。

5.8.4　方法的评述与展望

正则化方法与动力系统方法是求解反问题的两种典型方法，二者求解思想不同，但又

有一定的联系。在应用这两种方法求解时，正则化方法求解的效果关键在正则化参数的选取；动力系统方法则需选取合适的动力系统，再构造收敛的迭代格式。与正则化方法相比，动力系统及相应的数值格式使得求解的迭代步数相对较少，且求解效果误差小，更接近真解，因此该方法可推广到更一般的线性反问题及非线性反问题求解。

正则因子的选择是正则化算法实现的核心，决定了 Tikhonov 正则化近似解的"优劣"，众所周知，该因子选择过大，正则解就会过于光滑而丢失过多的物理信息，相反，则会引入虚假的物理信息。在 Tikhonov 正则化理论中正则因子的选择原则上是使数据拟合残差等于数据测量误差，在实际工作中上述误差通常都是未知的，因此，这一准则难以实际应用。由于当采用某种偏差原理或误差极小化原理决定正则化参数时，需要进行一个反复的迭代过程，每一轮迭代过程中都涉及大量的计算。因此，确定正则化参数的策略及如何快速求得正则化参数的快速算法一直是人们改进正则化方法的目标。相比之下，利用动力系统方法处理不适定问题具有明显的优越性，只要构造合适的动力系统，再辅以适当收敛的迭代格式，选取合适的停止时间就可以得到反问题的正则化解。表面上动力系统方法似乎比原来的不适定问题复杂，但求解动力系统有各种各样成型的方法，比不适定问题的直接求解要容易得多。动力系统方法不但可以回避正则化参数的选择问题，而且具有抗噪声能力强、收敛范围广、程序易于实现等诸多优点。

中国科学院院士、西安交通大学徐宗本教授提出了求解反问题的一种新方法，即模型求解与范例学习相结合的方法，这种方法把模型与数据相结合，减少传统数值方法对模型的依赖，它是目前大数据、人工智能、机器学习等领域的发展给反问题求解带来的新思路，具体参见相关文献（徐宗本等，2017）。

参 考 文 献

陈小斌，赵国泽，汤吉，等 . 2005. 大地电磁自适应正则化反演算法 . 地球物理学报，48（4）：937-946.

黄皓平 . 1991. 电磁法数据处理的奇异值分解法 . 地球物理报，9：644-649.

李建平，李桐林，赵雪峰，等 . 2007. 层状介质任意形状回线源瞬变电磁全区视电阻率的研究 . 地球物理学进展，22（6）：1777-1780.

刘小军，王家林，吴健生 . 2007. 二维大地电磁正则化共轭梯度法反演算法 . 上海地质，101（1）：71-74.

孙圣杰 . 1991. 大地电磁测深资料处理中的奇异值分解法 . 石油地球物理，10：625-633.

谭捍东，余钦范 . 2003. 大地电磁法三维交错采样有限差分数值模拟 . 地球物理学报，46（5）：705-711.

王彦飞 . 2007. 反演问题的计算方法及其应用 . 北京：高等教育出版社 .

徐宗本，杨艳，孙剑 . 2017. 求解反问题的一个新方法：模型求解与范例学习结合 . 中国科学（数学）：47（10）：1-10.

薛国强，李貅，底青云 . 2008. 瞬变电磁法正反演问题研究进展 . 地球物理学进展，8：1165-1172.

杨文采 . 1997. 地球物理反演的理论与方法 . 北京：地质出版社 .

张成范，翁爱华，孙世栋，等 . 2009. 计算矩形大定源回线瞬变电磁法探测全区视电阻率 . 吉林大学学报（地球科学版），39（4）：744-758.

Abubaker A，Van d B P M. 2001. Total variation as a multiplicative constraint for solving inverse problems. IEEE Transactions on Image Processing A Publication of the IEEE Signal Processing Society, 10（9）：1384-1392.

Adhidjaja J I, Hohmann G W. 1989. A finite-difference algorithm for the transient electromagnetic response of a three-dimensional body. Geophysical Journal International, 98 (2): 233-242.

Bissantz N, Hohage T, Munk A, et al. 2007. Convergence Rates of General Regularization Methods for Statistical Inverse Problems and Applications. Siam Journal on Numerical Analysis, 45 (6): 2610-2636.

Businger P A, Golub G H. 1969. Algorithm 358: singular value decomposition of a complex matrix. Communications of the ACM, 12 (10): 564-565.

Eaton P A, Hohmann G W. 1989. A rapid inversion technique for transient electromagnetic soundings. Physics of the Earth and Planetary Interiors, 53: 384-404.

Egger H, Engl H W. 2005. Tikhonov regularization applied to the inverse problem of option pricing: convergence analysis and rates. Inverse Problems, 21 (21): 1027-1045.

Golafshan R, Sanliturk K Y. 2016. SVD and Hankel matrix based de- noising approach for ball bearing fault detection and its assessment using artificial faults. Mechanical Systems and Signal Processing, 70-71: 36-50.

Hansen P C. 2010. Discrete inverse problems: insight and algorithms. SIAM, Philadelphia.

Kaufman A A, Keller G V. 1983. Frequency and transient soundings. Elsevier Methods in Geochemistry and Geophysics, 21.

Key K. 2009. 1D inversion of multicomponent, multifrequency marine CSEM data: methodology and synthetic studies for resolving thin resistive layers. Geophysics, 74: 9-20.

Knight J H, Raiche A P. 1982. Transient electromagnetic calculations using the Gaver-Stehfest inverse laplace transform method. Geophysics, 47 (1): 47-50.

Li H, Xue G Q, Zhao P, et al. 2016. Inversion of arbitrary segmented loop source TEM data over a layered earth. Journal of Applied Geophysics, 128: 87-95.

Moore E H. 1920. On the Reciprocal of the General Algebraic Matrix. Bulletin of the American Mathematical Society, 26 (26): 394-395.

Oristaglio M L. 1982. Diffusion of electromagnetic fields into the earth from a line source of current. Geophysics, 47: 1585-1592.

Oristaglio M L, Hohmann G W. 1984. Diffusion of electromagnetic fields in a two-dimensional earth: A finite-difference approach. Geophysics, 49: 870-894.

Penrose R. 1955. A generalized inverse for matrices. Mathematical Proceedings of the Cambridge Philosophical Society, 51 (3): 406-413.

Podda R M. 1983. A rectangular loop source of current on multilayered earth. Geophysics, 48 (1): 107-109.

Raiche A P. 1987. Transient electromagnetic field computations for polygonal loops on layered earths. Geophysics, 52 (6): 785-793.

Rijo L. 1996. Comment on 'The fast Hankel transform' by Adel A. Mohsen and E. A. Hashish. Geophysical Prospecting, 44 (3): 473-477.

Scharf L L. 1991. The SVD and reduced rank signal processing. Signal processing, 25 (2): 113-133.

Weidelt P. 1972. The inverse problem of geomagnetic induction. J. Geophys, 38: 257-289.

第6章 煤炭电法应用实例

6.1 大回线源瞬变电磁应用实例

6.1.1 测区概况

勘探区位于山西省浮山县北东方向 12km 的北韩乡四道河村与北王乡马古凸村一带，行政隶属北韩乡与北王乡。测区地貌以黄土覆盖的小起伏低山基岩山地为主，植被欠发育。区内地势总体南东高北西低，最高点位于南部的虎头岭东山梁，海拔 1009.7m，最低点位于北东部的四道河河床，海拔 752m。主要沟谷和山梁走向为南东–北西向（图6.1）。

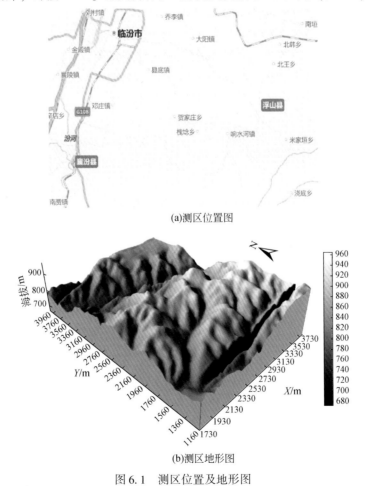

(a)测区位置图

(b)测区地形图

图 6.1 测区位置及地形图

　　区内地层分布由老及新依次为奥陶系、石炭系、二叠系和第四系。根据测区内钻孔资料及已实施的测井等工作，区内各地层的岩性、平均厚度及平均电阻率估计见表 6.1。正常情况下，新生界表层视电阻率较高，向下呈逐渐降低趋势；二叠系上石盒子组上部地层以泥岩和砂质泥岩为主，呈低阻表现。上石盒子组下部地层电阻率为中低阻，下石盒子组、山西组地层表现为低阻；石炭系和奥陶系地层表现为高阻，因此，整套地层电阻率在纵向上为高–低–中–高的特征，为 HA 型。根据地层时代、岩性和岩石的空隙特征及物理性质的不同，可将全区的含水层划分为第四系松散岩孔隙潜水含水层，二叠系盖层碎屑岩裂隙含水层，下二叠统含煤岩系碎屑岩裂隙含水层，石炭系碎屑岩夹碳酸盐岩岩溶裂隙含水层，奥陶系岩溶含水层。根据测区部分钻孔的抽水试验及水文地质调查，上述含水层的富水性强弱依次为弱–强–弱–弱–强。

表 6.1　测区地层分布与电性

地层	岩性	电阻率/(Ω·m)	厚度/m
第四系	黄土	200	60
二叠系	砂岩、泥岩（含煤）	60	564
石炭系	砂岩、泥岩（含煤）	120	120
奥陶系	灰岩（不含水）	1000	

　　本区瞬变电磁探测的主要任务为探测煤层顶、底部砂岩和灰岩及奥陶系灰岩岩溶发育区即富水异常区。完整砂岩和灰岩的电阻率较高，但当其因破碎、溶蚀或裂隙发育充水时，其导电性会显著增强，电阻率明显降低，在电法资料上会形成横向上的低视电阻率异常，可以依据同一层位中相对的低阻异常反映来划分富水区。

6.1.2　方法可行性分析

　　由于本次测量目标之一的奥陶灰岩地层的顶界面埋藏深度已接近 700m，这对于传统的回线源瞬变电磁装置探测能力来说具有较大的挑战。因此有必要通过数值模拟手段对方法的可行性进行分析。我们基于一维和二维正演模拟，来验证瞬变电磁法对于深部富水体的探测可行性。根据表 6.1 中的测区地层分布情况，建立如表 6.2 所示的地球物理模型，其中模型 1 为四层大地介质，代表不含水奥陶系地层，模型 2 为五层大地介质，代表奥陶系顶部存在一个厚度为 100m 的含水层。对两个模型分别进行一维正演计算垂直 dB/dt，并计算两种模型响应之间的相对误差 $\delta = |R_{model 1} - R_{model 2}|/R_{model1}$，结果如图 6.2 所示，计算中发射源尺寸为 400m×400m，发射电流为 1 A，接收点位置位于发射源线框中心。

表 6.2　一维正演模型

模型	D_1	D_2	D_3	D_4	ρ_1	ρ_2	ρ_3	ρ_4	ρ_5
模型 1	60	546	120	—	200	60	120	1000	—
模型 2	60	546	120	100	200	60	120	10	1000

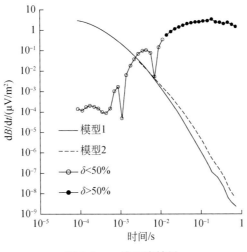

图 6.2　一维正演结果

图中实线代表奥陶系地层不含水，虚线代表含水；空心圈线代表相对异常小于 50%，实心圈线代表相对异常大于 50%

　　从两个衰减曲线可以看出，深部低阻含水层的存在，使得响应曲线发生较明显的变化。若设当相对误差 δ 大于 50% 时，认为可以分辨出该低阻层（如图中实心圈线），则根据图 6.2 可以判断，最早分辨时刻约为 15ms。

　　我们设计的二维模型如图 6.3 所示，图中一个尺寸为 100m×200m 的低阻异常体位于坐标原点正下方 726m 深度处，电阻率为 10Ω·m，发射源为供以不同方向电流的两个平行无限长导线源 S1 和 S2，其中 S1 位于原点位置，S2 位于 -400m 处，其他地层参数与一维模型相同。利用时间域有限差分法（FDTD）对上述模型及去掉二维异常体后的层状模型进行二维正演模拟，并计算 15ms 时刻地表 x 方向 -1000 ~ 1000m 的垂直感应电动势，结果如图 6.4 所示。可以看出，在该时刻含有异常体模型和不含异常体模型之间的感应电动势（EMF）便可出现较大的分离。上述一维及二维正演结果表明，利用回线源 TEM 对深部含水体进行探测在理论上是可行的。

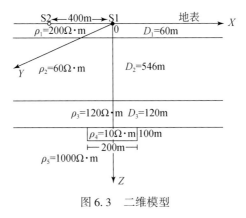

图 6.3　二维模型

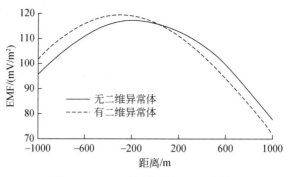

图 6.4　15ms 时刻的垂直 EMF 曲线

6.1.3　试验工作与数据采集

本次测量区域总面积约为 5.99km^2。设计测线间距 40m，测点间距 20m，因此，本次测量的工作量特别大。为此，我们采用三个探头同时观测的手段，如图 6.5 所示。正式工作之前，需要进行探头一致性对比及发射电流基频的选取试验。我们选取地势较为平坦、电磁噪声较小的地点同时进行上述试验工作。根据上述一维、二维正演结果，在本测区电性情况下，大概需要 15ms 可以达到奥陶系顶板的深度，因此基频选择是要保证最晚观测时刻要大于 15ms。我们选择 8.33Hz（最晚观测延时约为 30ms）、5Hz（最晚观测延时约为50ms）和 2.5Hz（最晚观测延时约为 100ms）三种基频电流进行发射，并在线框中心位置（三个探头两两间隔 5m）同时观测信号，发射电流取可达到的最大值 4.5A。三个频率的观测结果如图 6.6 所示，可以看出，除 8.33Hz 的早期和 2.5Hz 的晚期数据具有很小的差异外，这分别是由接收点位置的微小差异及噪声造成的，三个探头的数据具有很好的一致性。另外还可以看出，8.33Hz 和 5Hz 的数据在全观测时间范围内质量都比较高，信号强度大于噪声水平，而 2.5Hz 的信号在晚期信噪比较低，出现一定程度的畸变。对上述三个频率的信号进行一维 Occam 反演处理，目标模型层数为 30 层，反演最大深度取 1000m，得到如图 6.7 所示的反演结果。根据图 6.6 可以看出，5Hz 和 2.5Hz 的反演结果之间一致

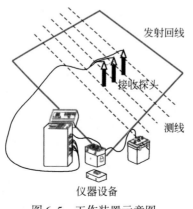

图 6.5　工作装置示意图

性较好，而 8.33Hz 的反演结果在深度大于 500m 以后，与另外两个频率的结果出现较大的偏离。这是因为 8.33Hz 情况下，实际探测深度不能达到如此大的深度，对于深部电性的反演不准确。因此，综合考虑探测深度和信号质量，最终选择 5Hz 作为本次测量工作的发射基频。综上所述，本次测量采用的工作参数如下：发射源尺寸 800m×800m，发射电流强度 4.5A，发射基频 5Hz，接收探头有效面积 2000m^2，布设一次发射源，测量框内 2/3 的区域。

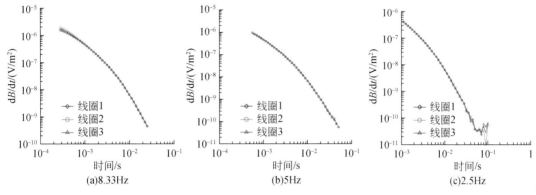

图 6.6　不同基频情况下三个同规格探头的实测曲线

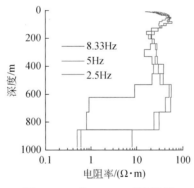

图 6.7　一维 Occam 反演结果

6.1.4　数据处理与解释

　　TEM 数据处理的流程主要包括原始数据编辑、预处理和反演等。图 6.8 为 312 线原始数据的多测道曲线。可以看出，原始数据质量整体较好，仅在最晚 2～3 个时间道出现较明显的畸变。预处理中，对该类畸变较严重的测点进行剔除，并利用五点圆滑手段在横向上（同时间道不同测点）对数据进行平滑处理。

　　瞬变电磁数据处理中最重要的一步是反演。本次测量中，我们采用一维 Occam 方法对实测数据进行了处理。图 6.9 为 312 线两个典型测点的反演结果，其中反演参数与试验工作（图 6.7）所取一致。从图 6.9 可以看出，两个测点的反演结果在浅部（深度<500m）

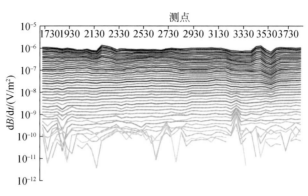

图 6.8　312 线实测信号多测道曲线

具有较好的一致性, 而当深度增大, 两个测点的电阻率出现较大的差别, 测点 1810 在深部表现出高阻特性, 而测点 2610 则表现出低阻特性。通过考查两个测点的数据质量, 认为上述深部电性差异并非由噪声引起的原始数据畸变造成的。因此, 可推断测点 2610 处的深部低阻地层可能与其富水特性有关。

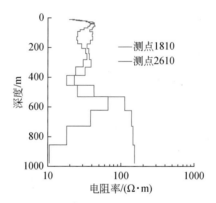

图 6.9　312 线典型测点一维 Occam 反演结果

　　图 6.10 是 312 线整条测线的反演视电阻率–深度断面图, 图中黄红色代表高阻, 蓝绿色代表低阻。本次测量的目的是富水区, 因此我们感兴趣的是断面中的低阻区域。从图中

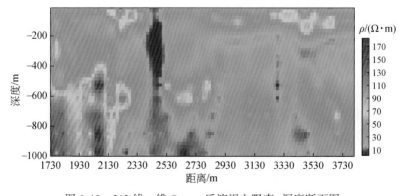

图 6.10　312 线一维 Occam 反演视电阻率–深度断面图

可以看出，深度1000m范围内主要存在两个比较明显的低阻带。第一个是深度200m左右，在横向上连通性较好的低阻带，根据地质、水文资料，该低阻带应对应于含水性较好的二叠系地层；第二个是在2100号测点到3800号测点之间，深度大于600m的深部低阻带，根据钻孔资料，该深度大致对应于奥陶系灰岩地层，该地层如不含水应为高阻反映（如2100号测点之前的情况），当为低阻反映时表示该地层富水性较好。另外，注意2400号测点附近在纵向上连通性较好的低阻带，这种低阻圈闭表示该位置可能存在断裂构造，形成的破碎带成为良好的导水、富水构造。

为圈定奥陶系灰岩顶板地层的富水区域，我们截取所有测线在深度800m处的电阻率值，绘制成了如图6.11所示的电阻率平面分布图。通过该图可以清晰地得到在该深度电阻率值较低的区域。我们将电阻率小于30Ω·m的区域定性解释为富水区域（图中黑色粗线圈出区域）。

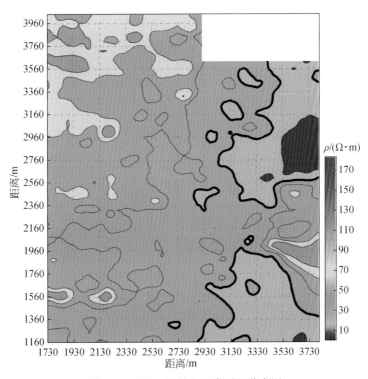

图 6.11 800m 处的电阻率平面分布图

6.2 SOTEM 应用实例

6.2.1 工区概况

测量区域位于陕西省韩城市北部的龙门镇（图6.12），东临黄河。测区属于典型的低山丘陵区，基岩广泛裸露于沟谷之中，山顶均为广泛的黄土覆盖，由于剥蚀及地表水长期的冲刷切割，形成纵横交错的沟谷和蜿蜒曲折的梁峁，沟谷多呈 V 字形，两侧地形陡峭。在厚层黄土区冲沟极为发育，形成黄土崖、黄土柱、黄土漏斗等地貌景观。测区地形起伏剧烈，海拔高差较大，海拔最高点位于测区东北部，海拔 916m，最低点位于测区东南部的河谷中，海拔 585m（图 6.13，图 6.14）。

图 6.12　测区位置示意图

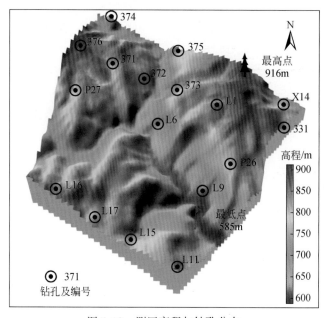

图 6.13　测区高程与钻孔分布

　　测区地层由新至老依次为第四系、三叠系、二叠系、石炭系、奥陶系、寒武系等。多个地质单位在测区内实施了大量的钻孔，并进行了电阻率测井、长源距声波测井、自然伽马测井等测量工作，对测区地层分布及岩石地球物理性质有了较全面的总结。根据已实施钻孔和地球物理测量工作，将测区地层的分布、岩性、含水性及电性等统计于表 6.3。本

图 6.14　测区地形地貌图

次测量工作的目的是查明 2 号煤（深度约 700m）至奥灰顶界面以下 100m（深度约 1100m）范围内各含水层的富水范围，并对区内构造的含导水性及横、垂向连通关系进行分析。陕西省煤田物探测量队已在本区域 6.1km² 的范围内实施了回线源瞬变电磁的测量工作，获取了地下 1000m 深度以内的电性分布。

表 6.3　测区地层分布与电性情况

地层	厚度/m	岩性	含水性	电阻率/(Ω·m)
第四系	0~56	黄土与冲积层	砂岩孔隙水	40~80
三叠系	150~220	砂岩、泥岩	基本不含水	200~250
二叠系	507~773	砂岩、沙质泥岩、煤	砂岩裂隙水	35~300
石炭系	35~112	砂岩、粉砂岩、泥岩、石灰岩、煤	砂岩与灰岩裂隙水	45~300
奥陶系		灰岩	石灰岩岩溶隙溶裂水	>700

6.2.2　SOTEM 数据采集

进行正式测量之前，我们首先在钻孔 373 附近进行了试验工作，以评估测区内的噪声水平并确定最佳的施工参数。根据表 6.3，奥陶系灰岩地层的顶界面深度大概为 1200m，因此，本次 SOTEM 测量的最大深度应大于此深度。试验中，发射源长度为 723m，距离钻孔 373 的垂直距离为 588m。采用双极性矩形方波电流激发，发射电流强度为 18A。我们分别试验了基频为 2.5Hz 和 1Hz 两种情况。施工仪器为加拿大凤凰公司生产的 V8 多功能电法工作站，接收探头有效面积为 40000m²。先前实施的回线源瞬变电磁测量参数如下：回线尺寸 800m×800m，发射电流 4.5A，基频 5Hz。

图 6.15 为在钻孔 373 处观测到的回线源和 SOTEM 装置的归一化感应电压曲线。从三个曲线衰减情况可以看出，当衰减时刻达到约为 70ms 时，信号幅值已接近测区内的噪声水平。尽管 1Hz 的信号具有更长的延时，理论上具有更大的探测深度，但是处于噪声水平之下的信号出现较严重振荡，在实际数据处理中已不能被利用。因此，采用 1Hz 电流激发

信号并不能提供比 2.5Hz 信号更深的信息。图 6.16 为上述三种测量数据的一维 Occam 反演结果。根据表 6.3 中的测区地层电性情况，我们选择反演最大深度为 1500m。从图 6.16 可以看出，回线源和 SOTEM 的反演结果在深度小于 1200m 的范围内具有很好的一致性。而当深度大于 1200m 后，回线源的反演电阻率表现为急剧的降低，而 SOTEM 的电阻率则表现为逐渐的增大。根据钻孔 373 的钻探结果，该处的奥陶系灰岩地层出现于深度约 800m 处，并且是不含水的。因此，该深度以下的地层应为高阻反映而不是低阻反映。这表明，回线源的深部反演电阻率结果存在偏差，SOTEM 的结果更接近实际情况。造成该现象的主要原因是回线源瞬变电磁尾支曲线反映失真并未探测到如此大的深度地电信息，反演目标深度过大导致虚假的低阻异常。

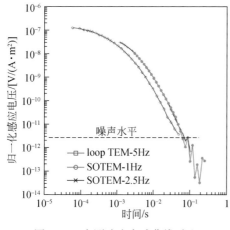 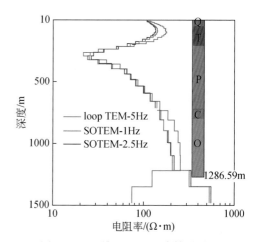

图 6.15　实测响应衰减曲线对比　　　　　图 6.16　一维 Occam 反演结果对比

　　试验工作完成后，我们在干扰较小的区域选取了两条长度为 600m 的测线进行 SOTEM 测量，分别命名为 S1 和 S2，对应的回线源测线为 L22（5600～6200m）和 L24（5600～6200m）。发射源布置与试验中的源一样，位于测线西南向，长度为 723m，平行与测线，距离测线 L1 的距离为 588m，距离 L2 的距离为 488m。测量点距为 20m，钻孔 373 位于 S1 线的 340 号点，如图 6.17 所示。发射电流大小为 16A，基频为 2.5Hz，单点测量时间为 2min，约叠加 1200 次。SOTEM 的一个重要优点是其方便性、快速性，对上述两条测线 1200m，62 个测点的测量仅用了 1 天时间。施工中需要详细记录发射源两个电极的坐标及每个测点的坐标，这对后续反演非常重要。

6.2.3　SOTEM 数据处理

　　发射电流波形为占空比为 50% 的矩形方波，因此 50Hz 工频及其谐波成分干扰可以被有效地压制。然而，实测信号中仍包含很多随机性的电磁及人为干扰，这些干扰会对晚期的信号造成较大的影响［图 6.18（a）］。在进行反演处理前，对实测原始数据进行平滑预处理是保证反演结果准确性的重要步骤。利用人机互动手段，通过对多点同时间道数据的五点圆滑处理，晚期数据的振荡现象得到了有效改善［图 6.18（b）］。

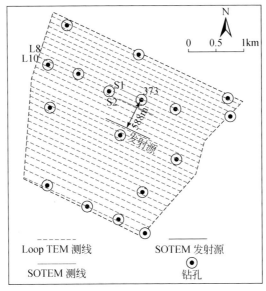

图 6.17　测线布置示意图

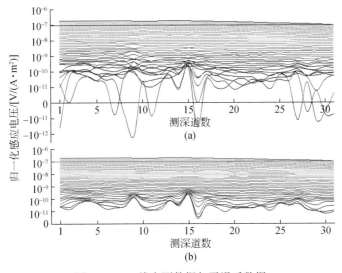

图 6.18　S1 线实测数据与平滑后数据

　　对平滑后的数据进行一维 Occam 反演处理,反演最大深度取 1500m,共分 50 层,每层厚度按等对数间隔增加。需要注意的是,与 CSAMT 法不同,SOTEM 法采用单分量解释,发射源的信息需要参与反演中。因此,必须考虑发射源两方面的影响,其一是发射源的尺寸,其二是发射源的位置和形状。具体来说,一方面对于采用短偏移观测的 SOTEM 法,接地导线源不能当作偶极子而是有限尺寸的源;另一方面,受地形等因素的影响,发射源很难水平地、笔直地铺设,不可避免地会发生起伏和弯曲。在一维处理手段下,发射源的起伏无法进行校正和避免,而非偶极效应和源弯曲两方面的影响都可以采用偶极子叠加的方式进行解决。这就需要在野外施工时详细记录发射源的端点位置及导线的形状。数据处理中需要考虑的另一个问题是地形影响。然而，地形带来的影响虽有但不大，一维反演可以较准确地反映地层的真实电性变化。因此，我们在此不予考虑地形的影响，所有解释都基于一维反演结果。

　　图 6.19 给出了 L1 测线上三个典型测点（20 号、240 号、540 号）的反演结果。从反演结果可以看出，在 1500m 深度范围内测区地层电性由浅至深大致呈高-低-高的变化趋势，这与表 6.3 给出的地层电性情况及试验点反演结果相符。结合地质、钻孔资料可以推测，浅部的高阻地层对应于第四系及古近系-新近系地层，深度 300～500m 的低阻层对应于含水性较好的二叠系地层。再往深部，图中蓝、绿色曲线代表的测点的电阻率要明显小于红色曲线。根据数值模拟结果，当上覆地层为低阻时，下伏所有地层的反演电阻率会趋于平均化。因此，上述深部电阻偏低的测点可能存在某个电阻率很低的地层，而且该层很可能是富水的。

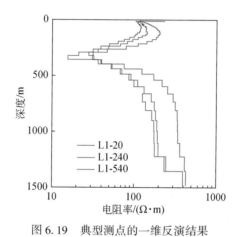

图 6.19　典型测点的一维反演结果

6.2.4　数据解释以及与回线源 TEM 探测结果对比

　　最后，我们将两条测线的反演结果以视电阻率-高程断面图的形式给出，并与先前完成的回线源 TEM 探测结果进行对比，如图 6.20 和图 6.21 所示，图中 SOTEM 的最大反演深度取 1500m，回线源 TEM 的最大深度取 1200m。根据图 6.20 和图 6.21 及前面的分析，在 800m 深度以浅范围内 SOTEM 和回线源 TEM 的探测结果表现出基本一致的电性分布与变化趋势。它们都清晰地反映出了地表的第四系和古近系-新近系高阻层，以及其下的二叠系富水低阻层。然而，随着深度增大，两种方法之间表现出较大的不同。对于 SOTEM，随深度增大，反演电阻率呈逐渐增大的趋势，这表明深部基底为不含水的奥陶系灰岩地层。而回线源 TEM 给出的反演电阻率随深度增加，先是增大然后再降低，在海拔 400～200m 形成一个低阻带。该结果与真实情况不符，在该深度范围内地层应为奥陶系灰岩地层，若不含水则应呈高阻反映，而根据钻孔 373 揭示，在此深度范围内并未发现有富水现象。与图 6.16 类似，造成这种虚假低阻异常的原因是回线源 TEM 未能达到如此大的探测深度。因此，对于回线源 TEM 来说，仅有海拔 800～200m 的探测结果是可信的。根据

SOTEM 的探测结果，我们可以推断 S1 线的 0 ~ 400m 及 S2 线的 340 ~ 440m 的奥陶系灰岩顶板地层可能具有较好的富水性。

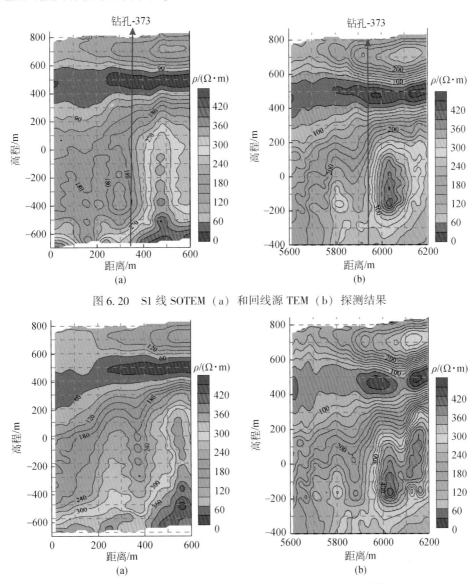

图 6.20 S1 线 SOTEM（a）和回线源 TEM（b）探测结果

图 6.21 S2 线 SOTEM（a）和回线源 TEM（b）探测结果

6.3 小回线大电流瞬变电磁应用实例

6.3.1 测区概况

研究区域位于山西省中部，属于低山丘陵地形，平均海拔 1387m，相对高度 342m，地形条件复杂。测区主要地层包括奥陶系马家沟组，石炭系本溪组和太原组，二叠系山西组和下石河子组。砂岩、泥岩和煤层的电阻率范围为 $40 \sim 360\Omega \cdot m$，石灰岩的电阻率较大（$>500\Omega \cdot m$）。由于在含煤地层的底部与顶部之间充水区分布不均匀性，裂缝和断层的出现，电性差异变化很大，会存在许多相对低阻区。根据测井资料，各地层的电阻率值见表6.4。充水区的电阻率值低于围岩体。

表6.4　测区地层和电性参数

地层	岩性	电阻率/($\Omega \cdot m$)
第四系	黄土、黏土、淤泥	$16 \sim 50$
古近系-新近系	砂黏土	$40 \sim 100$
二叠系	泥岩、粉砂岩	$10 \sim 80$
石炭系	煤、薄灰岩	$70 \sim 360$
奥陶系	厚灰岩	>500

6.3.2　方法与仪器

测区地形起伏剧烈、植被发育，因此很难布置尺寸为几百米的中心回线瞬变电磁装置开展测量工作。为此，我们选择采用小回线源 TEM 装置（3m×3m）。运用西安强源物探研究所研制的 EMRS-3 型瞬变电磁仪进行数据采集工作。该仪器可提供高达 2000A 的发射电流，以大幅度提高发送磁矩，实现小回线大深度的探测。本次测量中采用如下参数工作：发射线圈边长为 3m×3m，发射频率为 25Hz，时间窗的范围为 0.087 ~ 10ms，共分 20 个时间道（表6.5）。

表6.5　各时间道对应的时间

时间道	1	2	3	4	5	6	7	8	9	10
时间/ms	0.087	0.11	0.1381	0.219	0.2762	0.348	0.438	0.5524	0.696	0.877
时间道	11	12	13	14	15	16	17	18	19	20
时间/ms	1.105	1.392	1.7074	1.954	2	2.784	3.507	4.4193	5.568	7.015

6.3.3　数据采集

实际工作布置如图 6.22 所示，共布置 39 条测线，线距 40m，测点间距 10m，总长度 13.7km。

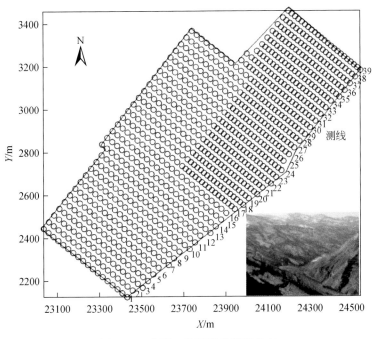

图 6.22　实际工作区域及测线分布

　　为了保证 EMRS-3 TEM 系统的可靠性，在该区域勘探前，运用 EMRS-3 在同一位置反复地采集瞬变测深数据。图 6.23（a）显示了在同一位置采集的 5 次 TEM 数据。衰减曲线几乎一致，这表明 EMRS-3 TEM 操作系统具有较好稳定性及数据具有较好的可重复性。

　　首先在电性特征已知的区域进行传统中心回线装置和小回线装置的探测能力对比。对于中心回线装置，采用澳大利亚生产的 Terra TEM 系统进行测量，装置参数如下：回线尺寸 100m×100m，输入电压 24V，输出电流 6A，接收探头有效面积 2000m²。Terra TEM 和 EMRS-3 系统采集的数据的衰减曲线如图 6.23（b）所示。对于相同的地电条件，EMRS-3 系统能够获得令人满意的结果，而且具有高电流的小线圈能够用于类似的 TEM 测深。

　　图 6.24（a）是本次研究中运用 EMRS-3 TEM 得到的一个典型的衰减曲线，采集的数据是 10 号线 90 号点和 210 号点。90 号点处曲线衰减较慢，可以解释为地下含水丰富，然而 210 号点处曲线衰减较快，可以解释为正常的层状介质。

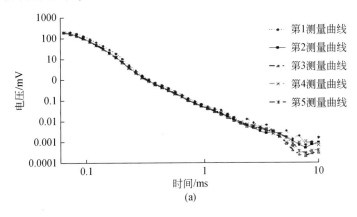

(a)

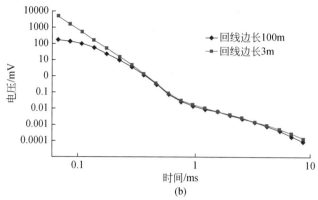

（b）

图 6.23　EMRS-3 系统测试与比较的研究

（a）同一位置、不同时间道衰减曲线的比较；（b）传统的 Terra TEM 系统（100m×100m）和 EMRS-3
系统得到的衰减曲线的比较，如图 6.24 所示

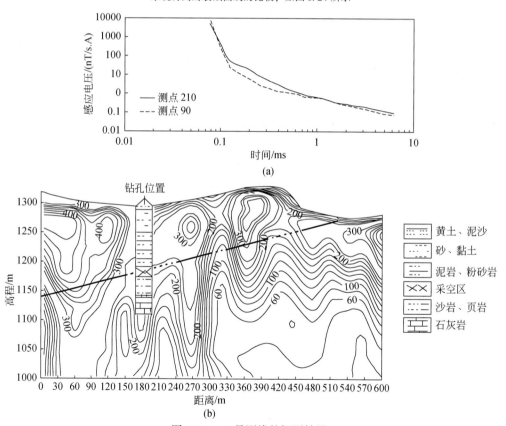

图 6.24　10 号测线的探测结果

（a）10 号线 210 号点和 90 号点感应电压的衰减曲线；（b）10 线视电阻率等值线图和解释结果（打钻
验证了积水采空区和煤层，虚线连起了在 0m，300～330m 和 400～460m 处充水的煤层采空区）

10 号线的视电阻率等值线及相应的地质解释如图 6.24（b）所示。视电阻率公式为

$$\rho_{\tau}(t) = \frac{\mu_0}{4\pi t} \left(\frac{2\mu_0 Mq}{5tV(t)} \right)^{\frac{2}{3}} \tag{6.1}$$

式中, M 为发射磁矩; q 为接收面积; $V(t)$ 为测量电压。很显然, 在 190 号点、320 号点和 420 号点处存在 3 个相对低阻异常 (120~200Ω·m), 在高程 1140~1240m, 倾角为 10°。积水区位于 0m, 300~330m 和 400~460m 处, 在图中用虚线连接起来。

根据电测深结果 [图 6.24 (b)], 在 10 号线 180m 处进行打钻验证。钻孔深度为 187.5m, 在地下 130.25m 深度处发现一个厚度为 5.1m 的积水采空区。打钻结果和 TEM 测量结果一致。

图 6.25 (a) 绘出了高程为 1170m 处的视电阻率等值线图。图上显示出电阻率分布的不均匀性。许多小区域显示出相对低的电阻率值, 推测为积水采空区。地质解释如图 6.25 (b) 所示。在研究区域有 4 个相对较大的采空区, 他们分别位于图中心、东北部和南部 (阴影区域)。

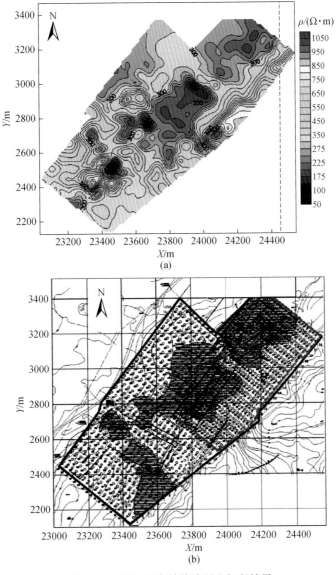

图 6.25　视电阻率等值线图和解释结果

(a) 视电阻率等值线平面图; (b) 解释成果平面图 (黑色的为异常区)

图 6.26 给出了深度分别为 150m，250m 和 350m 的 3 个电阻率等值线切片图。白色圆圈区域（低电阻率）代表积水区，浅灰色阴影区域（高电阻率）代表没有采空的区域。在 3 处积水区定了 3 个钻孔，所得的钻探结果和 TEM 解释结果相一致。

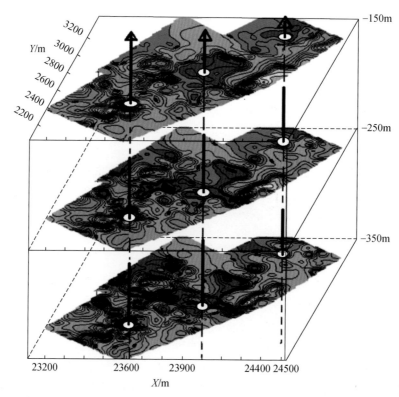

图 6.26　−150m，−250m 和−350m 处视电阻率等值线切片图和钻空位置

6.4　矿井瞬变电磁法超前探测实例

6.4.1　山西老窑采空积水区超前探测

1. 矿区概况

测区位于山西省长治县荫城镇西陕村一带，井田内目前开采煤层均为 3 号煤层，采空区主要分布在井田北部及中北部。同时区内区外有煤矿开采（部分目前已经关闭）留下大面积采空区。由于历史的因素，采空区多未留下完整的资料，局部可能存在越界开采现象。根据已有的地质资料，井田内有 15 处采空积水区，均为 3 号煤层采空区，初步估算总积水量 61060m³，其具体位置、范围、积水量不清，为后续煤矿的安全生产带来潜在的威胁。

煤层赋存于成层分布的煤系地层中，煤层被开采后形成采空区，破坏了原有的应力平衡状态。当开采面积较小时，且煤层顶板为塑性岩石并保存完整，由于残留煤柱较多，压力转移到煤柱上，未引起地层塌落、变形，采空区以充水或不充水的空洞形式保存下来；但多数采空区在重力和地层应力作用下，顶板塌落，形成冒落带、裂隙带和弯曲带。这些地质因素的变化，使得采空区及其上部地层的地球物理特征发生了显著变化，主要表现如下。

（1）煤层采空区冒落带与完整地层相比，岩性变得疏松、密实度降低，即单位体积内介质的密度降低，同时使得传播于其中的导电性降低，在电性上表现为高阻异常。

（2）煤层采空区裂隙带与完整地层相比，岩性没有发生明显的变化，但裂隙带内岩石的裂隙发育，同时使得传播于其中的导电性变差，岩石的电阻率明显变大。

（3）冒落带的高度一般在十几米左右，其内部充填的松散物的视电阻率明显高于周围介质，裂隙带的高度一般在几十米，主要是采空区塌陷造成岩石出现裂隙，岩石的电阻率明显变大，而当采空区充水较多时，由于水的存在，导电性变强，采空区的电阻率明显变小。

（4）巷道式开采后形成的采空区由于对围岩破坏相对较小，巷道空间被保留，但形成大量的积水区。

为了查清老窑采空积水区的具体位置及其影响范围，采用矿井瞬变电磁超前探测技术在巷道掘进过程中进行跟踪超前探测。

2. 超前探测方法技术

由于受巷道迎头空间的限制，矿井瞬变电磁法的发射和接收线圈的几何尺寸受到的一定的制约，只能采用多匝小回线的发射和接收装置形式，即边长为 2～3m。测点布置在巷道迎头空间位置（图6.27），即从巷道迎头左侧开始，首先使发射、接收天线的法线垂直巷道左侧面进行测量，然后按一定角度旋转天线，使天线的法线方向与巷道的左侧分别呈15°、30°、45°、60°，75°和90°的夹角进行探测，当天线的法线方向与巷道迎头界面垂直时，根据其主迎头断面的宽度布置 2～3 个测点，到巷道迎头右侧时再旋转天线，使法线方向与巷道右侧分别呈90°、75°、60°、45°、30°和15°的夹角进行探测。即在多个角度采集数据，从而获得尽可能完整的前方空间信息。

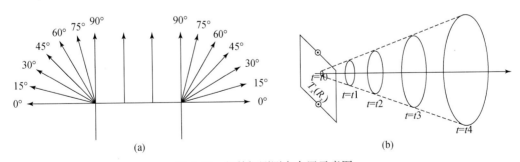

图 6.27　超前探测测点布置示意图

(a) 天线旋转角度示意图；(b) 电磁场传播示意图

在实际工作过程中对于图6.27 中的每个发射点，可调整天线的法线与巷道底板的夹角大小，以探测巷道顶板、顺层和底板方向的围岩变化情况，其探测方向如图 6.28 所示或调整天线的法线与巷道底板的夹角大小：45°、18°、0°、15°、33°依次探测，即在多个角度采集数据，从而获得尽可能完整的前方空间信息，这样可得到位于巷道迎头前方一个锥体范围内地层介质的电性变化情况，如图6.29所示。

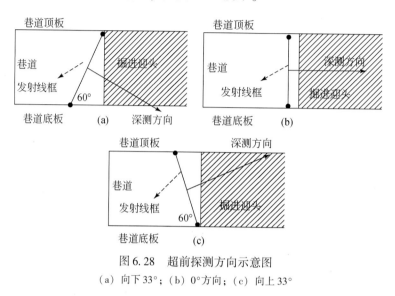

图6.28　超前探测方向示意图

（a）向下33°；（b）0°方向；（c）向上33°

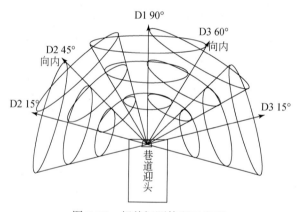

图6.29　超前探测体积示意图

3. 数据解释

图6.30为巷道掘进迎头按图6.28中方法所示沿煤层方向采用矿井瞬变电磁法定向超前探测的视电阻率等值线图，横坐标是以巷道迎头为中点两侧测点的探测距离加上巷道断面的宽度，纵坐标为巷道迎头正前方沿水平方向探测距离。从图中可知巷道迎头前方50～90m存在相对低阻异常区，巷道迎头左前方和右前方也存在条带低阻异常区。从已掌握的相关水文地质资料分析可知，该低阻异常区为附近小煤矿采空积水区的反映，具体影响范围如图6.31中的阴影区域所示。

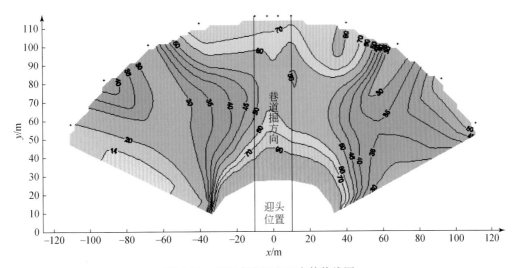

图 6.30　顺层方向视电阻率等值线图

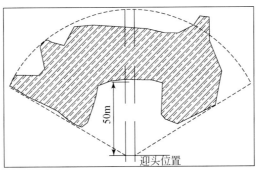

图 6.31　超前探测成果示意图

　　根据矿井瞬变电磁法超前探测结果，矿方提前采取钻探放水工作，当钻探到巷道迎头正前方约 48m 时钻孔出水，水压、水量较大，后经过多钻孔和扩大孔径的方法历时一个多月时间放水量约 12 万 m³。随后巷道继续向前掘进，揭露小煤矿废弃巷道位置位于该异常区范围内。该结果不仅提前预测了巷道迎头正前方废弃巷道积水区的影响范围，同时也查明了巷道迎头前方两侧存在的废弃巷道充水区域，为煤矿的防治水工作提供了可靠的技术保证。

　　图 6.32～图 6.34 为在巷道掘进迎头处分别沿底板、顺层和顶板三个方向探测的视电阻率等值线图。总体分析三个方向探测视电阻率等值线图可知，在巷道迎头左前方（左侧 0～70m 存在一倾斜条带状相对低阻异常区，在迎头前方约 50m 处与巷道走向呈斜交状）具体影响范围如图 6.35 所示（探测成果示意图）。可解释为对应低阻区范围内可能存在老空巷道，但根据视电阻率值的相对大小分析，巷道内局部含水，建议对该低阻异常区进行钻探验证工作，以保证安全生产。

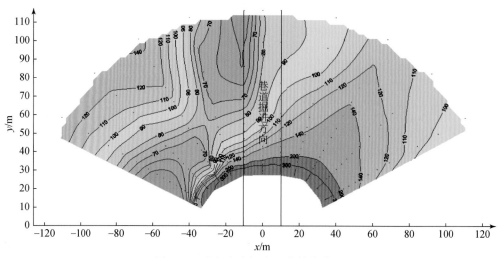

图 6.32　底板方向视电阻率等值线图

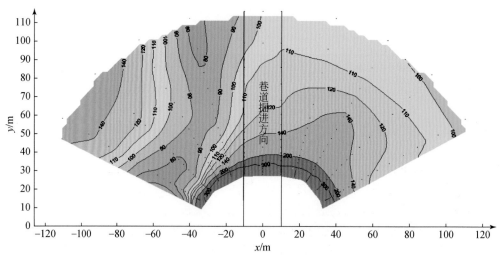

图 6.33　顺层方向视电阻率等值线图

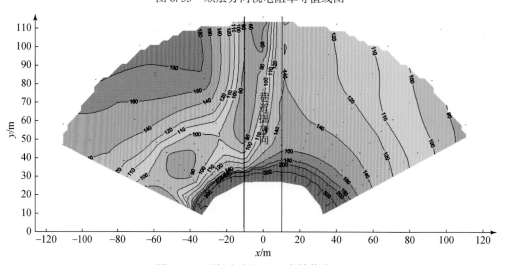

图 6.34　顶板方向视电阻率等值线图

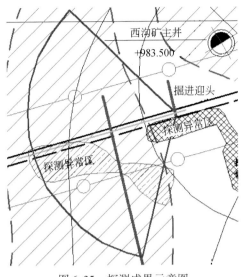

图 6.35　探测成果示意图

6.4.2　工作面顶、底板导水通道全空间探测

1. 地质概况

某矿 1315 工作面北部为 F17-1 断层，南部为 13 采区集中进回风巷，上至 -560m 等高线，下至 -840m 北皮带和 -850m 北大巷工作面地质构造预计较简单，煤岩层总体为一向南东倾斜的单斜构造，平均角度为 180°。巷道在掘进过程中发现 P5 经纬点向上 40~80m 的范围存在温度异常，即该段巷道内温度明显较低。由相关的水文地质资料可知，巷道空间温度异常是突水的征兆之一，也就是说，在该温度异常段，巷道的顶板上和底板下可能存在含水地质异常构造。采用瞬变电磁法探测的主要地质任务是查证该范围内巷道周围含水地质构造异常的具体位置，为防治水工作提供相关水文资料。

2. 施工方法技术

根据本次探测任务的要求和巷道条件的实际情况，采用 2m×2m 的多匝数矩形重叠回线装置进行测量。测点布置 1315 工作面皮带巷内（P5 控制点后 20m 到前 160m 范围内），测点间距 10m，测线长度 180m。巷道底板有铁轨，巷道的顶板和两侧为金属锚网支护。主要采用全方位立体的探测方式，即在测量过程中向巷道底板和巷道顶板两个方向探测。因此，在向底板探测时天线装置放置在巷道底板上；当向顶板方向探测时，将天线装置高举，接近顶板，进行顶、底板全空间探测示。

3. 资料处理解释

首先对采集的原始数据绘制多测道剖面图，可比较直观、定性地反映出电性参数在横向上的变化规律。实际观测数据经过专用处理软件换算成视电阻率曲线，根据资料的实际情况进行滤波、一维反演等处理后，进行时深转换并绘制视电阻率值拟断面图。根据 TEM

视电阻率拟断面图，综合地质和水文地质资料，可确定测线及探测方向的电性变化情况。

　　图 6.36 为在温度异常的巷道内进行探测的多测道剖面图，图 6.36（a）为向巷道底板方向的多测道剖面图，图 6.36（b）为向顶板方向探测的多测道剖面图。从图 6.36（a）中可知，受巷道底板上铁轨的影响，各测点观测道的感应电动势值相对较高，但在横向无变化。而图 6.36（b）中 8 ~ 12 测点多测道剖面图在横向上有异常扰动，感应电动势值相对较高，可以判断含水地质构造异常主要来自巷道的顶板。

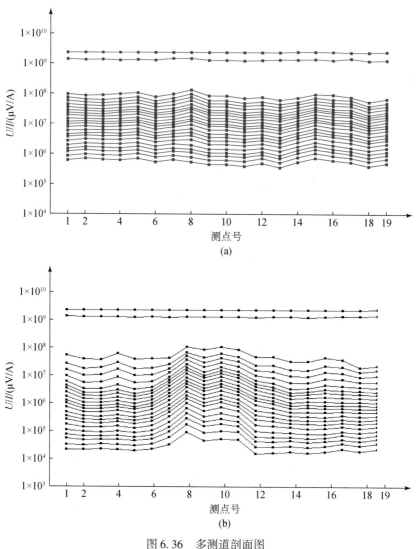

图 6.36　多测道剖面图

　　图 6.37 为向巷道顶板方向探测的矿井瞬变电磁法视电阻率等值线图，下侧横坐标为相对的测点标号，上侧横坐标为巷道内相对起点的距离，两侧为探测深度。由图可知，在 8 ~ 12 测点存在一个明显的低阻异常区，到巷道顶板的最小距离为 45m，解释为顶板砂岩局部富含水的反映，具体位置如图 6.38 所示。另外由于巷道该段附近存在一个早期的勘探孔，由地质资料可知，该孔封孔效果不良。因此推断钻孔和顶板局部砂岩水之间可能存

在水力联系，使巷道温度明显较低。

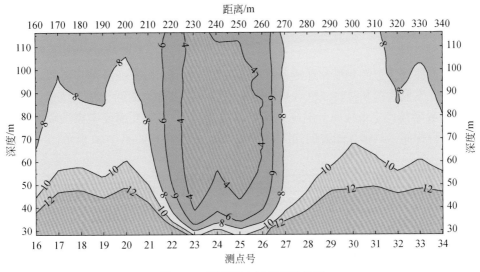

图 6.37 顶板视电阻率等值线图

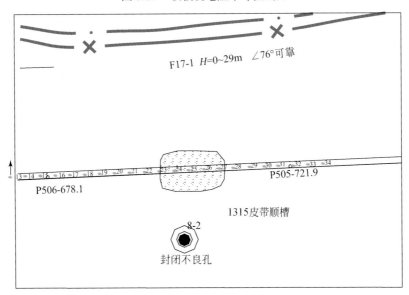

图 6.38 瞬变电磁测深探测成果图

6.4.3 工作面内隐伏构造探测

1. 地质概况

根据相关地质资料可知，某矿 1101 工作面内有一编号为 316 的地面钻孔，该钻孔终孔深度大于 500m，穿过该工作面煤层并延伸到煤层底板灰岩层中，但是钻孔封孔资料无法查到。1101 工作面煤层顶板砂岩裂隙水较为发育，如果 316 号钻孔未封堵或封堵效果不好，在回采过程中由于受工作面采动过程的影响，316号钻孔附近顶板裂隙可能进一步发育，使煤层顶板水或底板承压水沿钻孔突出，对工作面的安全回采可能会产生威胁。瞬变电磁法的主要探测任务是探测316号钻孔在工作面内的准确位置及其影响范围。

2. 施工方法技术

根据本次探测任务的要求和巷道条件的实际情况，采用2m×2m的多匝数矩形回线装置进行测量，发射线框和接收线框分别为匝数不等且完全分离的两个独立线框，以便与地下（前方）异常体产生最佳偶合响应，测点间距5m。采用矿井瞬变电磁法顺煤层和煤层底板方向进行探测，具体探测方向如图6.39所示，测点布置如图6.40所示。

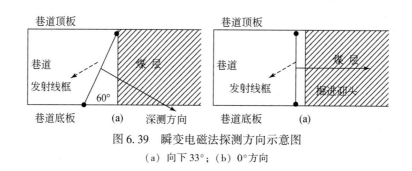

图6.39　瞬变电磁法探测方向示意图

(a) 向下33°；(b) 0°方向

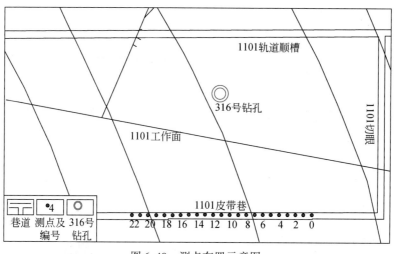

图6.40　测点布置示意图

3. 资料解释

图6.41（a）为顺煤层方向测量的矿井瞬变电磁法视电阻率等值线图。由图可知，探测范围内煤层连续性较好，但在横坐标为60～70m、纵坐标为58～70m范围有一相对低阻异常区域。结合已知的地质资料该异常区可解释为316号钻孔附近煤层破碎弱含水的反映。图6.41（b）为向煤层底板方向测量的矿井瞬变电磁法视电阻率等值线图。图中反映出在横坐标60m附近有一狭长形的相对低阻异常区域，可解释为316号钻孔的位置及其影响范围的反映。

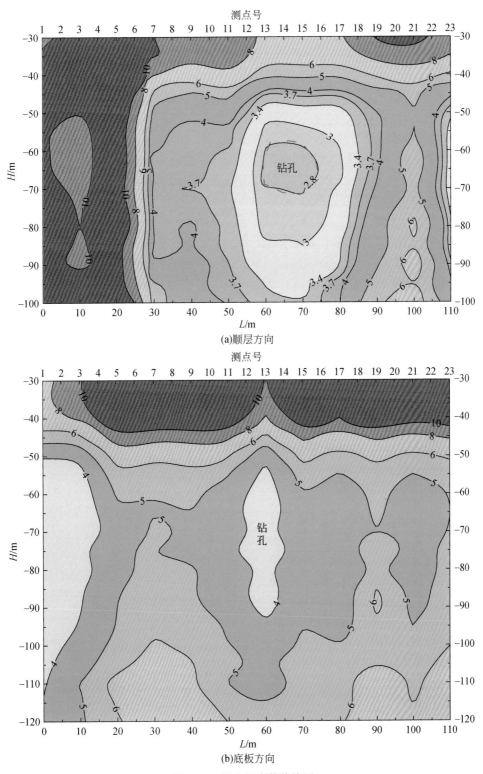

(a)顺层方向

(b)底板方向

图 6.41　视电阻率等值线图

6.5　可控源音频大地电磁法探测实例

6.5.1　测区概况

　　测区位于青海省柴达木盆地北缘冷湖镇东部，赛什腾山南北两侧地带。该区属内陆干旱地区，地理位置介于甘肃、青海两省交界处的赛什腾山地段，地势北高南低，北部为赛什腾山，海拔最高处4576m，山体北坡陡而南坡缓，多断层，地表起伏大，山峰之间有较宽阔的山间盆地。南部为冷湖盆地，海拔多在2800m以上，为高原低山丘陵地带，属柴达木盆地西北缘的一部分。

　　根据地层电性参数表（表6.6）和地层电性参数频率分布图（图6.42）可知，在紫石山–老高泉煤矿一带，新近系与古近系之间电性不宜区分，它们都为砂岩、砾岩、粉砂岩和泥岩沉积，电性相近。在鱼卡地区古近系比新近系电阻率略高，为了方便统称古近系–新近系。古近系与侏罗系之间电性差别不大，电性界面不明显，而侏罗系与泥盆系之间电性相差近10倍，存在着明显的电性界面，北露天煤层与围岩之间电阻率相差5倍，可以明显区分。此外，侏罗系与石炭系、奥陶系之间也存在着一个明显的电性分界面。总体来看，含煤地层与盖层和基底之间存在着一定的电性差别，运用这种差异在本区寻找侏罗系含煤地层是可行的。

表6.6　测区各地层电性参数表

地质时代	主要岩性	极小值/(Ω·m)	极大值/(Ω·m)	平均值/(Ω·m)	常见范围/(Ω·m)
新近系	浅黄、棕红色砂岩、砾岩、粉砂岩	10	60	23	10~25
古近系	紫红色粉砂岩、砾岩、含砾砂泥岩	9	29	18	10~20
侏罗系	灰白色、灰黑色泥岩、粉砂岩、砂岩、含砾砂岩	7	39	20	15~30
北露天煤层	黑色条痕、褐黑色玻璃光泽、粉状	70	140	97	80~100
石炭系	深灰色厚层生物碎屑灰岩、紫红色石英砂砾岩、灰岩中含珊瑚类化石	48	210	130	100~200
泥盆系	灰绿、灰紫色砾岩、紫红色粉砂岩、凝灰岩	99	310	190	150~250
奥陶系	灰绿色片理化安山岩、凝灰岩、灰岩夹绢片岩	318	964	519	400~600
火成岩	花岗闪长岩、基性辉长岩脉、暗绿色超基岩	103	817	360	200~400

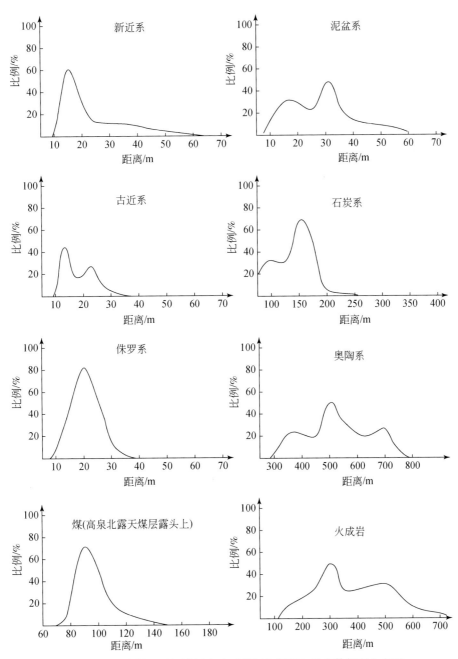

图 6.42　鱼卡煤田西部滩间山地区紫石山附近电性参数频率分布图

6.5.2　数据采集

采用加拿大凤凰公司生产的 V8 多功能电法工作站进行数据采集，系统由 V8 主机、辅助接收机、发射控制器、大功率发电机、30kW 发射机和磁棒等组成，并配有 GPS 和网络通信系统。工区内干扰较小，但电极接地条件较差，需经过一定技术处理，方可满足正常工作要求。发射偶极距 $AB=2000\mathrm{m}$，收发距 $R=8000\mathrm{m}$，点距 $200\mathrm{m}$。

　　发射频率范围为 $0.125\sim8192\mathrm{Hz}$，观测时沿测线同时观测 9 个电道，共用一个磁道，并采用多次叠加观测技术，根据需要在部分测线进行了加密观测。所设计的测线布置图如图 6.43 所示。

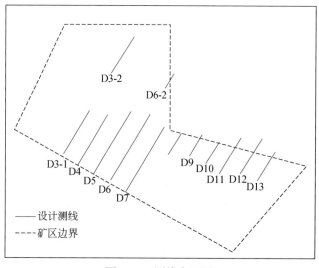

图 6.43　测线布置图

　　所有测线基本垂直于构造走向，线距为 4km，点距为 200m，共布设测线 13 条，剖面长 186.8km，物理点 957 个，控制面积约 1224km²。

6.5.3　数据处理

　　数据预处理采用 V8 专用软件 CMTPro 进行。输入原始数据后，首先结合野外班报检查核对点线号、坐标，删除错误排列记录等，接着逐排列逐道视电阻率、相位及其他参数的曲线，以此判断野外采集的优劣，最后输出原始断面数据及用于反演的 Text 文本数据。资料处理过程包括：畸变道数据剔除、曲线圆滑、滤波、静态校正、反演、图件绘制等。

　　由已知地层电性资料建立正演地质模型。考虑到本区古近系-新近系覆盖层较厚，结合其他地质资料分析，建立如下三层模型，第一层电阻率为 $15\Omega\cdot\mathrm{m}$，厚度 $h_1=2000\mathrm{m}$；第二层电阻率为 $20\Omega\cdot\mathrm{m}$，厚度 $h_2=250\mathrm{m}$；第三层电阻率为 $150\Omega\cdot\mathrm{m}$。正演得到的理论曲线如图 6.44 所示，图中左侧框中，绿色曲线为正演模型曲线，上为视电阻率曲线，下为相位曲线；由图可以看出，在电性界面附近两条曲线形态均发生明显变化，曲线形态不是电测深理论上的 A（$\rho_1<\rho_2<\rho_3$）形曲线，而是 K 形曲线。由此可以推断，在地层电性差异巨大的电性界面附近，实测曲线形态会出现一个明显的下降、抬起过程。

　　根据已知钻孔资料建立五层地质模型，上面三层地电信息与已知钻孔资料一致，$\rho_1=10.5\Omega\cdot\mathrm{m}$，$h_1=817\mathrm{m}$；$\rho_2=8.7\Omega\cdot\mathrm{m}$，$h_2=256\mathrm{m}$；$\rho_3=18.7\Omega\cdot\mathrm{m}$，$h_3=1200$（假定）；下

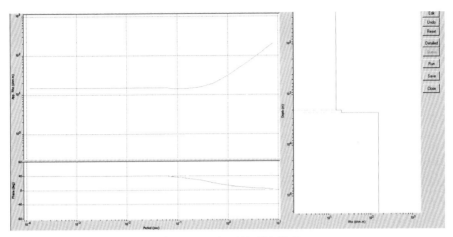

图 6.44　已知正演理论模型

面侏罗系与煤系基底与区域资料一致，$\rho_4 = 20\Omega \cdot m$，$h_4$ 未知；$\rho_5 = 150\Omega \cdot m$，$h_5$ 未知。

正演所得理论曲线如图 6.45 所示，图中紫红色曲线线为 Occam 模型自动演算结果，绿色曲线为正演模型结果，与实测曲线差异较大。

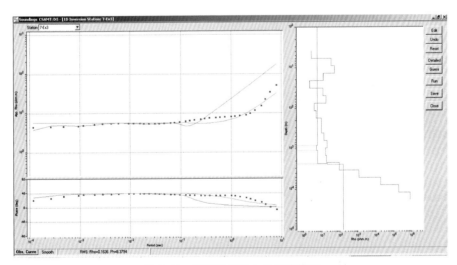

图 6.45　调整后的黑 1 井正演模型

调整模型电阻率，约束各层深度 h 不变，结合反演计算，可得如图 6.45 中绿色曲线，该曲线与实测曲线吻合较好，仅在曲线尾部有稍许差异。反演出的地层电性关系如下：$\rho_1 = 5.69\Omega \cdot m$，$\rho_2 = 5.17\Omega \cdot m$，$h_2 = 256m$；$\rho_3 = 6.06\Omega \cdot m$，$\rho_4 = 19.94\Omega \cdot m$，$\rho_5 = 151.13\Omega \cdot m$，与已知资料电性高低关系吻合较好。

6.5.4　数据解释

根据实际测线资料可以把本区分为两个区域，一块为 D3-2 和 D6-2 线组成的北区，一块为 D3-1、D4、D5、D6-1、D7、D8、D9、D10、D11、D12、D13 线组成的南区。北区测线平面密度较小，仅作为本次资料趋势分析，南区测线测点密度正常，可以正常进行地质分析。南区可以分为两块区域，西区由 D3-1、D4、D5、D6-1、D7 线组成，本区测线较长，向南西向延伸较长，东区由 D8、D9、D10、D11、D12、D13 线组成，测线较短。

1. 标高+2000m 切片电性地质解释

根据本切片资料可以看出，反演切片图与频率切片图差异不大，频率切片图中低阻范围较大，反演切片图中低阻范围减小，中高阻范围扩大（图 6.46）。在北区，视电阻率整体表现出西南大，东北小的趋势；D3-2 线整体呈现稍高的变化，推断该处位置可能已经开始进入煤系中下部地层；D6-2 线视电阻率小号段视电阻率较小，大号段视电阻率稍大，推断该处地层可能存在起伏状态。

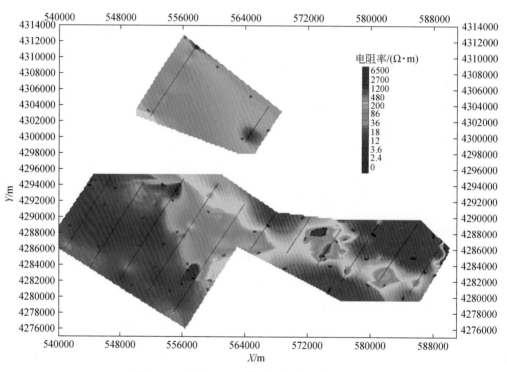

图 6.46　标高+2000m 卡尼亚视电阻率平面图

在南区，可以看出整体视电阻率东高西低，高低阻界线比较明显；在测区东部小号段视电阻率平面趋势反映与频率切片差异较大，推测可能与该段附近上覆岩层的视电阻率（ρ_1）大小有关。D3-1、D4、D5 线基本均处在低阻区中，D6 线中部往东开始进入中高阻区域；D6 线中部至大号段，D7 线中前部至大号段，视电阻率与东部相比出现变化，可能该段区域已经进入煤系中下部地层；在东部短测线部分，由 D8 线至 D13 线，地表高程由小号段至大号段降低，可以看到在 D10 线附近视电阻率值明显比周围测线低，推测可能为一个向斜或断陷构造单元；在 D12 线至 D13 线也出现几处低阻闭合圈，推测以上几处低阻区可能与区域性构造关联较大，可能为大型构造的次级断裂所引起。

2. 标高+1500m 电性地质解释

切片图视电阻率明显比标高+2000m 视电阻率切片图高，图面中低阻范围减小，中高阻范围扩大（图 6.47）。

在北区，D3-2 线整体视电阻率均较高，推断该处位置可能已经进入煤系基底地层；D6-2 线也呈现较高阻值，推测大号段局部区域已经进入煤系基底，小号段视电阻率稍小，可能还处在煤系地层中下部。

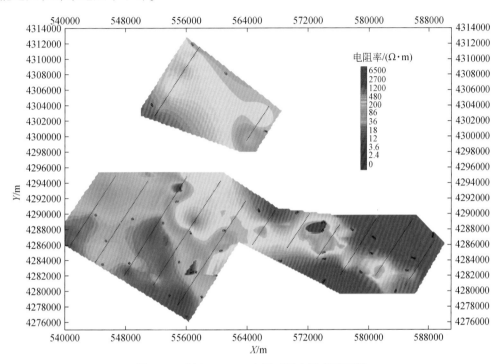

图 6.47　标高+1500m 卡尼亚视电阻率平面图

在南区，可以看出大部分测线均已进入中高阻区域，D3-1、D4、D5 线大号段已经进入中高阻，但小号段视电阻率仍然较低，推断该区域地层由小号段深至大号段变浅；D6、D7 线中部进入中高阻区，但小号段仍在低阻区中，结合标高+2000m 切片图，推断该处区域存在较大型构造，构造北部已经进入基底，而构造南部仍处在古近系-新近系或煤系地层中；在东部短测线部分，与标高+2000m 切片图差异不大，D10 线附近造构单元仍然存在；在 D12 线至 D13 线也出现几处低阻闭合圈，范围减小阻值升高，推测该段低阻区可能已经进入煤系下部地层或已接近基底。

6.6　直流电阻率法应用实例

6.6.1　工区概况及地质任务

研究区域为新光集团淮北刘东煤矿。根据勘探资料和矿井资料，该测区主要含水层为第四系含水层，二叠系砂岩含水层，石炭系灰岩与奥陶系灰岩含水层。因矿区东部边界断层和煤系地层接触关系不清，如果构造使得砂岩与下伏灰岩水相通，其含水量将十分丰富。因此，查明主要断层的位置及其接触关系是十分重要的。为此，采用直流电阻率法进行勘探工作，主要任务如下：

(1) 了解 F6、F5、F1+2、F3 断层性质及位置；

(2) 初步查明 F6、F5、F1+2、F3 断层的含水性；

(3) 解释勘探区内新生界厚度，断层与煤系地层的接触关系。

勘探区上部为新生界松散层所覆盖，据钻孔揭示，地层层序由下而上有奥陶、石炭系、二叠系，是典型的华北型地层区。二叠系为本区主要含煤地层。理论上讲，干燥的岩石、石油和空气的电阻率为无穷大，但实际上岩石孔隙、裂隙总是含水的，并且随着岩石的湿度或饱和度的增加，电阻率急剧下降。然而，水分含量相同的不同岩石的电阻率可能有很大差别，其原因在于水分有不同的矿化度。这样，断层的电阻率不取决于断层本身的大小，主要取决于断层的破碎程度及其含水的饱和度；岩层的电阻率不取决于干燥岩石本身的电阻率，主要取决于岩石的含水饱和度。一般来说，含水断层和岩层的电阻率远小于不含水围岩的电阻率，这也是应用电阻率法评价断层和含水层赋水性的物性依据。具体到本次电法勘探区，测区的水文地质特征基本上确定了它的地球物理电性特征。含水断层的电阻率比周围岩的电阻率低，奥陶系灰岩的电阻率高于其上覆地层的电阻率，煤系地层的各岩层电阻率变化不明显。

6.6.2　数据采集与处理解释

数据采集采用法国产 SYScal R2e 数字直流电法仪，采集的数据直接存储在仪器中。测区分为东西两个区块，完成电测深测线 13 条，合计电测深坐标点 336 个；检查点 20 个；高密度电阻率法测线 6 条，折合电测深物理点 24 个，总计电测深物理点 380 个。根据地面设施与建筑的情况，东部采用三极电测深装置，西部采用四极对称电测深装置。设置无穷远极 $OB = 4000\text{m}$，发射极距 $(AB/2)$ 的设置如下：

23.7m，31.6m，42.1m，56.2m，75m，86m，100m，116m，133m，154m，178m，205m，237m，274m，316m，421m，562m，750m，1000m，1333m。

接收极距 $MN = AB/10$。

数据处理的主要步骤如下：

(1) 对外业的监视记录和记录班报进行整理；

(2) 绘制电测深单支曲线；

(3) 畸变点和异常点的处理（滤波参数测试）；

(4) 绘制视电阻率断面图；

(5) 电性参数分析与定性解释；

(6) 绘制电性参数平面图（水平切片或顺层切片）。

在数据采集过程中，成立以队长为首、总工为质量总监，由工程管理部、工程物探公司和施工专业队组成的现场施工指挥部，严格按照 ISO9001：2000 质量认证体系要求，加强施工管理和质量监控。坚持原始记录三项验收制度，即操作员和施工员初评、项目负责人评定、大队最后验收。系统检查点的布置原则：全区共布置检查点 20 个，占物理点总数的 5.62%。检查点的检测采取不同时间、不同操作员及重新放线和不重新放线相结合的方式进行，经统计，$AB/2 \leqslant 50m$ 相对误差为 6.55%，$AB/2 > 50m$ 相对误差为 3.3%。

　　全区共解释断点 38 个，组合断层 7 条，未组合断点一个。图 6.48 和图 6.49 给出了测区范围内两条典型测线 D4 和 D10 处的视电阻率拟断面图。从图中可以看出，F6 断层在电性参数剖面上反映较为明显。特别是图中右侧的 F6、F6-1 断层之间为断层破碎带，电性断面上视电阻率较低，反映地下水丰富。测区东部的 F6、F6-1 断层下盘应为石炭-奥陶系灰岩岩性的反映，上盘的煤系地层从断距大小分析，煤矿开采面临灰岩水的威胁，各地层电性接触关系较为清楚。

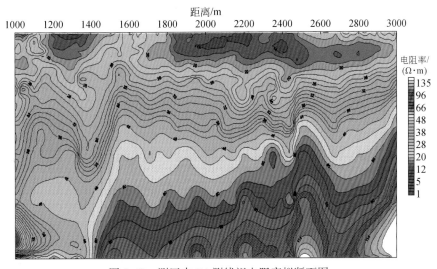

图 6.48　测区内 D4 测线视电阻率拟断面图

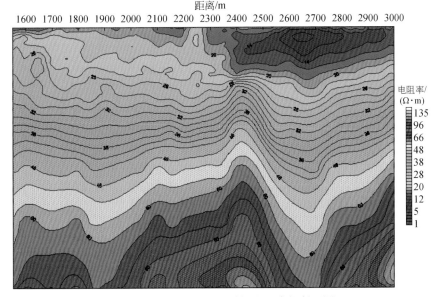

图 6.49　测区内 D10 测线视电阻率拟断面图